电子工业出版社精品教材

新工科建设之路·数据科学与大数据系列

云计算技术及应用

宋亚奇　李莉　闫蕾　编著

电子工业出版社

Publishing House of Electronics Industry

北京·BEIJING

内 容 简 介

本书包括"初识云计算"、"云计算案例分析"和"云计算相关技术"3 个部分，首先对云计算进行简单介绍，然后通过具体的云计算产品和案例的介绍、操作、分析，让学生做到"会用"，最后通过讲述云计算相关技术，让学生理解、掌握这些云计算产品是如何实现的，了解其背后的基本原理和核心技术。"云计算案例分析"部分以阿里云 ECS、SLB、RDS、OSS 为主要内容进行介绍。"云计算相关技术"部分主要介绍虚拟化、分布式存储与批量计算、云原生、容器等技术。

本书适合作为高等院校计算机、人工智能、物联网工程等相关专业本科生和研究生的教材，同时也可供相关技术产业的研究人员和工程技术人员参考。

图书在版编目（CIP）数据

云计算技术及应用 / 宋亚奇，李莉，闫蕾编著. —北京：电子工业出版社，2022.12
ISBN 978-7-121-44713-6

Ⅰ．①云… Ⅱ．①宋… ②李… ③闫… Ⅲ．①计算机网络－云计算－高等学校－教材 Ⅳ．①TP393

中国版本图书馆 CIP 数据核字（2022）第 242305 号

责任编辑：牛晓丽
印　　刷：天津千鹤文化传播有限公司
装　　订：天津千鹤文化传播有限公司
出版发行：电子工业出版社
　　　　　北京市海淀区万寿路 173 信箱　　　　邮编：100036
开　　本：787×1092　1/16　　　印张：18.25　　　字数：467.2 千字
版　　次：2022 年 12 月第 1 版
印　　次：2022 年 12 月第 1 次印刷
定　　价：69.80 元

凡所购买电子工业出版社图书有缺损问题，请向购买书店调换。若书店售缺，请与本社发行部联系，联系及邮购电话：(010) 88254888，88258888。
质量投诉请发邮件至 zlts@phei.com.cn，盗版侵权举报请发邮件至 dbqq@phei.com.cn。
本书咨询联系方式：QQ 9616328。

前　　言

毫无疑问，云计算是近年来最重要的信息技术变革之一。它实现了让计算资源、存储资源和各类信息服务像水、电、天然气一样方便用户使用。云计算已深度融入当今社会的各个行业和领域，成为重要的基础设施，对云计算技术的学习需求广泛而深入。

编者对多年来在本科、研究生云计算方面的教学和实践经验以及作为阿里云云计算和大数据讲师的教学经验进行了总结，以"先学会用，再学会做"为基本理念编写本书，系统地介绍了云计算的基础概念、典型的云计算服务以及云计算核心技术等方面的知识和内容。

在具体内容安排上，本书包括"初识云计算"、"云计算案例分析"和"云计算相关技术"3个部分。第1部分"初识云计算"围绕云计算是什么、为什么会有云计算、怎么实现云计算等基础问题对云计算的基本概念、原理进行介绍。第2部分"云计算案例分析"以阿里云 ECS（弹性计算服务）、SLB（负载均衡服务）、RDS（关系型数据库服务）和 OSS（对象存储服务）为主要内容进行介绍。第3部分"云计算相关技术"系统阐述云计算涉及的核心技术，主要包括虚拟化、分布式存储与批量计算、云原生、容器等。

本书适合作为高等院校计算机、人工智能、物联网工程等相关专业本科生和研究生的教材，同时也可供相关技术产业的研究人员和工程技术人员参考。

本书每章均配有习题，并提供参考答案和教学课件，可登录电子工业出版社华信教育资源网（www.hxedu.com.cn）免费下载使用。

本书配套的慕课资源和实验资源已分别在"学堂在线"和阿里云平台上线，可扫描下方二维码进行观看：

扫码观看慕课资源

扫码观看实验资源

本书的编写、出版以及课程资源建设受到"华北电力大学'双一流'建设项目"以及"教育部-阿里云产学合作协同育人项目"的资助，在此表示感谢。

在本书的编写过程中，研究生宋佳晖对图表进行了编辑和校对工作，在此表示感谢。

限于编者的水平，书中难免有不妥和谬误之处，敬请读者指正，提供意见、建议或交流请发邮件至 songyaqi@ncepu.edu.cn。

编者

2022 年 10 月

目　　录

第 3 部分　云计算相关技术

第1部分

初识云计算

第1章　云计算概述

第 1 章　云计算概述

1.1　云计算是什么

云计算是一种商业计算模型。它将计算任务分布在大量计算机构成的资源池上，这些资源是可以动态升级的虚拟化资源，它们方便用户通过网络访问，并且方便按需租用、按量付费，同时方便共享。这就使用户无须掌握云计算的核心技术，便能实现各种应用系统，根据需要获取计算能力、存储空间和信息服务。

云计算应用的基本思路是：所有的计算能力、存储能力和各种各样功能的应用都通过网络从云端获得；用户不需要不停地更换昂贵的高性能计算机，不需要购买、安装和维护各种系统和应用软件，不需要担心数据的安全存储等。

云计算（Cloud Computing）是分布式计算（Distributed Computing）、并行计算（Parallel Computing）、效用计算（Utility Computing）、网络存储（Network Storage）、虚拟化（Virtualization）、负载均衡（Load Balance）等传统计算机和网络技术发展融合的产物。

云计算是继大型计算机模式、客户端-服务器模式之后的又一计算模式的巨变，也是继个人计算机变革、互联网变革之后的第三次 IT 浪潮。它将带来生活、生产方式和商业模式的根本性改变，其出现并非偶然。其思想可以追溯至 20 世纪 60 年代。当时，麦卡锡提出了把计算能力看作一种像水和电一样的公用资源提供给用户的理念，这成为云计算思想的起源。在 20 世纪 80 年代网格计算、90 年代公用计算，21 世纪初虚拟化技术、面向服务体系架构（SOA）、SaaS应用的支撑下，云计算作为一种新兴的资源使用和交付模式逐渐为学界和产业界所认知，并被评价为"信息时代商业模式上的创新"。

1.2　为什么会有云计算

设想我们需要构建一个管理信息系统（如图 1-1 所示），都需要做哪些工作？

图1-1 管理信息系统登录页面

首先需要设计系统架构，硬件和软件都需要考虑。在硬件方面，需要购买服务器，用来部署系统所需要的软件，包括操作系统、数据库、Web 服务器、运行环境、信息系统本身的程序代码……传统做法通常是购置服务器硬件，并对服务器进行托管，所有的软件都需要开发或者运维团队去数据中心或者通过远程访问的方式进行部署，后期还会面临系统扩容、升级等一系列问题，导致系统运维成本极高。很多系统难以提前准确估计用户及访问量，系统硬件的欠采购、过采购等问题也无法避免。传统架构下所面临的问题可简要列举如下：

- 过采购
- 欠采购
- 前期投入成本巨大
- 系统运维成本高
- 网络规划、系统部署成本高
- 病毒、木马、网络攻击、信息泄露等系列安全问题解决成本高

……

云计算能否在一定程度上解决上述问题？答案是肯定的。

首先，如果用户选择在公有云上构建管理信息系统，则不需要自行采购硬件，如服务器、网络设备、负载均衡设备等，这些全都可以在公有云上按需租用，按月或者按年交租金，随时扩缩容，从而避免了过采购和欠采购的问题，前期投入成本得到有效控制。其次，所有从云上租用的基础设施都是由云计算服务提供商完成运维工作的，系统开发者只需要对所开发的软件进行管理、升级等运维工作即可。再次，网络规划、系统部署等传统模式下费时费力的工作，在云上都可以通过一台终端以可视化的方式高效快捷地完成，不需要去现场部署和运维。在公有云上，病毒、木马、网络攻击、信息泄露等系列信息安全问题都是由公有云提供商负责处理和解决的，用户只需要缴纳一定的服务费即可。在扩展性方面，由于采用软件定义网络、虚拟化、容器化、分布式存储等技术，使得用户系统在云上的扩展性极强，可以实现动态的扩缩容

和系统硬件升级、故障迁移等操作，系统可靠性和可用性得到极大提升。总而言之，云计算相较传统模式在成本、可维护性、扩展性、安全性等方面具有巨大优势，因此获得了巨大的用户黏性。目前，互联网上的大多数信息系统都是在云平台上部署的。

1.3　云计算的基本概念

1.3.1　云计算的基本特征

云计算具有如下几个基本特征。

- 按需自助服务

消费者不需要或很少需要云服务提供商的协助，就可以单方面按需获取云端的计算资源。

- 无处不在的网络服务

消费者可以随时随地使用云终端设备接入网络并使用云端的计算资源。常见的云终端设备包括智能手机、平板电脑、笔记本电脑、PC 等。只要终端设备能够连接到网络，就能够管控和使用云上的资源。

- 弹性敏捷

消费者能方便、快捷地按需获取和释放计算资源。也就是说，需要时能快速获取资源，从而扩展计算能力；不需要时能迅速释放资源，以便降低计算能力，减少资源的使用费用。对于消费者来说，云端的计算资源是无限的，可以随时申请并获取任何数量的计算资源。

一个误解：一个实际的云计算系统一定是投资巨大的工程，一定要购买成千上万台计算机，一定具备超大规模的运算能力。

其实，一台计算机就可以组建一个最小的云端。云端建设方案务必采用可伸缩性策略，刚开始时采用几台计算机，然后根据用户数量规模来增减计算资源。

- 资源池化

云端计算资源需要被池化，以便通过多租户形式共享给多个消费者，也只有池化才能根据消费者的需求动态分配或再分配各种物理和虚拟资源。消费者通常不知道自己正在使用的计算资源的确切位置，但是在自助申请时允许指定资源区域范围，比如申请的阿里云 ECS 实例在杭州、北京还是香港，在可用区 A 还是在可用区 B 等。

- 可度量

消费者使用云端计算资源是要付费的，付费的计量方法有很多，比如根据某类资源（如存储资源、CPU、内存、网络带宽等）的使用量和时间长短计费，也可以按照每使用一次来计费。

但不管如何计费，计量方法都要明确，而云服务提供商需要监视和控制资源的使用情况，并及时输出各种资源的使用报表，做到供需双方费用结算清楚明白。

1.3.2　云计算的部署模式

目前，云计算主要有 4 种部署模式，每一种都具备独特的功能，满足用户不同的要求。

- 公有云

此种模式下，基础设施、平台、应用程序、存储等一系列资源和服务都由云服务供应商来提供给用户，用户通过互联网来访问和使用云上的资源和服务。一般情况下用户是按需求和按使用量进行付费。

这种模式下，私人信息和数据保护方面有一定的保证，能够满足大多数中小型企业和个人用户的安全需求。

这种部署模式通常都可以提供可扩展很强的云服务，通过简单的设置就能够实现快速动态扩缩容。

- 私有云

此种模式是专门为某一个企业服务，可以是自己负责管理或者第三方托管。

由于构建私有云投入成本巨大，因此通常都是超大规模的企业才会构建私有云。同时，这类企业对数据的安全性具有较高的要求，一般的公有云无法满足。

这种云计算模式相较传统企业数据中心具有资源利用率高、安全、扩展性强等优势，为企业带来诸多正面效益。

- 社区云

这种模式建立在一个特定小组里的多个目标相似的公司之间，共享一套基础设施，所产生的成本由这些公司共同承担，能够在一定程度上节约成本。

社区云的成员都可以登入云中获取信息和使用应用程序。

- 混合云

混合云是两种或两种以上的云计算模式的混合体，如公有云和私有云混合。

它们相互独立，但在云的内部又相互结合，可以发挥出所混合的多种云计算模式各自的优势。

1.3.3　云计算的服务模式

云计算的最终目标是将计算、服务和应用作为一种公共设施提供给用户，使人们能够像使用水、电、天然气和电话那样使用计算机资源。云计算技术主要基于 3 种服务模式（如图 1-2

所示）提供服务，它们都具有流行、有效、灵活、用户友好等特征。

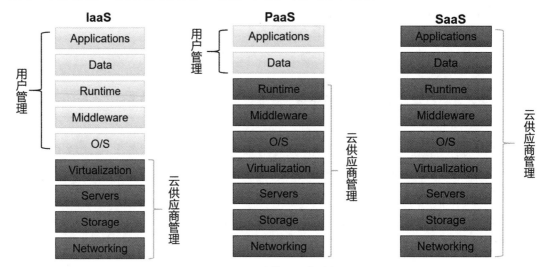

图1-2 云计算的服务模式

- 基础设施即服务（Infrastructure-as-a-Service，IaaS）

基础设施包括服务器、网络、存储、负载均衡等。终端用户按需租用软硬件资源，并提供动态扩缩容能力。

IaaS 典型实例：Amazon EC2，Linode，Joyent，Rackspace，IBM Blue Cloud 和 Cisco UCS 等。

- 平台即服务（Platform-as-a-Service，PaaS）

PaaS 服务供应商通过提供工作平台来帮助用户，包括运行时环境、数据库、Web 服务、开发工具和操作系统等，用户无须手动搭建系统运行平台，无须手动分配资源。

PaaS 典型实例：Google App Engine，force.com，Heroku 和 Windows Azure Platform 等。

- 软件即服务（Software-as-a-Service，SaaS）

SaaS 提供的服务包括虚拟桌面、各种实用应用程序、内容资源管理、电子邮件、软件等。SaaS 云服务供应商负责安装、管理和运营各种软件，用户通过云来登入并直接使用软件，无须搭建任何环境，无须进行软件开发。

SaaS 典型实例：Salesforce Sales Cloud，Google Apps，Zimbra，Zoho 和 IBM Lotus Live 等。

伴随云原生技术的发展，近年来诞生了一些新的云计算服务模式，如 FaaS 等。

- 功能即服务/函数即服务（Function as a Service，FaaS）

FaaS 是一种在无状态容器中运行的事件驱动型计算执行模型，利用服务来管理服务器端逻辑和状态。它允许开发人员以功能的形式来构建、运行和管理应用包，无须维护基础架构。

　　FaaS 是一种实现无服务器计算的方法，开发人员可以借此编写业务逻辑，然后在完全由平台管理的 Linux 容器中执行这些业务逻辑。

　　FaaS 典型实例：阿里云 Serverless、AWS Lambda、Google 云功能、OpenFaaS（开源）等。

1.4　云计算的发展历史

　　云计算的诞生可追溯至 2006 年 3 月，亚马逊（Amazon）首先推出弹性计算云（Elastic Compute Cloud，EC2）服务，这是业界第一个云计算 IaaS 服务，但此时尚未提出云计算的概念。同年 8 月，Google 首席执行官埃里克·施密特（Eric Schmidt）在搜索引擎大会（SES San Jose 2006）上首次提出"云计算"（Cloud Computing）的概念。2007 年 10 月，Google 与 IBM 开始在美国大学校园（包括卡内基梅隆大学、麻省理工学院、斯坦福大学、加州大学伯克利分校及马里兰大学等）推广云计算计划，从此云计算开始快速发展，并席卷全球。云计算的主要发展历程如图 1-3 所示。

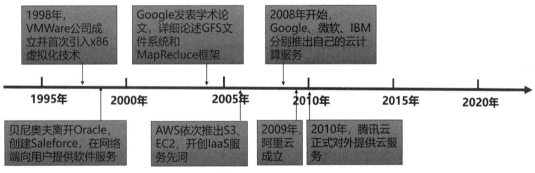

图1-3　云计算的主要发展历程

1.5　云计算与大数据的关系

　　云计算与大数据两者相辅相成，不可分割。我们可以形象地把两者想象为函数和自变量的关系，如图 1-4 所示。

图1-4　云计算与大数据的关系

1.6　本章小结

本章介绍了什么是云计算，云计算的基本特征、服务模式、部署模式以及云计算的诞生和发展历程，让读者对云计算有了一个模糊的认识。在接下来的教学内容里，将首先带领读者尝试使用云计算产品，之后再去深入学习云计算背后的核心技术，由浅入深地了解云计算的相关知识。

本书后续的内容安排如下：从第 2 章开始至第 5 章，将带领读者学习和使用阿里云上的 4 个最常用的云计算服务：ECS，SLB，RDS 以及 OSS。在介绍每一个服务的功能和操作管控方法的同时，也会介绍这些服务之间的关系，以及如何综合运用这些服务构建一个管理信息系统。这部分内容学习完成之后，读者将对云计算不再陌生，因为已经具有了商用云平台的使用经验。从第 6 章开始，本书将深入介绍云计算平台背后的核心技术，包括虚拟化技术、云原生相关的技术（容器技术、微服务、DevOps、k8s 等）、分布式计算技术（分布式存储 HDFS、分布式并行计算 MapReduce 等）。

1.7　习题

（1）云计算是在怎样的背景下产生的？为什么会有云计算？

（2）云计算是由什么组成的？

（3）哪些 IT 技术催生了云计算技术？

（4）请简述云计算的基本特征。

（5）请简述云计算的部署模式。

（6）请简述云计算的服务模式。

第 2 部分

云计算案例分析

第 2 章 阿里云 ECS

2.1 ECS 概述

ECS（Elastic Compute Service，弹性计算服务）是阿里云提供的一种可以弹性扩展的 IaaS 云计算服务。使用 ECS 可以避免前期的 IT 硬件采购，可以像使用水、电、天然气等公共资源一样便捷、高效地使用服务器，实现计算资源的即开即用和弹性伸缩。说通俗一点，ECS 就是云上的服务器。如果想搭建一个系统，比如一个博客网站，传统方法是首先去购买一台服务器，但如果使用云，直接租用一台 ECS 就可以了，硬件配置由用户自己定制，之后使用一个终端，通过远程登录的方式使用 ECS。

2.2 ECS 应用场景

在什么情况下，用户需要租用 ECS 服务器呢？笼统的回答是：所有需要使用服务器的场景下，都可以使用 ECS。具体的应用场景可以划分得很细，下面的 ECS 应用场景划分和描述来自阿里云官网。

ECS 应用场景丰富，包括企业官网或轻量的 Web 应用、多媒体以及高并发应用或网站、I/O 要求数据库、访问量波动剧烈的应用或网站、大数据及实时在线或离线分析、机器学习和深度学习等 AI 应用。ECS 提供了多种配置的机型，从 1 核 CPU、1GB 内存的虚拟主机到高配的裸金属服务器，可以满足各种应用系统对主机的需求，如表 2-1 所示。

表 2-1 ECS 应用场景

应用场景	ECS 实例规格	实例配置描述
低负载应用、微服务	突发性能实例	1 核 2GB；高效云盘 40GB；带宽 1Mbit/s；672 元/年
轻量应用服务、建站	轻量应用服务器	2 核 8GB；SSD 盘 80GB；峰值带宽 10Mbit/s；3672 元/年

应用场景	ECS 实例规格	实例配置描述
高网络包收发场景，例如视频弹幕、电信业务转发等	计算型 c6a	CPU 内存比 1∶2，32 核 64GB；最大基础带宽 32.0Gbit/s；23417 元/年
大型多人在线游戏（MMO）前端	计算型 c6a	CPU 内存比 1∶2，64 核 128GB；最大基础带宽 32Gbit/s；46395 元/年
高性能数据库、内存数据库	内存型 r6a	CPU 内存比 1∶8，64 核 512GB；最大基础带宽 32Gbit/s；93854 元/年
Hadoop MapReduce/HDFS/Hive/等；Spark 内存计算/MLlib 等	大数据型 d1	CPU 内存比 1∶4，8 核 32GB；最大内网带宽 17Gbit/s，SATA HDD 本地盘；16701 元/年
深度学习，例如图像分类、无人驾驶、语音识别等应用；科学计算，例如计算流体动力学、计算金融学、分子动力学、环境分析等	GPU 计算型 gn6v	最高配置 8 张 NVIDIA，16GB 显存 V100 计算卡；82 核 336GB；38622 元/月
深度学习推理；基因组学研究；数据库加速；图片转码，例如 JPEG 转 WebP；实时视频处理，例如 H.265 视频压缩	FPGA 计算型 f3	FPGA 计算卡 Xilinx 16nm Virtex UltraScale + 器件 VU9P；4 核 16GB；35944 元/年
专属物理隔离、支持第三方虚拟化、AnyStack；支持容器；高网络包收发场景，例如视频弹幕、电信业务转发等；视频编解码、渲染等	计算网络增强型弹性裸金属服务器 ebmc5s	计算性能与传统物理机无差别，安全物理隔离；96 核 192GB；87781.2 元起/年

2.3　ECS 基本概念

2.3.1　ECS 在阿里云架构中的位置

ECS 在阿里云架构中的位置如图 2-1 所示。ECS 和后面章节要介绍的 RDS 和 OSS 等，都是构建在飞天云平台之上的 Web 服务，功能实现依赖飞天云平台。

ECS 服务提供给用户的 ECS 实例本质上是通过虚拟化技术实现的虚拟机。ECS 所在物理主机采用的具体虚拟化技术是 XEN/KVM。ECS 实例的存储主要来自盘古分布式文件系统。

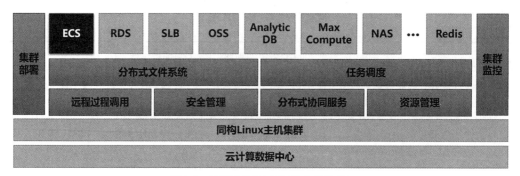

图2-1　ECS在阿里云架构中的位置

2.3.2　地域和可用区

- 地域（Region）：阿里云提供云计算服务的城市。
- 可用区（Zone）：地域下电力和网络独立、软件故障隔离的物理数据中心。

地域和可用区的关系如图 2-2 所示。

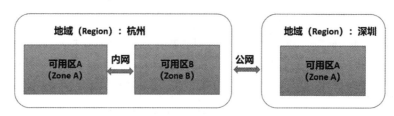

图2-2　地域和可用区的关系

一个地域通常包含多个可用区。用户在购买 ECS 的时候，需要对地域和可用区做出选择。一般选择的依据是价格，对于不同地域的 ECS 服务器，在相同配置下价格是有差别的。另外还需要考虑未来用户的地理位置分布，比如某个应用系统面对的用户主要是国内用户，就不适合将 ECS 的地域选择为国外，尽管它的价格可能会便宜一些。同一个地域的多个可用区的主机之间采用内网通信方式，不同地域的主机之间采用公网通信方式。内网通信通常不会产生流量费用，而公网通信可能会产生一定的流量费用。

2.3.3　ECS 组件

（1）实例（Instance）

一台 ECS 实例等同于一台虚拟机，包含 vCPU、内存、操作系统、网络、磁盘等最基础的计算组件。用户购买 ECS 实例时通常不是任意配置的，而是从所提供的规格中选择的。常用的 ECS 规格如下：

- 通用型实例规格族 g6

- 通用型实例规格族 g5
- 存储增强型实例规格族 g5se
- 网络增强型实例规格族 g5ne
- 密集计算型实例规格族 ic5
- 计算型实例规格族 c6
- 计算型实例规格族 c5
- 内存型实例规格族 r6
- 大数据存储密集型实例规格族 d2s
- 大数据网络增强型实例规格族 d1ne
- 本地 SSD 型实例规格族 i2
- 高主频计算型实例规格族 hfc6

每种规格都对应着具体的硬件配置，以 g6 为例，其配置如下：

```
ecs.g6.large：
处理器与内存配比为 1∶4
vCPU：2；内存（GiB）：8
处理器：2.5GHz 主频的 Intel Xeon Platinum 8269CY（Cascade Lake），睿频 3.2GHz
网络基础带宽能力（出/入）（Gbit/s）：1
网络突发带宽能力（出/入）（Gbit/s）：3
支持 IPv6：是
弹性网卡（包括一块主网卡）：2
云盘 IOPS（万）：1
云盘带宽（Gbit/s）：1
```

（2）镜像（Image）

　　镜像就是镜像文件，它提供了创建 ECS 实例所需的信息，包括操作系统以及在操作系统之上的各类系统软件和更上层的应用软件。抛开 ECS 不谈，很多用户都一直在使用镜像文件为自己的电脑创建操作系统，这里的镜像和传统的镜像没有什么差别。创建 ECS 实例时，由于我们没有办法为远程主机插入光盘或 U 盘去安装操作系统，所以必须选择镜像的方式。目前，用户在阿里云官网的管理控制台选购 ECS 实例镜像时，可以从以下 4 个镜像源进行选择：

- 公共镜像
  - Aliyun Linux。
  - Windows Server。

    ○ Linux 系统：Ubuntu，CentOS，Redhat Enterprise Linux，Debian，SUSE Linux，FreeBSD 和 CoreOS。

- 自定义镜像
- 共享镜像
- 镜像市场

  公共镜像是阿里云官方提供的镜像源，上面提供了常用的各种服务器操作系统版本，包括 Linux 和 Windows Server 的各种版本。这些都是纯净的系统，没有配备额外的上层软件。

  用户可以自己制作镜像文件，并且把它保存在云上，当创建新的 ECS 实例时，可以选择使用自定义镜像。采用这种方式，往往是因为用户希望立刻获得一个之前用过的、配备了各种所需应用软件的系统，而不需要再额外花时间在软件安装上。

  用户的自定义镜像可以共享给其他用户使用，这就是共享镜像。

  用户还可以把自己的镜像文件放到镜像市场上面出售，当然也可以免费提供。因此，镜像市场上有很多种各式各样的镜像，它们还被分了类，以方便用户选择，如图 2-3 所示。

图2-3 镜像市场

（3）快照（Snap Short）

  快照是某一时间点云磁盘数据状态的备份文件，就好像我们为一个磁盘照了一张照片一样。快照可以分为全量快照和增量快照两种形式。云磁盘第一份快照是全量快照，当然这个全量快照不会备份空数据块；后续创建的快照均是增量快照，只存储变化的数据块，帮助用户节约存储快照的磁盘开销。

快照的基本功能就是数据备份，在出现数据损坏、丢失等意外情况时恢复数据。另外，用户可以对系统盘做全量快照，进而把其制作成镜像。阿里云支持把快照复制到其他地域，实现异地的快照备份。

这里简要介绍一下增量快照的实现原理。原理描述内容选自阿里云官方帮助文档。

云盘格式化后会在逻辑块地址（Logical Block Address，LBA）的基础上划分数据块（Block）。一旦数据块有业务数据写入，就将参与计量。云盘第一份快照是实际使用量的全量快照，不备份空数据块。例如，200GiB 的云盘，已使用 122GiB，则第一份快照容量为 122GiB。后续快照均是增量快照，备份自上一个快照以来的增量业务数据。因此，同一个数据块在不同快照中可能会出现多个版本。例如，图 2-4 中的快照 1、快照 2 和快照 3 分别是一块云盘的第一份、第二份和第三份快照。

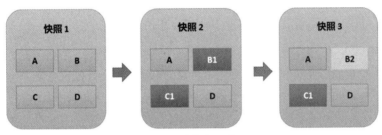

图2-4　增量快照过程

创建每一份快照时，文件系统分块检查云盘数据，只有发生变化的数据块才会被备份到快照中。在图 2-4 中：

- 快照 1 是第一份快照，备份了该云盘上某一时刻的所有数据。
- 快照 2 只备份有变化的数据块 B1 和 C1。数据块 A 和 D 引用快照 1 中的 A 和 D。
- 快照 3 只备份有变化的数据块 B2。数据块 A 和 D 引用快照 1 中的 A 和 D，数据块 C1 引用快照 2 中的 C1。
- 当云盘需要恢复到快照 3 的状态时，回滚磁盘功能将数据块 A、B2、C1 和 D 备份到云盘上，恢复云盘到快照 3 的状态。
- 假如用户需要删除快照 2，则该快照中的数据块 B1 被删除，不会删除存在引用关系的数据块 C1。当云盘恢复到快照 3 的状态时，仍可以恢复数据块 C1。

（4）安全组（Security Group）

安全组本质上就是防火墙，是一种虚拟的防火墙，用于控制安全组内 ECS 实例的入流量和出流量，从而提高 ECS 实例的安全性。安全组具备状态检测和数据包过滤能力，用户可以基于安全组的特性和安全组规则的配置在云端划分安全域。图 2-5 显示的是安全组功能示意图。

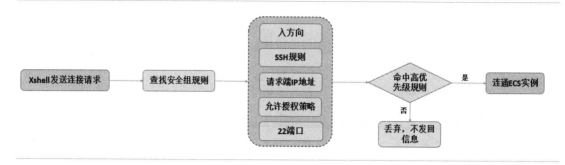

图2-5　安全组功能示意图

在图 2-5 中，当用户使用 Xshell 客户端远程连接 Linux 系统 ECS 实例时，若安全组检测到公网或内网有 SSH 请求，会逐一检查入方向上的安全组规则：发送请求的 IP 地址是否已存在、优先级、授权策略是否为允许、22 端口是否开启等。

阿里云官网帮助文档给出了 ECS 实例加入安全组的规则：

- 实例至少加入一个安全组，可以同时加入多个安全组。
- 实例上挂载的弹性网卡中，辅助网卡可以加入和实例不同的安全组。
- 实例不支持同时加入普通安全组和企业安全组。

更多安全组相关的使用限制及配额说明，请参见阿里云官网帮助文档中的安全组使用限制。

上述第一条规则意味着：用户在创建一个 ECS 实例之前，必须已经存在一个安全组，这在使用时存在诸多不便。为此，阿里云提供了所谓的"默认安全组"。

通过 ECS 管理控制台创建实例时，如果用户还未在所选地域创建安全组，可以使用默认安全组。系统会在创建实例的同时创建一个默认安全组，网络类型和实例一致。默认安全组的安全组类型为普通安全组。默认安全组规则如下：

- 规则优先级为 100。
- 针对 TCP 协议允许所有 IP 访问 SSH（22）、RDP（3389）端口。
- 针对 ICMP（IPv4）协议允许所有 IP 访问所有端口。
- 如果选中 HTTP 80 端口和 HTTPS 443 端口，还会针对 TCP 协议允许所有 IP 访问 HTTP（80）、HTTPS（443）端口。

合理使用安全组可以有效提高实例的安全性，下面是阿里云给出的安全组使用建议：

- 将安全组作为白名单使用，即默认拒绝所有访问，通过添加安全组规则设置允许访问的端口范围和授权对象。
- 添加安全组规则时遵循最小授权原则。例如，开放 Linux 实例的 22 端口用于远程登录时，建议仅允许特定的 IP 访问，而非所有 IP（0.0.0.0/0）。

- 单个安全组内尽量保持规则简洁。单台实例可以加入多个安全组,单个安全组可以添加多条安全组规则。如果应用在单台实例上的安全组规则过多,会增加管理复杂度并引入风险。
- 不同类型应用的实例加入不同的安全组,分别维护安全组规则。例如,需要接受公网访问的实例加入同一个安全组,默认拒绝所有访问,然后设置仅暴露对外提供服务的端口(例如 80 和 443 等)。同时避免在接受公网访问的实例上提供其他服务,例如 MySQL 和 Redis 等,建议将内部服务部署在不接受公网访问的实例上,并加入单独的安全组。
- 避免直接修改线上环境使用的安全组。修改安全组设置后会自动应用于组内所有实例,可以先克隆一个安全组并在测试环境调试,确保修改后实例间通信正常。
- 合理定义安全组名称、标签等,方便快速识别安全组的用途,在管理较多安全组时更加清晰。

下面给出一个配置安全组的示例:在 ECS 上部署 MySQL 关系型数据库,使用默认端口 3306 对内网的其他 ECS 实例提供数据库服务,可以如表 2-2 所示配置安全组。

表 2-2 配置安全组示例

规则方向	授权策略	优先级	协议类型	端口范围	授权对象
入方向	允许	1	自定义 TCP	目的:3306/3306	源:172.16.XX.XX

使用其他数据库的配置策略与此类似,例如 Oracle(1521),MS SQL(1433),PostgreSQL(5432),Redis(6379)。

（5）VPC

VPC(Virtual Private Cloud,虚拟私有云)是用户基于云平台创建的自定义的私有云(网络),不同用户创建的 VPC 之间达到了二层(数据链路层)逻辑隔离,也就是达到了 VLAN(Virtual Local Area Network,虚拟局域网)的效果。用户可以在自己创建的 VPC 内创建和管理云产品实例,比如 ECS 实例、SLB 实例、RDS 实例等;用户完全掌控所创建的 VPC 的各类属性,包括实例之间的 IP 地址配置和联通关系、IP 地址范围、配置路由表和网关等。

VPC 达到了隔离资源的效果,但并不表示 VPC 与外界是完全隔离、无法通信的。我们可以通过很多种方式实现 VPC 与外界之间的互联互通,下面举几个典型的互联互通的例子。

例 1:VPC 连接公网

在 VPC 内创建 ECS 实例,选择为该实例分配公网 IPv4 地址,系统会为 ECS 实例自动分配一个支持访问公网和被公网访问的 IP 地址。不过,这种方式下,实例具有固定公网 IP,不能动态地与 VPC ECS 实例解绑,但可以将固定公网 IP 转换为 EIP(弹性 IP)。EIP 则能够动态地与

VPC ECS 实例绑定和解绑，支持 VPC ECS 实例访问公网和被公网访问。另外，还可以选择使用 NAT 网关的方式与公网进行互相访问。NAT 网关和 EIP 的核心区别是 NAT 网关可用于多台 VPC ECS 实例和公网通信，而 EIP 只能用于一台 VPC ECS 实例和公网通信。在被公网访问方面，还可以选择使用负载均衡服务实现，我们会在下一章中介绍负载均衡服务的使用方法。

例 2：两个 VPC 之间互相访问

通过在两个 VPC 之间创建 IPsec 连接，可建立加密通信通道。图 2-6 来自阿里云官网，展示了使用 VPN（Virtual Private Network，虚拟专用网络）网关建立 VPC 到 VPC 的连接，从而实现两个 VPC 内的资源互访的过程。具体操作步骤详见阿里云官网帮助文档："首页→VPN 网关→最佳实践→建立 VPC 到 VPC 的连接"。

图2-6　使用VPN网关建立VPC到VPC的VPN连接

例 3：VPC 连接本地 IDC

VPC 与本地 IDC 连接，意味着实现一个线上线下混合云架构的系统。系统的一部分部署在企业本地的 IDC 中，而另一部分则部署在公有云的 VPC 中，两者通过高速通道、VPN 网关等方式互联互通。具体来说，可以通过建立 IPsec-VPN，将本地 IDC 网络和云上 VPC 连接起来；也可以通过建立 SSL-VPN，将本地客户端远程接入 VPC。另外，我们还可以通过云企业网、智能接入网关等方式实现 VPC 与本地 IDC 的连接。

VPC 常见的应用场景如下。

1）安全部署应用程序

将对外提供服务的应用程序部署在 VPC 中，并通过创建安全组规则、访问控制白名单等方式控制互联网访问；或者在应用程序服务器和数据库之间进行访问控制隔离，将 Web 服务器部署在能够进行公网访问的子网中，将应用程序的数据库部署在没有配置公网访问的子网中。

2）托管主动访问公网的应用程序

将需要主动访问公网的应用程序部署在 VPC 中的一个子网内，通过公网 NAT 网关路由其流量。通过配置 SNAT 规则，子网中的实例无须暴露其私网 IP 地址即可访问互联网，并可随时替换公网 IP，避免被外界攻击。

3）跨可用区容灾

通过创建交换机为 VPC 划分一个或多个子网，同一 VPC 内不同交换机之间内网互通。通过将资源部署在不同可用区的交换机中，实现跨可用区容灾。

4）业务系统隔离

不同的 VPC 之间逻辑隔离。如果有多个业务系统，例如生产环境和测试环境要严格进行隔离，那么可以使用多个 VPC 进行业务隔离。当有互相通信的需求时，可以将两个 VPC 加入云企业网（Cloud Enterprise Network，CEN）实现互通。

5）构建混合云

VPC 提供专用网络连接，可以将本地数据中心和 VPC 连接起来，扩展本地网络架构。通过该方式，可以将本地应用程序无缝地迁移至云上，并且不必更改应用程序的访问方式。

2.3.4　ECS 组件间的关系

从图 2-7 中可以看到，一个地域包括多个可用区，实例位于某个可用区内。当实例发生故障时，可以在所在的可用区内进行自动化的故障迁移。云磁盘只能挂载到同一个可用区的实例上；安全组相当于防火墙，一个安全组允许包含多个来自不同可用区的实例；同一地域不同可用区的实例之间的通信方式是内网通信，不会产生流量费用；不同地域的实例间的通信采用公网方式，可能产生流量费用；VPC 可以跨可用区管理多个实例；快照和镜像也支持在地域内跨可用区可见；当需要单台实例具备访问公网的能力时，可以使用 EIP，将其挂载到地域内的任意 VPC 实例上。

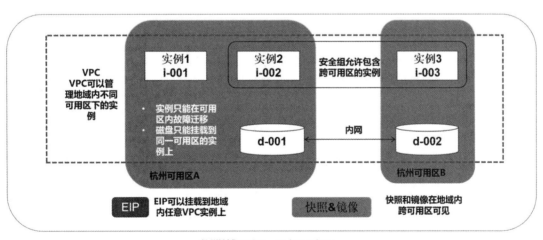

杭州地域Region, cn-hangzhou
地域（Region）：杭州

图2-7　ECS组件间的关系

2.3.5 ECS 故障迁移

当一个实例的物理机宕机时，ECS 系统将启动宕机迁移过程，将此物理机上运行的 ECS 实例迁移到其他物理机上，这个过程的持续时间为 5～10 分钟。实例只能在一个可用区内迁移，如图 2-8 所示。

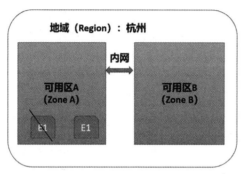

图2-8 ECS故障迁移

2.3.6 ECS 的计费

一台 ECS 实例包括计算资源（vCPU 和内存）、镜像、块存储等资源，其中涉及计费的 ECS 资源如下。

（1）计算资源（vCPU 和内存）

以实例规格的形式提供计算资源，包括 vCPU 和内存，收取实例规格费用。计费方式包括：包年包月、按量付费、按量付费+预留实例券、抢占式实例、按量付费+节省计划。

（2）镜像

根据镜像类型以及使用情况决定是否收费。计费方式包括：包年包月、按量付费、按量付费+预留实例券（公共镜像）。需要注意，镜像只能和 ECS 实例搭配使用，Windows 类型的预留实例券在购买时包含了公共镜像费用，可以抵扣公共镜像的账单。

（3）块存储

按云盘容量和使用时长收取费用。计费方式包括：包年包月、按量付费、存储容量单位包 SCU、按量付费+节省计划。本地盘与特定实例规格绑定，不支持单独购买，费用已计入实例规格费用。

（4）公网带宽

使用固定公网 IP 访问公网时，仅收取公网出网带宽费用。计费方式包括：按固定带宽、按使用流量。如果使用弹性公网 IP 或 NAT 网关访问公网，计费相关详情参见阿里云官网的 EIP

计费概述或 NAT 网关计费说明。

（5）快照

按快照容量和存储时长收取费用。计费方式包括：按量付费、存储容量单位包 SCU、OSS 存储包（即预付费存储包）。

图 2-9 显示的是在阿里云官网购买不同规格的 ECS 实例时的费用截图。

图2-9　购买ECS实例时的费用截图

从图 2-9 可知，在不同的应用场景下，选择购买的 ECS 实例的功能和价格均存在较大差异，读者可以根据实际应用场景按需选择。

2.3.7　ECS API

除了使用阿里云管理控制台直接对云上资源进行访问，包括 ECS 在内的阿里云上的各种服务均提供了 API 访问方式，就好比 Windows 操作系统提供了命令接口和程序 API 接口一样。使用或调用 API 的目的是管理云上的资源和开发自己的云资源管理应用程序。

ECS API 支持 HTTP 或 HTTPS 网络请求协议，允许 GET 或 POST 方法。用户可以通过以下任一方式调用 ECS API：

（1）通过阿里云 OpenAPI 开发者门户快速对 ECS API 进行调试。

（2）通过 ECS 提供的软件开发工具包（SDK）调用 ECS 相关的 API。

（3）通过阿里云命令行工具（CLI），在命令行 Shell 中，使用 aliyun 命令与阿里云服务进行交互，管理云资源。

下面是使用 CLI 调用 API 的例子。

用户首先需要从阿里云官网下载 CLI，并对其进行配置：

```
aliyun configure --mode <AuthenticateMode> --profile <profileName>
```

--profile：指定配置名称。如果指定的配置存在，则修改配置。若不存在，则创建配置。

--mode：指定凭证类型，分别为 AK，StsToken，RamRoleArn 和 EcsRamRole。

然后，调用 API 获取实例信息：

```
aliyun ecs DescribeInstances --output cols=InstanceId,InstanceName rows=Instances.Instance[]
```

调用 API 停止实例运行：

```
aliyun ecs StopInstance --InstanceId=i-8vbc32qrjl707wixk8f5
```

图 2-10 显示了 ECS API 的简单分类。

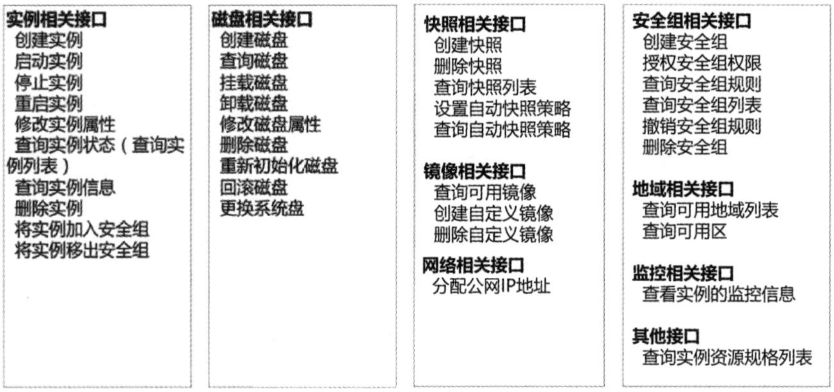

图2-10　ECS API的简单分类

表 2-3 对部分的常见 API 进行了简要描述。

表 2-3　常见 API

API	描述
RunInstances	调用 RunInstances 创建一台或多台按量付费或者包年包月 ECS 实例
CreateInstance	调用 CreateInstance 创建一台包年包月或者按量付费 ECS 实例
StartInstance	调用 StartInstance 启动一台实例
StopInstance	调用 StopInstance 停止运行一台实例
RebootInstance	当一台 ECS 实例处于运行中（Running）状态时，调用 RebootInstance 可以重启这台实例
DeleteInstance	调用 DeleteInstance 释放一台按量付费实例或者到期的包年包月实例
StartInstances	调用 StartInstances 启动一台或多台处于已停止（Stopped）状态的 ECS 实例

API	描述
RebootInstances	调用 RebootInstances 重启一台或多台处于运行中（Running）状态的 ECS 实例
StopInstances	调用 StopInstances 停止一台或多台运行中（Running）的 ECS 实例
CreateDisk	调用 CreateDisk 创建一块按量付费或包年包月数据盘。云盘类型包括普通云盘、高效云盘、SSD 云盘和 ESSD 云盘
DeleteDisk	调用 DeleteDisk 释放一块按量付费数据盘。云盘类型包括普通云盘、高效云盘、SSD 云盘和 ESSD 云盘
CreateImage	调用 CreateImage 创建一份自定义镜像。可以使用创建的自定义镜像创建 ECS 实例（RunInstances）或者更换实例的系统盘（ReplaceSystemDisk）
ImportImage	调用 ImportImage 导入已有的镜像文件到 ECS，并作为自定义镜像出现在相应地域中
ExportImage	调用 ExportImage 导出自定义镜像到与该自定义镜像同一地域的 OSS Bucket 里
CreateSnapshot	调用 CreateSnapshot 为一块云盘创建一份快照
CreateAutoSnapshotPolicy	调用 CreateAutoSnapshotPolicy 创建一条自动快照策略
CreateSecurityGroup	调用 CreateSecurityGroup 新建一个安全组。新建的安全组默认只允许安全组内的实例互相访问，安全组外的一切通信请求都会被拒绝。若想允许其他安全组实例的通信请求或者来自互联网的访问请求，需要授权安全组权限（AuthorizeSecurityGroup）
ModifyInstanceVpcAttribute	调用 ModifyInstanceVpcAttribute 修改一台 ECS 实例的专有网络 VPC 属性
DescribeRegions	调用 DescribeRegions 查询可以使用的阿里云地域
DescribeZones	调用 DescribeZones 查询一个阿里云地域下的可用区

ECS 所支持的完整的 API 列表详见阿里云官网。

下面给出一个调用 API 的 HTTP 请求的例子：

```
https://ecs.cn-xxxxxxx.aliyuncs.com/
?AccessKeyId=TMP.3KfA4UcdErF182vJyFHBTd3FZCNKe7hNiZFoLdBcvK51s3ezNt4HxDNUFFcrTVmaj
RJnz3GQGovxYp8qxF7dFnRs3LKMpj
&Action=DescribeInstances
&Format=JSON
&RegionId=cn-zhangjiakou
&SecureTransport=true
&SignatureMethod=HMAC-SHA1
```

```
&SignatureNonce=063400eb7d811e45d36e2a0387474f58
&SignatureVersion=1.0
&SourceIp=183.198.204.152
&Timestamp=2020-04-20T04%3A55%3A29Z
&Version=2014-05-26
&Signature=4Hd2lQsJzMN5vZ55haoHElJsroQ%3D
```

其中，API 是被赋值给 Action 参数的，上面例子中的其他参数都是公共参数。

下面是使用 Java SDK 调用 API 的代码片段：

```java
public void createSnapshot() {
    DefaultProfile profile = DefaultProfile.getProfile(regionId, accessKeyId,
accessSecret);
    IAcsClient client = new DefaultAcsClient(profile);
    CreateSnapshotRequest request = new CreateSnapshotRequest();
    request.setRegionId(regionId);
    request.setDiskId(diskId);
    try {
        CreateSnapshotResponse response = client.getAcsResponse(request);
        logInfo(response.getSnapshotId());
    } catch (ServerException e) {
        logInfo(String.format("Fail. Something with your connection with Aliyun go
incorrect. ErrorCode: %s", e.getErrCode()));
    } catch (ClientException e) {
        logInfo(String.format("Fail. Business error. ErrorCode: %s, RequestId: %s",
e.getErrCode(), e.getRequestId()));
    }    }
```

使用 SDK，如 Java SDK 和 Python SDK 等，可以避免对 HTTP 报文的解析，大大简化编程难度。

2.4   开启 ECS 使用之旅

2.4.1   创建阿里云账号

创建阿里云账号后，才可以购买和使用阿里云产品。创建阿里云账号包括注册阿里云账号、实名认证阿里云账号、创建 RAM 子账号以及配置 AccessKey 等步骤。

（1）注册阿里云账号

使用阿里云数据资源平台前，用户需要注册一个阿里云账号，如果是企业使用，涉及多个员工使用一个阿里云资源，则需要通过 RAM 管理子账号。首先进入阿里云官网，单击"立即注册"按钮，如图 2-11 所示，进入阿里云账号注册页面，注册阿里云账号。

图2-11　注册阿里云账号

注意

主账号作为阿里云系统识别的资源消费账号,拥有非常高的权限,请妥善保管账号和密码。阿里云账号(即主账号)是阿里云资源的归属及使用计量计费的基本主体,负责生成本企业组织下的子账号,并对子账号进行管理、授权等操作。子账号由主账号在 RAM 系统中创建并进行管理,其本身不拥有资源,也不进行独立的计量计费,由所属主账号统一控制和付费。

(2)实名认证阿里云账号

在购买阿里云的具体产品和服务前,需要先进行实名认证,才能保证后续操作顺利进行。对于企业用户,建议进行企业认证,以获取更多的便利。

(3)创建 RAM 子账号

对于企业用户,需要创建多个子账号,分配给多个员工和角色使用,同时还需要设置子账号对云上资源的访问权限,以进行访问控制,这些都需要依赖 RAM 用户功能来实现。这里不详细描述创建 RAM 子账号的过程,可以参考阿里云官网的 RAM 用户帮助文档获取相关信息。

(4)配置 AccessKey

AccessKey 是用户访问阿里云资源的有效凭证,在用户注册成为阿里云用户时便分配给了用户。使用主账号登录阿里云控制台。在阿里云控制台页面,将鼠标悬停至右上方的用户图像上,单击"AccessKey 管理"选项,如图 2-12 所示。

图2-12　AccessKey管理

AccessKey 其实包括了 AccessKeyID 和 AccessKeySecret 信息对。在安全提示对话框中，选择继续使用 AccessKey，为主账号创建 AccessKey。如果选择开始使用子用户 AccessKey，系统则进入创建子账号页面，可以为子账号创建 AccessKey。在访问凭证管理页面，单击"创建 AccessKey"选项。在手机验证对话框中，填写校验码，单击"确定"按钮，就可以看到生成的 AccessKey 信息对了。

2.4.2　开通 ECS 服务

打开阿里云首页，使用已经注册好的账号和密码进行登录，之后单击"控制台"选项，进入控制台页面，如图 2-13 所示。

图2-13　单击"控制台"选项

在"产品与服务"页面中单击"云服务器 ECS"选项，如图 2-14 所示。

图2-14　在"产品与服务"页面中单击"云服务器ECS"选项

进入 ECS 管理控制页面，之后就可以开始进行后续的创建 ECS 实例等操作了。

2.4.3　创建 ECS 实例

这里对如何使用向导创建实例进行介绍。

首先登录 ECS 管理控制台，它提供了 ECS 实例创建向导，向导中列出了创建 ECS 实例时所有可配置的信息，引导用户逐步完成一台 ECS 实例的创建，如图 2-15 所示。

图2-15　ECS管理控制台首页

注意

开通按量付费 ECS 资源时，阿里云账户余额不得小于100元，否则无法创建实例。

步骤1：ECS 基础配置

基础配置包括购买实例的基础需求（付费模式、地域及可用区）以及一台实例所需的基础资源（实例规格、镜像、存储），如图 2-16 所示。

图2-16　ECS基础配置

1）选择付费模式

付费模式影响实例的计费和收费规则，不同付费模式的实例遵循的资源状态变化规则也存在差异，如表 2-4 所示。

表 2-4　付费模式

付费模式	说明
包年包月	先付费后使用，最短可以按周购买
按量付费	先使用后付费，计费周期精确到秒，方便用户按需购买和释放资源
抢占式实例	先使用后付费，相对于按量付费实例价格有一定的折扣，但可能因市场价格变化或实例规格库存不足而自动释放实例

2）选择地域及可用区

选择距离近的地域可以降低网络时延，实例创建完成后不支持更改地域和可用区。

3）选择实例规格和配置

可选的实例规格和地域等因素有关，可以前往 ECS 实例可购买地域查看实例的可购情况。如果有特定的配置需求，例如需要挂载多张弹性网卡、使用 ESSD 云盘、使用本地盘等，请确认实例规格是否支持。关于实例规格的特点、适用场景、指标数据等信息，请参见阿里云官网实例规格族。如果针对特定场景购买实例，可以查看"场景化选型"页签中的推荐信息，例如适用于 Web 开发与测试、大数据集群或 AI 机器学习等场景的实例规格。

如果选择的付费模式为抢占式实例，则需要配置使用时长和上限价格。使用时长指抢占式实例的保护期，超出保护期后可能因市场价格变化或实例规格库存不足而自动释放实例。"使用时长"选项说明如表 2-5 所示。

表 2-5　"使用时长"选项说明

抢占式实例使用时长	说明
设定使用实例 1 小时	抢占式实例创建后有 1 小时保护期，在保护期内不会被自动释放
无确定使用时长	抢占式实例创建后没有保护期，但比有保护期的抢占式实例更优惠

"上限价格"选项说明如表 2-6 所示。

表 2-6　"上限价格"选项说明

单台实例规格上限价	说明
使用自动出价	始终使用实例规格的实时市场价格，该市场价格不会超过对应按量付费实例的价格。使用自动出价可以避免抢占式实例因实时市场价格超过上限被自动释放，但不能避免因实例规格的库存不足被自动释放
设置单台上限价	自行输入明确的价格上限，实例规格的实时市场价格超出该上限或者库存不足时，抢占式实例都会被自动释放

使用向导单次最多购买 100 台实例。此外，用户持有的实例数量不能超过配额，具体配额

以页面显示为准。

4）选择镜像

镜像提供了运行实例所需的信息，阿里云提供多种镜像来源供用户方便地获取镜像，如表 2-7 所示。

表 2-7　镜像来源及其说明

镜像来源	说明
公共镜像	阿里云官方提供的基础镜像，均已获得正版授权，涵盖 Windows Server 系统镜像和主流的 Linux 系统镜像
自定义镜像	自行创建或导入的镜像，包含了初始系统环境、应用环境、软件配置等信息，可以节省重复配置的时间
共享镜像	其他阿里云账号共享的自定义镜像，方便跨账号使用同一镜像创建实例
镜像市场	镜像市场中的镜像均经过严格审核，种类丰富，方便一键部署用于建站、应用开发等场景的 ECS

5）存储选择和配置

用户可以为 ECS 实例添加系统盘、数据盘和共享盘 NAS，从而使 ECS 获得存储能力。ECS 提供了云盘和本地盘两种基本方式，满足用户不同场景的使用需求。

云盘可以用作系统盘和数据盘，包括 ESSD 云盘、SSD 云盘、高效云盘等类型。本地盘只能用作数据盘，如果实例规格配备了本地盘（例如本地 SSD 型、大数据型等），页面中会显示本地盘的信息。注意，ECS 不支持自行为实例挂载本地盘。

首先选择系统盘。系统盘用于安装操作系统，默认容量为 40GiB，但实际可设置的最低容量和镜像类型有关，如表 2-8 所示。

表 2-8　系统盘容量说明

镜像	系统盘容量范围（GiB）
Linux（不包括 CoreOS 和 Red Hat）	[max{20, 镜像文件大小}, 500]
FreeBSD	[max{30, 镜像文件大小}, 500]
CoreOS	[max{30, 镜像文件大小}, 500]
Red Hat	[max{40, 镜像文件大小}, 500]
Windows	[max{40, 镜像文件大小}, 500]

接下来，如果需要，可以选择数据盘。支持创建空云盘或者用快照创建云盘。快照是云盘

在某一时间点数据状态的备份文件，用快照创建云盘便于快速导入数据。选择数据盘时，用户还可以加密云盘，以满足数据安全或法规合规等场景的要求。

如果用户有较多数据需要供多台实例共享访问，推荐使用 NAS 文件系统，可以节约大量拷贝与同步成本。选择已有的 NAS 文件系统，或者单击"创建文件系统"按钮前往 NAS 文件系统控制台即时创建 NAS 文件系统。具体操作请参见阿里云官网文档"通过控制台创建通用型 NAS 文件系统"。创建完成后，返回 ECS 实例创建向导并单击"刷新"按钮，查看最新的 NAS 文件系统列表。

6）配置快照服务

创建实例时即可为云盘开启自动备份，有效应对数据误删等风险。选择已有的自动快照策略，或者单击"创建自动快照策略"按钮前往快照页面即时创建自动快照策略。具体操作请参见阿里云官网帮助文档"创建自动快照策略"。创建完成后，返回 ECS 实例创建向导并单击"刷新"按钮，查看最新的自动快照策略列表。

步骤 2：网络和安全组配置

网络和安全组配置提供了与公网以及其他阿里云资源通信的能力，并保障实例在网络中的安全，如图 2-17 所示。

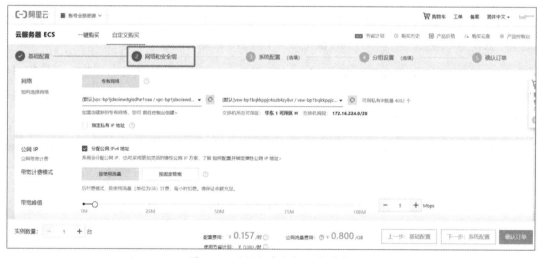

图2-17　网络和安全组配置页面

1）选择网络

阿里云官方推荐使用专有网络（VPC），专有网络之间逻辑上彻底隔离，安全性更高，且支持弹性公网 IP（EIP）、弹性网卡、IPv6 等功能。表 2-9 对可选的网络类型进行了描述。

表 2-9　网络类型描述

网络类型	说明
专有网络	专有网络是阿里云自己定义的一个隔离网络环境,用户可以完全掌控自己的专有网络,例如选择 IP 地址范围、配置路由表和网关等。如果在创建实例时不需要自定义专有网络配置,可以跳过本步骤,系统会自动创建默认专有网络和交换机。选择已有的专有网络和交换机,或者单击"前往控制台创建"按钮前往专有网络控制台即时创建专有网络和交换机。创建完成后,返回 ECS 实例创建向导并单击"刷新"按钮,查看最新的专有网络和交换机列表
经典网络	经典网络类型的实例统一部署在阿里云公共基础设施内,规划和管理由阿里云负责

说明

在 2017 年 6 月 14 日 17 时（UTC+8）以后第一次购买 ECS 实例,不能再选择经典网络。

2）分配公网 IP

如果实例需要进行公网通信,则必须分配公网 IP。可以在创建实例时选择自动分配一个固定公网 IP,或者在创建实例后自行配置,通过 EIP 和 NAT 网关等方式进行公网通信。

在分配公网 IP 地址后,需要对带宽计费模式进行选择,主要包括两种计费模式,如表 2-10 所示。

表 2-10　计费模式

带宽计费模式	说明
按固定带宽	按选择的带宽值计费,适用于对网络带宽有稳定要求的场景
按使用流量	按实际使用的流量计费,此时选择的带宽峰值用于防止突然爆发的流量产生较高费用,适用于对网络带宽要求变化大的场景,例如大部分时间流量较小,但间歇性出现流量高峰

3）选择安全组

安全组是一种虚拟防火墙,用于控制安全组内实例的入流量和出流量。如果在创建实例时不需要自定义安全组配置,可以跳过本步骤,系统会自动创建默认安全组。默认安全组入方向放行 22 端口、3389 端口及 ICMP 协议。在创建完成后可以修改安全组配置。

4）配置弹性网卡

弹性网卡分为主网卡和辅助网卡。主网卡不支持从实例解绑,只能随实例一起创建和释放。辅助网卡支持自由绑定至实例和从实例解绑,方便用户在实例之间切换网络流量。创建实例时只能添加一块辅助网卡，也可以在实例创建完成后单独创建辅助网卡并绑定至实例。关于各实例规格支持绑定的弹性网卡的数量，请参见阿里云官网帮助文档"实例规格族"。

5）配置 IPv6

如果需要，可以选择免费分配 IPv6 地址。分配 IPv6 地址后，需要登录实例并在操作系统内部进行 IPv6 地址的相关配置，才能正常使用 IPv6 地址。

步骤 3：完成系统配置

系统配置包括登录凭证、主机名、实例自定义数据等，用于定制实例在控制台和操作系统内显示的信息或使用方式，如图 2-18 所示。

图 2-18　系统配置

登录凭证用于安全地登录实例，如表 2-11 所示。

表 2-11　登录凭证

登录凭证	说明
密钥对	选择已有的密钥对，或者单击"创建密钥对"按钮即时创建密钥对。创建完成后，返回 ECS 实例创建向导并单击"刷新"按钮，查看最新的密钥对列表
自定义密码	输入并确认密码。使用用户名和密码登录实例时，Linux 实例默认用户名为 root，Windows 实例默认用户名为 administrator
创建后设置	在实例创建完成后，自行绑定密钥对或者重置实例密码

📖 说 明

仅 Linux 实例支持使用密钥对登录。

另外，可以在系统配置中，对控制台中显示的实例名称和操作系统内部显示的主机名称进行配置。创建多台实例时，设置有序的实例名称和主机名称便于从名称了解实例的批次等信息。

本部分还涉及"选择实例 RAM 角色""选择实例元数据访问模式"等高级配置选项。实例通过实例 RAM 角色获得该角色拥有的权限，可以基于临时安全令牌 STS（Security Token Service）访问指定云服务的 API 和操作指定的云资源，安全性更高。实例元数据（metadata）包含了实例在阿里云系统中的信息，用户可以在运行中的实例内方便地查看实例元数据，并基于实例元数据配置或管理实例。实例元数据访问模式如表 2-12 所示。

表 2-12 实例元数据访问模式及其说明

实例元数据访问模式	说明
普通模式（兼容加固模式）	实例创建完成后，支持通过普通模式或者加固模式查看实例元数据
仅加固模式	实例创建完成后，仅支持通过加固模式查看实例元数据

步骤 4：完成分组设置

分组设置提供标签、资源组等批量管理实例的方式，如图 2-19 所示。

图2-19 分组设置

1）配置标签

标签由一对键值（Key-Value）组成。使用标签标识具有相同特征的资源（例如所属组织或用途相同的资源）后，可以基于标签方便地检索和管理资源。

2）选择资源组

资源组供从业务角度管理跨地域、跨产品的资源，并支持针对资源组管理权限。

3）选择部署集

部署集支持高可用策略，部署集内的实例会严格分散在不同的物理服务器上，保证业务的高可用性和底层容灾能力。

4）选择专有宿主机

专有宿主机是一台由单租户独享物理资源的云主机，具有满足严格的安全合规要求、允许自带许可证（BYOL）上云等优势。

5）选择私有池

创建弹性保障或容量预定后，系统会自动生成私有池，预留特定属性、特定数量的实例。从关联的私有池中创建这一类实例，可以提供资源确定性保障。弹性保障和容量预订仅支持为按量付费实例保障资源供应确定性。私有池容量及其说明如表 2-13 所示。

表 2-13　私有池容量及其说明

私有池容量	说明
开放	优先使用开放类型私有池的容量，如果开放类型私有池无可用容量，则尝试使用公共池的容量
不使用	不使用任何私有池的容量
指定	继续指定一个专用或开放类型私有池的 ID，使用其容量创建实例。如果该私有池没有可用容量，则创建失败

步骤 5：确认订单

在最终创建实例前，请检查实例的整体配置并配置使用时长等选项，确保各项配置符合你的要求，如图 2-20 所示。

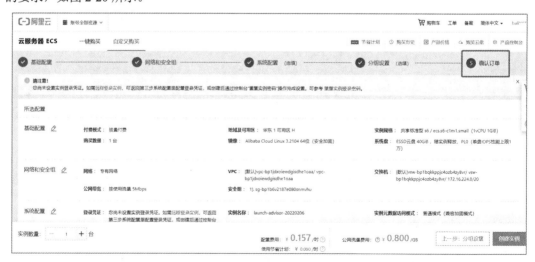

图2-20　确认订单

1）检查所选配置

如需修改配置，单击"编辑"图标前往对应页面。用户可以基于所选配置生成模板，方便后续快捷创建配置类似的实例，如表 2-14 所示。

表 2-14 快捷操作及其说明

快捷操作	说明
保存为启动模板	将所选配置保存为启动模板。使用启动模板创建实例，可以免去重复配置的操作
生成 Open API 最佳实践脚本	自动生成 API 工作流和 SDK 示例供参考
保存当前购买配置为 ROS 模板	将所选配置保存为 ROS 模板，方便继续使用 ROS 模板创建资源栈，实现一键交付资源

2）配置实例的使用时长

对于按量付费实例，可以设置自动释放实例的时间，也可以在创建实例后手动释放实例。对于包年包月实例，可以选择购买时长以及是否启用自动续费，也可以在创建实例后手动续费，或者配置自动续费。

3）阅读《云服务器 ECS 服务条款》

如无疑问，选中"云服务器 ECS 服务条款"单选按钮。

实例创建完成后，前往实例列表页面查看实例的状态，当实例的状态为运行中时即可接受访问。

2.4.4 ECS 数据盘的使用

ECS 配备了丰富的块存储产品，包括基于分布式存储架构的云盘和基于物理机本地硬盘的本地盘产品。具体的可选块存储类型如表 2-15 所示。

表 2-15 块存储类型及其描述

块存储类型		描述
云盘	ESSD 云盘	基于分布式块存储架构的超高性能云盘，结合 25GE 网络和 RDMA 技术，单盘可提供 100 万 IOPS 的随机读写能力和更低的单路时延能力，建议在大型 OLTP 数据库、NoSQL 数据库和 ELK 分布式日志等场景中使用
	SSD 云盘	具备稳定的高随机读写性能、高可靠性的高性能云盘产品，建议在 I/O 密集型应用、中小型关系数据库和 NoSQL 数据库等场景中使用

块存储类型		描述
云盘	高效云盘	具备高性价比、中等随机读写性能、高可靠性的云盘产品，建议在开发与测试业务和系统盘等场景中使用
	普通云盘	属于上一代云盘产品，已经逐步停止售卖
本地盘		基于 ECS 实例所在物理机（宿主机）上的本地硬盘设备，为 ECS 实例提供本地存储访问能力，是为对存储 I/O 性能和海量存储性价比有极高要求的业务场景而设计的产品，具有低时延、高随机 IOPS、高吞吐量、高性价比等优势。本地盘来自单台物理机，数据可靠性取决于物理机的可靠性，存在单点故障风险，建议在应用层做数据冗余，保证数据的可用性。可以使用部署集将业务涉及的几台 ECS 实例分散部署在不同的物理服务器上，以保证业务的高可用性和底层容灾能力

本节主要介绍 ECS 云盘的挂载、使用方法和步骤。

步骤 1：操作环境准备

购买一个 ECS 实例，配备一个系统盘、一个数据盘，准备一个远程登录工具，如 putty 等。

步骤 2：数据盘卸载和释放

若某数据盘不再使用，用户可以将其从 ECS 实例上卸载，然后释放。这样可以有效地节约资源和成本。卸载是在管理控制台完成的，卸载不等于释放；卸载后，操作系统无法看到该磁盘；卸载后，仍可以挂载回来，磁盘的内容不变；只有磁盘状态为"待挂载"的数据盘才能被释放。

步骤 3：ECS 数据盘分区及挂载

在控制台完成数据盘的加载；使用 putty 远程登录 Linux 系统的 ECS 实例，输入命令 fdisk -l，查看当前系统中的数据盘，如图 2-21 所示。

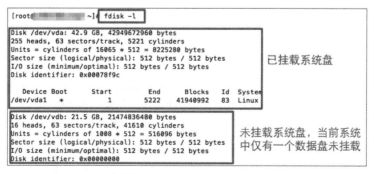

图2-21 查看数据盘情况

执行 fdisk /dev/vdb 对数据盘进行分区，在弹出的命令行中输入命令 p，出现 partitionnumber 参数，输入 1，进行磁盘分区。

再次执行命令 fdisk -l，如果看到显示分区/dev/vdb1 的信息，则说明数据盘分区成功，如图 2-22 所示。

```
   Device Boot      Start         End      Blocks   Id  System
/dev/vda1   *          1        5222    41940992   83  Linux

Disk /dev/vdb: 21.5 GB, 21474836480 bytes
16 heads, 63 sectors/track, 41610 cylinders
Units = cylinders of 1008 * 512 = 516096 bytes
Sector size (logical/physical): 512 bytes / 512 bytes
I/O size (minimum/optimal): 512 bytes / 512 bytes
Disk identifier: 0xd118887c

   Device Boot      Start         End      Blocks   Id  System
/dev/vdb1              1       41610    20971408+  83  Linux
```

图2-22　分区成功

使用命令 mkfs.ext3 /dev/vdb1 对数据盘进行格式化。使用命令 mkdir /alidata 自定义并创建一个挂载点，然后使用命令 mount /dev/vdb1 /alidata 将磁盘挂载上去。使用命令 df -h 可以查看磁盘的使用情况，如图 2-23 所示。

```
[root@          ~]# df -h
Filesystem      Size  Used Avail Use% Mounted on
/dev/vda1        40G  1.5G   36G   4% /
tmpfs           499M     0  499M   0% /dev/shm
/dev/vdb1        20G  173M   19G   1% /alidata
```

图2-23　查看磁盘使用情况

步骤 4：验证数据盘卸载之后内容不变

在数据盘中增加一个文件 a.c，在控制台卸载数据盘。之后，在控制台重新加载数据盘，并在操作系统中重新执行挂载数据盘操作（步骤 3），可以验证数据盘内容是保持不变的。

步骤 5：创建 ECS 数据盘快照

通过命令 cd /alidata 进入数据盘，使用命令>test.txt 在数据盘创建文件，并使用 echo "Hello Aliyun">test.txt 往文件里面写入内容。找到磁盘属性是"数据盘"的磁盘，单击其右侧的"创建快照"选项。单击左侧"快照"区域中的"快照列表"链接，进入 ECS 实例的快照页面。查看快照的创建进度，等待 3～5 分钟。

步骤 6：ECS 磁盘回滚

在 ECS 的命令行中，通过命令 rm -f test.txt 删除刚刚创建的文件，模拟数据误删除的情况。通过快照回滚的方式，将磁盘恢复到包含删除数据的快照的时间点，从而将数据恢复出来。回滚磁盘需要 ECS 处于停止的状态，因此首先需要在 ECS 控制台的"实例"页面中单击实例右侧"更多"下拉列表中的"停止"操作，从而停止 ECS 实例。ECS 停止需要一段时间才能完成，当 ECS 实例的状态变为"已停止"时，说明 ECS 实例的停止操作已经完成。当 ECS 实例停止成功后，在 ECS 控制台单击"快照"区域中的"快照列表"链接，进入 ECS 的快照页面，找到已创建的数据盘快照，单击其右侧的"回滚磁盘"按钮进行磁盘数据的回滚。磁盘回滚成功后，ECS 的状态将会变为"运行中"。磁盘回滚完成后，会自动启动 ECS，在 ECS 实例列表中查看实例是否启动成功。当 ECS 实例启动成功后，使用 ssh 登录到 ECS 中，并重新使用命令 mount/dev/vdb1 /alidata 将数据盘挂载到挂载点/alidata。

步骤 7：创建 ECS 自定义镜像

ECS 的自定义镜像是基于 ECS 的系统盘快照来创建的，因此需要首先创建 ECS 系统盘的快照。当系统盘快照创建成功后，单击右侧的"创建自定义镜像"选项，创建一个基于当前系统盘快照的自定义镜像。用户在对系统进行水平扩容的时候，可以使用创建好的自定义镜像快速创建多个相同配置的 ECS。在 ECS 的镜像页面中，可以看到该 ECS 实例已创建的所有自定义镜像。

2.5 ECS 应用案例——搭建简易论坛系统

在 ECS 上搭建论坛系统，常规操作需要自己安装论坛系统所需要的操作系统和软件环境，包括 Apache、PHP/JSP/ASP、数据库等相关支撑软件，鉴于 ECS 提供了镜像市场，本节给出一种捷径：通过镜像市场或者自己的镜像创建网站环境，在创建实例时，从镜像市场购买镜像，获取该镜像的使用手册，如图 2-24 所示。

图2-24　从镜像市场购买镜像

步骤 1：开放服务端口

登录阿里云控制台，找到 ECS-实例-管理-本实例安全组-配置规则-添加安全组规则，添加一条入方向规则（协议类型：自定义 tcp，端口范围：80/80，授权类型：地址段，授权对象：0.0.0.0/0）。按照相同的方法，再分别添加以下端口的允许访问授权规则：20/20，21/21，3306/3306，30000/30050 加上。

步骤 2：获取权限

下载 Linux 端的远程工具 PuTTY，下载后解压并打开 putty.exe，输入 ECS 实例 IP 及端口，端口一般默认为 22，然后单击"Open"按钮，远程登录 ECS 服务器，如图 2-25 所示。

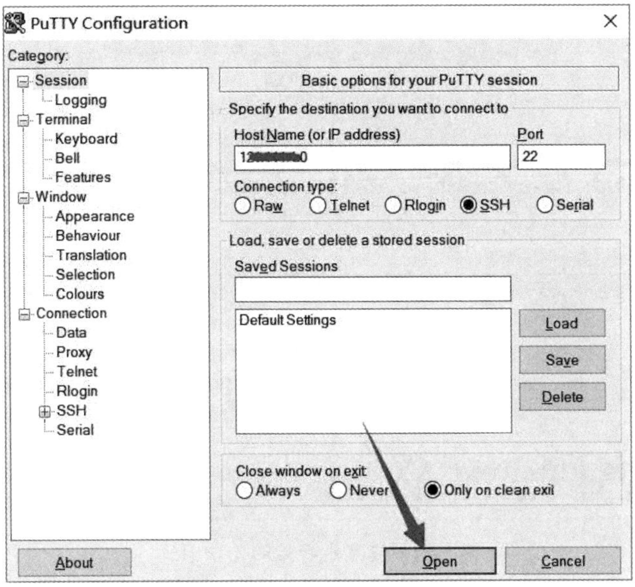

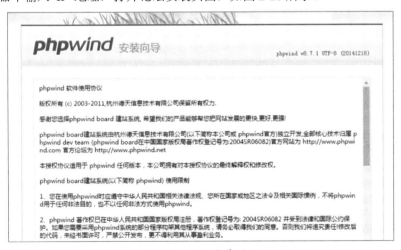

图2-25　使用PuTTY远程登录ECS

登录成功后，在弹出的命令行终端里输入 cat default.pass，里面有数据库的 root 权限，自动生成数据库名、FTP 权限。数据库的管理地址为 http://你的 IP 地址/phpmyadmin/，论坛访问地址为 http://你的 IP 地址/（或者用你的域名解析到你的 IP 地址后，用域名访问安装）。获得上述信息后，就可以安装论坛系统了。

步骤 3：安装论坛系统

在浏览器中输入 IP 地址，打开论坛安装页面，如图 2-26 所示。

图2-26　论坛安装页面

之后，按照安装向导的指引进行安装即可，其中涉及的数据库登录信息在步骤 2 中已经获得。安装成功后的论坛系统如图 2-27 所示。

图2-27 安装成功后的论坛系统

论坛软件安装完成之后，相关软件及重要数据目录如表 2-16 所示。

表 2-16 相关软件及重要数据目录

相关软件及重要数据目录名称	路径
站点 www 根目录	/yjdata/www
Apache 2.2	/etc/httpd
PHP 5.4	/usr/local/php
MySQL 5.6	/usr/local/mysql
mysqldata	/usr/local/mysql/data
vsftpd 3.0.2	/etc/vsftpd
phpMyAdmin 4.6.6	/yjdata/www/phpmyadmin

2.6 本章小结

ECS 是阿里云提供的高性能、稳定、可靠、弹性扩展的 IaaS 级别云计算服务。使用 ECS 免去了采购 IT 硬件的前期准备，可像使用水、电、天然气等公共资源一样便捷、高效地使用服务器，实现计算资源的即开即用和弹性伸缩。

本章主要介绍了阿里云 ECS 的基本概念、基本原理、应用场景和使用方法，最后还给出了一个基于 ECS 构建网站论坛系统的简单案例，系统的各个组件均部署在一个实例上。随着学习的深入，后面会给出一个更加实用和可靠的论坛系统架构。

　　ECS 是阿里云上最基础的 IaaS 服务之一，应用非常广泛，建议读者从学习 ECS 开始，逐步开启云计算之旅。

2.7　习题

　　（1）什么是 ECS？这项服务的主要功能是什么？

　　（2）用户购买了 ECS 实例后，如何为其安装操作系统？

　　（3）什么是 ECS 快照？快照的主要作用是什么？

　　（4）什么是安全组？安全组的主要作用是什么？

　　（5）简述 VPC 的基本功能。

　　（6）VPC 达到了隔离资源的效果，但并不表示 VPC 与外界是完全隔离、无法通信的。请简述 VPC 是如何连接公网的。

第 3 章　阿里云 SLB

3.1　SLB 概述

3.1.1　为什么需要负载均衡

在互联网环境下，很多系统的访问量、数据流量不断增长，单台服务器无法承担高流量、高并发访问，一种可行的办法是对硬件进行升级。但是硬件升级的方式会造成成本增加和资源浪费。最关键的是，单台服务器硬件升级的方式可扩展性较差，且很容易触碰天花板（我们很难无限制地升级一台服务器的 CPU 和内存），业界通常把这种硬件升级的方式称为纵向扩展。由于纵向扩展的扩展容量有限，人们开始考虑是否能对系统进行横向扩展。横向扩展的含义就是不对单台服务器进行硬件升级，而是通过增加服务器数量的方式来扩展系统的能力。

负载均衡提供了一种有效的扩展网络设备和服务器的方法，其基本原理如图 3-1 所示。

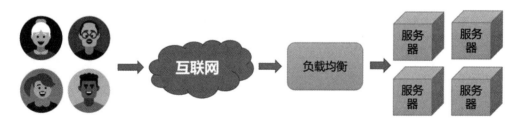

图3-1　负载均衡的基本原理

负载均衡主要负责流量转发，按照某种算法尽量均匀地将用户请求转发至后端服务器，从而实现对系统的横向扩展。需要指出，位于同一级别的后端服务器安装和部署的软件是相同的，这样无论用户请求被转发到哪一台服务器，都能获得相同的反馈。

传统负载均衡通过购买负载均衡硬件的方式实现，硬件架构昂贵，单台设备也容易触碰性能天花板，产生性能瓶颈，扩展性受限；云计算的负载均衡服务提供了更加完善的解决方案，能够更好地满足弹性计算的需求。

SLB（Server Load Balancer，服务器负载均衡）是一种对流量进行按需分发的服务，通过将流量分发到不同的后端服务器来扩展应用系统的吞吐能力，可以消除系统中的单点故障，提升应用系统的可用性。

3.1.2　SLB 的产品类型和特点

SLB 是一种对多台 ECS 进行流量分发的服务。SLB 可以通过流量分发扩展应用系统对外的服务能力，同时还能起到消除单点故障、提升应用系统可用性的作用。SLB 具有高可用、可扩展、低成本、安全、高并发的特点。云上的 SLB 相对于传统的负载均衡硬件而言，本身采用了冗余设计，也就是说，用户使用的 SLB 是可以具备多个负载均衡实例的，这样保证了负载均衡本身不存在单点故障。主备负载均衡实例是可以部署在不同的可用区的，这就进一步提升了 SLB 的可用性。SLB 的特点总结如下：

- 高可用

采用全冗余设计，无单点，支持同城容灾。搭配 DNS 可实现跨地域容灾，可用性高达 99.95%。根据应用负载进行弹性扩容，在流量波动情况下不中断对外服务。

- 可扩展

可以根据业务的需要，随时增加或减少后端服务器的数量，扩展应用的服务能力。

- 低成本

与传统硬件负载均衡系统的高投入相比，成本可下降 60%。

- 安全

结合云盾，可提供 5Gbit/s 的防 DDoS 攻击能力。

- 高并发

集群支持亿级并发连接，单实例提供千万级并发能力。

阿里云 SLB 分为两类：CLB（传统型负载均衡）和 ALB（应用型负载均衡），如图 3-2 所示。

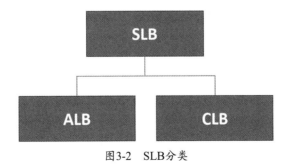

图3-2　SLB分类

- ALB（Application Load Balancer，应用型负载均衡）：专门面向 7 层，提供超强的业务处理性能，例如 HTTPS 卸载能力。单实例每秒查询数（Query Per Second，QPS）可达 100 万次。同时，ALB 提供基于内容的高级路由特性，例如基于 HTTP 报头、Cookie 和查询字符串进行转发、重定向和重写等，是阿里云官方云原生 Ingress 网关。
- CLB（Classic Load Balancer，传统型负载均衡）：支持 TCP，UDP，HTTP 和 HTTPS 协议，具备强大的 4 层处理能力以及基础的 7 层处理能力。

3.2　SLB 应用场景

SLB 主要应用于访问量较高的业务系统，实现扩展应用系统的目的；另外，如果用户要求系统具有高可用性，也可以使用 SLB 实现。当其中一部分 ECS 实例发生故障后，SLB 会自动屏蔽故障的 ECS 实例，将请求分发给正常运行的 ECS 实例。另外，还可以使用 SLB 实现系统的同城容灾，甚至是跨地域容灾。

这里我们给出 SLB 的两种使用方式，如图 3-3 所示。

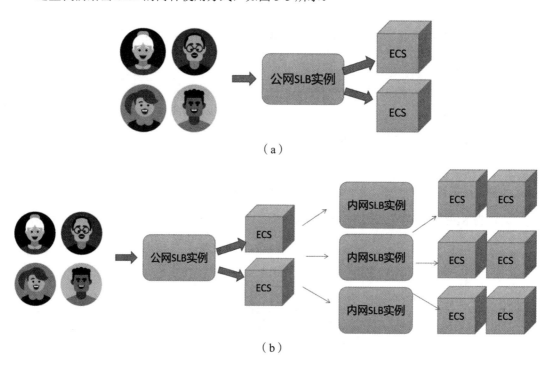

（a）

（b）

图3-3　SLB的使用方式

在图 3-3（a）中，我们使用了一个公网 SLB 实例。SLB 的后端是两台 ECS 服务器，这两台 ECS 服务器上运行着相同的系统。用户面对的是 SLB。用户的请求经由 SLB 转发到后端的

ECS 服务器。SLB 会根据后台 ECS 服务器的负载轻重，选择一台 ECS 进行转发。需要说明的是，用户的请求转发到哪一台 ECS 服务器都是可以的。

图 3-3（b）是使用两层 SLB 的情况。很多复杂的应用系统都是由前端的 Web 服务器和后端的应用服务器构成的。在前端的 Web 服务器前面，配置了一个公网 SLB，用来转发用户的请求；Web 服务器会继续访问后端的应用服务器，如果来自 Web 服务器的访问量很大，我们就需要对应用服务器进行扩展，所以在 Web 服务器和应用服务器之间又增加了一层 SLB。不过，这层 SLB 一般属于私网实例类型，因为 ECS 之间的通信一般都是内网通信。

3.2.1 SLB 用于同城容灾

下面介绍如何使用 SLB 进行同城容灾，如图 3-4 所示。同城容灾指的是容忍单个可用区发生故障，系统仍然可用。要做到同城容灾，需要把系统冗余部署到同一个地域的多个可用区中。

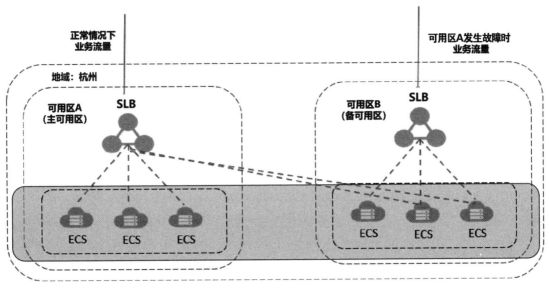

图3-4　同城容灾

实现同城容灾的过程如下：

（1）在同地域不同可用区，部署冗余 ECS 实例。

（2）创建多可用区类型的 SLB 实例。

（3）创建一个虚拟服务器组，添加所有 ECS。

（4）正常情况下，用户访问流量将同时转发至主、备可用区内的 ECS 实例；当可用区 A（主可用区）发生故障时，用户访问流量将只转发至备可用区内的 ECS 实例。

（5）SLB 的主备实例对用户配置服务器组操作是透明的。

（6）SLB 的主备实例故障切换对用户透明。

在购买 SLB 实例时，需要选择"多可用区"类型。单可用区指实例只在一个可用区存在；多可用区指实例在两个可用区存在，当主可用区不可用时会在备可用区恢复服务。需要在 SLB 实例下绑定不同可用区的 ECS 实例。在图 3-4 中，正常情况下，用户访问流量将同时转发至主、备可用区内的 ECS 实例；当可用区 A（主可用区）发生故障时，用户访问流量将只转发至备可用区内的 ECS 实例。

3.2.2　SLB 用于跨地域容灾

刚才介绍的同城容灾只能实现在一个可用区故障的情况下系统仍然可用，但如果该地域的多个可用区同时出现故障，则系统将变得不可用。这里介绍一种实现跨地域容灾的方案，如图 3-5 所示。该方案需要使用 SLB 和智能 DNS 相互配合。首先，在不同地域部署 SLB 实例，并分别挂载相应地域内不同可用区的 ECS。所有用户的请求会先到达智能 DNS。上层利用云解析做智能 DNS，将域名解析到不同地域的 SLB 实例服务地址下，可实现全局负载均衡。当某个地域发生故障时，暂停对应解析即可实现所有用户访问不受影响。

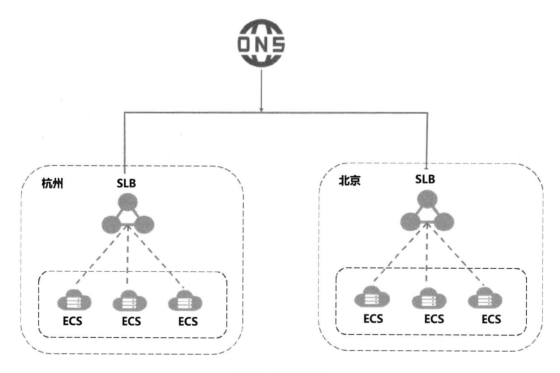

图3-5　跨地域容灾

3.3　SLB 的概念、组成和架构

3.3.1　基本概念

- SLB

阿里云计算提供的一种网络 SLB，结合阿里云提供的 ECS 服务，提供 4 层和 7 层 SLB。

- 负载均衡实例（Server Load Balancer Instance）

负载均衡实例是一个运行的 SLB。要使用 SLB，必须先创建一个负载均衡实例。

- 服务地址（Service Address）

系统为创建的负载均衡实例分配的服务 IP 地址。根据创建的负载均衡实例的类型，服务地址可能是公网 IP 地址，也可能是私网 IP 地址，可以将域名解析到公网 IP 地址提供对外服务。

- 监听（Listener）

SLB 监听规定了如何将请求转发给后端服务器，一个负载均衡实例至少添加一个监听，如图 3-6 所示。

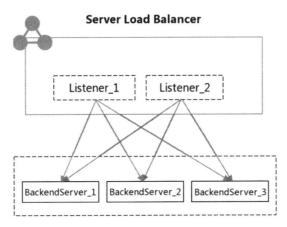

图3-6　一个负载均衡实例至少添加一个监听

- 后端服务器（Backend Server）

处理负载均衡分发的前端请求的 ECS 实例。

- 默认服务器组

一组处理负载均衡分发的前端请求的 ECS 实例。如果监听未配置指定的虚拟服务器组或主备服务器组，则将流量转发给默认服务器组中的后端服务器。

- 虚拟服务器组

一组处理负载均衡分发的前端请求的 ECS 实例。不同的监听可以关联不同的虚拟服务器组，实现监听维度的请求转发。

- 主备服务器组

一个主备服务器组只包含两台 ECS 实例，一台作为主服务器，一台作为备服务器。当主服务器健康检查失败时，系统会直接将流量切到备服务器。

3.3.2　SLB 后端的基础架构

接下来我们看一下 SLB 后端的基础架构。负载均衡基础架构采用集群部署，提供 4 层（TCP 协议和 UDP 协议）和 7 层（HTTP 和 HTTPS 协议）负载均衡。4 层负载均衡是由图 3-7 中的 LVS 集群实现的，7 层负载均衡是由图 3-7 中的 Tengine 集群实现的。图 3-7 中的控制系统用于实现负载均衡实例资源的管控。

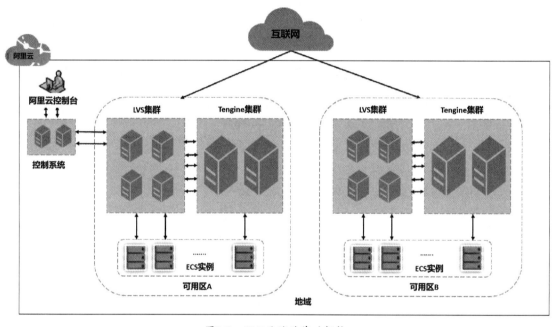

图3-7　SLB后端的基础架构

这里的 4 层和 7 层，指的是 OSI 参考模型中的层次，即传输层和应用层。4 层负载均衡根据报文中的目标地址、端口和调度算法决定最终选择的后端服务器。7 层负载均衡，也称为"内容交换"，根据报文中有意义的应用层内容，再加上调度算法，决定最终选择的后端服务器。4 层负载均衡采用开源软件 LVS（Linux Virtual Server，Linux 虚拟服务器）+ Keepalived 的方式实现负载均衡，并根据云计算需求对其进行个性化定制。7 层负载均衡采用 Tengine 实现。Tengine 是由淘宝网发起的 Web 服务器项目，它在 Nginx 的基础上，针对有大访问量的网站需求，添加了很多高级功能和特性。

下面对负载均衡入网流量的路径进行分析，如图 3-8 所示。

在图 3-8 中，路径①表示 4 层流量路径，路径②表示 7 层流量路径。可以看到，无论是 TCP/UDP 4 层协议流量还是 HTTP/HTTPS 7 层协议流量，都需要经过 LVS 集群进行转发。

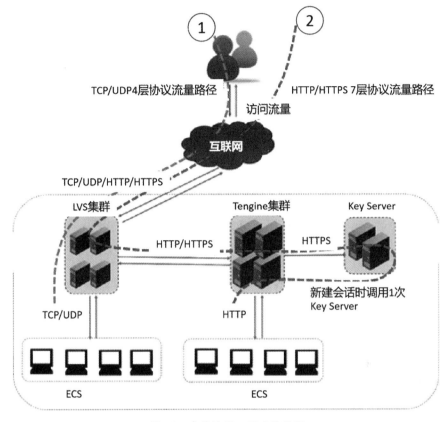

图3-8 负载均衡入网流量路径

（1）对于 4 层协议流量，LVS 集群内的每个节点都会根据负载均衡实例的负载均衡策略将其承载的服务请求直接分发到后端 ECS 服务器。

（2）对于 HTTP 协议流量，LVS 集群内每个节点会先将其承载的服务请求均分到 Tengine 集群，Tengine 集群内的每个节点再根据负载均衡策略，将服务请求按策略最终分发到后端 ECS 服务器。

（3）对于 HTTPS 协议流量，与上述 HTTP 处理过程类似，差别是在按策略将服务请求最终分发到后端 ECS 服务器前，先调用 Key Server 进行证书验证及数据包加解密等前置操作。

接下来，让我们从集群的角度看一下 SLB 高可用是如何实现的。

当客户端向服务器端传输三个数据包后，在 LVS1 上建立的会话 A 开始同步到其他 LVS 机器上。图 3-9 中的实线表示现有的连接，虚线表示当 LVS1 出现故障或进行维护时，这部分流量走到可以正常运行的机器 LVS2 上。因而，负载均衡集群支持热升级，并且在机器故障和集群维护时最大程度对用户透明，不影响用户业务。

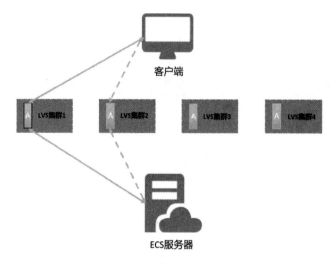

图3-9　SLB高可用的实现

目前，SLB 在大部分地域支持了多可用区部署，当主可用区出现故障时，负载均衡可自动切换到备可用区上提供服务，实现高可用性。

3.4　开启 SLB 使用之旅

3.4.1　开通 SLB 服务

首先登录阿里云首页，使用已经注册好的账号和密码进行登录，之后单击"控制台"按钮，进入控制台页面，如图 3-10 所示。

图3-10　阿里云管理控制台

在"产品与服务"页面中选择"负载均衡"选项，如图 3-11 所示。

进入 SLB 管理控制页面，就可以开始后续的创建 SLB 实例等操作了。

图3-11　在"产品与服务"页面中选择"负载均衡"选项

3.4.2　创建 SLB 实例

SLB 实例接收来自客户端的请求，并将请求分发给后端服务器。使用 SLB 之前需要创建一个负载均衡实例，在实例中添加监听和后端服务器。

步骤 1：登录 CLB 控制台，如图 3-12 所示。

图3-12　CLB控制台

步骤 2：在实例管理页面，单击创建 CLB 实例，如图 3-13 所示。

步骤 3：在购买页面选择一种付费方式。本章选择按量付费。

步骤 4：根据表 3-1 对实例进行配置和选择。

图3-13 CLB实例创建页面

表 3-1 配置表

配置	说明
地域与可用区	选择实例的所属地域,并在可用区下拉列表中选择实例的主可用区,主可用区是当前承载流量的可用区。注意,请确保实例的地域和后端添加的 ECS 的地域相同
可用区类型	显示所选地域的可用区类型。云产品的可用区指的是一套独立的基础设施,常用数据中心 IDC 表示。不同的可用区之间具有基础设施(网络、电力、空调等)的独立性,就是说一个可用区的基础设施故障不影响另外一个可用区。可用区是属于某个地域的,一个地域下可能有一个或者多个可用区。CLB 已经在大部分地域部署了多可用区 单可用区:实例只部署在一个可用区上 多可用区:实例会部署在两个可用区上。默认启用主可用区的实例。当主可用区出现故障时,将会自动切换到备可用区继续提供 SLB,可以大大提升本地可用性
备可用区	选择实例的备可用区。备可用区默认不承载流量,主可用区不可用时才承载流量
实例名称	自定义新建实例名称 长度限制为 1~80 个字符,允许包含中文、字母、数字、短画线(-)、正斜线(/)、半角句号(.)和下画线(_)等字符
实例规格	不同的性能规格提供的性能指标也不同
实例类型	根据业务场景选择配置对外公开或对内私有的 SLB,系统会根据选择分配公网或私网服务地址 公网:公网实例仅提供公网 IP,可以通过互联网访问 SLB 私网:私网实例仅提供阿里云私网 IP,只能通过阿里云内部网络访问该 SLB,无法从互联网访问

配置	说明
IP 版本	选择实例的 IP 版本，可以设置为 IPv4 或者 IPv6
资源组	云资源所属的资源组

步骤 5：单击"立即购买"按钮，完成支付。

3.4.3　监听配置

创建负载均衡实例后，需要为实例配置监听。监听负责检查连接请求，然后根据调度算法定义的转发策略将请求流量分发至后端服务器。负载均衡提供 4 层（TCP 或 UDP 协议）和 7 层（HTTP 或 HTTPS 协议）监听，需要根据应用场景选择监听协议。表 3-2 来自阿里云官网，对监听协议及其应用场景进行了简要的描述。

表 3-2　监听协议及其应用场景

协议	说明	应用场景
TCP	面向连接的协议，在正式收发数据前，必须和对方建立可靠的连接 基于源地址的会话保持 在网络层可直接看到来源地址 数据传输快	适用于注重可靠性、对数据准确性要求高、速度可以相对较慢的场景，如文件传输、发送或接收邮件、远程登录 无特殊要求的 Web 应用
UDP	面向非连接的协议，在数据发送前不与对方进行三次握手，直接进行数据包发送，不提供差错恢复和数据重传 可靠性相对低 数据传输快	关注实时性而相对不注重可靠性的场景，如视频聊天、金融实时行情推送
HTTP	应用层协议，主要解决如何包装数据 基于 Cookie 的会话保持 使用 X-Forward-For 获取客户真实 IP 地址	需要对数据内容进行识别的应用，如 Web 应用、小的手机游戏等
HTTPS	加密传输数据，可以阻止未经授权的访问。统一的证书管理服务，可以将证书上传到负载均衡，解密操作直接在负载均衡上完成	需要加密传输的应用

接下来，以添加 TCP 监听为例介绍监听配置的过程，其他协议的监听配置详情参见阿里云官网。

步骤 1：配置监听

登录 CLB 控制台。在顶部菜单栏，选择 CLB 实例的所属地域。在实例管理页面，找到目标实例，然后在操作列单击"监听配置向导"链接，按照表 3-3 完成配置。

表 3-3　监听配置表

监听配置	说明
选择负载均衡协议	选择 TCP
监听端口	输入接收请求并向后端服务器进行请求转发的监听端口。端口范围为 1~65535。TCP 和 UDP 协议监听支持开启全端口功能，监听端口段
监听名称	自定义监听的名称
高级配置	单击"修改"按钮展开高级配置
调度算法	选择调度算法 加权轮询（WRR）：权重值越高的后端服务器被轮询到的概率越高 轮询（RR）：按照访问顺序依次将外部请求分发到后端服务器。 一致性哈希（CH）：服务器数量变化时，高效分散负载，避免访问压力集中 四元组：基于四元组（源 IP、目的 IP、源端口和目的端口）的一致性哈希，相同的流会调度到相同的后端服务器 源 IP：基于源 IP 地址的一致性哈希，相同的源地址会调度到相同的后端服务器
开启会话保持	开启会话保持后，负载均衡监听会把来自同一客户端的访问请求分发到同一台后端服务器上。TCP 协议基于 IP 地址的会话保持，即来自同一 IP 地址的访问请求转发到同一台后端服务器上
启用访问控制	开启访问控制后，选择一种访问控制方式，并设置访问控制策略组，作为该监听的白名单或黑名单 白名单：允许特定 IP 访问 SLB，仅转发来自所选访问控制策略组中设置的 IP 地址或地址段的请求。白名单适用于只允许特定 IP 访问的场景。设置白名单存在一定业务风险。一旦设置白名单，就只有白名单中的 IP 可以访问负载均衡监听。如果开启了白名单访问，但访问策略组中没有添加任何 IP，则负载均衡监听会转发全部请求 黑名单：禁止特定 IP 访问 SLB，不会转发来自所选访问控制策略组中设置的 IP 地址或地址段。黑名单适用于只限制某些特定 IP 访问的场景。如果开启了黑名单访问，但访问策略组中没有添加任何 IP，则负载均衡监听会转发全部请求
开启监听带宽限速	对于按带宽计费的负载均衡实例，可以针对不同监听设定不同的带宽峰值来限定监听的流量。实例下所有监听的带宽峰值总和不能超过该实例的带宽。默认不开启，各监听共享实例的总带宽。使用流量计费方式的实例默认不限制带宽峰值
连接超时时间	指定 TCP 连接的超时时间，范围为 10~900 秒

监听配置	说明
Proxy Protocol 配置	通过 Proxy Protocol 协议携带客户端源地址到后端服务器
获取客户端真实 IP	针对 4 层监听，后端服务器可直接获得来访者的真实 IP 地址，默认开启
创建完毕自动启动监听	是否在监听配置完成后启动负载均衡监听，默认开启。

步骤 2：添加后端服务器

添加处理前端请求的后端服务器。可以使用实例配置的默认服务器组，也可以为监听配置一个虚拟服务器组、主备服务器组或者启动主备服务器组模式。在后端服务器配置向导页面，选择将监听请求转发至后端服务器的类型，例如默认服务器组。在选择服务器配置向导页面，选择要添加的 ECS 实例；之后，在配置端口和权重配置向导页面，配置添加的后端服务器的权重，权重越高的 ECS 实例将被分配到更多的访问请求（权重设置为 0 的服务器不会接受新请求）。配置后端 ECS 服务器开放用来接收请求的端口，端口范围为 1~65535。

步骤 3：配置健康检查

负载均衡通过健康检查来判断后端 ECS 服务器的业务可用性。健康检查机制提高了前端业务整体可用性，避免了后端 ECS 异常对总体服务的影响。

在配置审核页面检查监听配置，确认无误后，单击提交，等待配置成功后，可以在监听页面查看已创建的监听。

请读者在完成上述操作后，按照如下步骤进行负载均衡转发和会话保持的功能验证。

验证实验（1）：虚拟服务器组配置

1）分别在不同可用区创建一台 ECS。

2）在 ECS 上部署 phpwind 论坛，一台安装，另一台不安装，以示区别。

3）在同一地域创建 SLB 实例，并选择多可用区类型。

4）创建监听，配置监听端口 80。

5）创建虚拟服务器组，并添加两台服务器。

验证：

1）访问 SLB 的公网 IP，看到主服务器首页。

2）刷新页面，交替看到两个服务器的首页。

验证实验（2）：主备服务器组配置

1）分别在不同可用区创建一台 ECS。

2）在 ECS 上部署 phpwind 论坛，一台安装，另一台不安装，以示区别。

3）在同一地域创建 SLB 实例，并选择多可用区类型。

4）创建监听，配置监听端口 80。

5）创建主备服务器组，并添加两台服务器，一台主服务器、一台备服务器；

验证：

1）访问 SLB 的公网 IP，看到主服务器首页。

2）将主服务器停止，访问 SLB 的公网 IP，看到备服务器配置页。

3）恢复主服务器，访问 SLB 的公网 IP，再次看到主服务器首页。

3.4.4　SLB 监控和计费

用户可以对 SLB 的状态进行监控。常用的监控指标包括流量、连接数等，如图 3-14 所示。流量包括流入和流出流量，可以以字节为单位，也可以以数据包数为单位；连接监控指标可以分别对活跃连接以及非活跃连接进行连接数的统计。

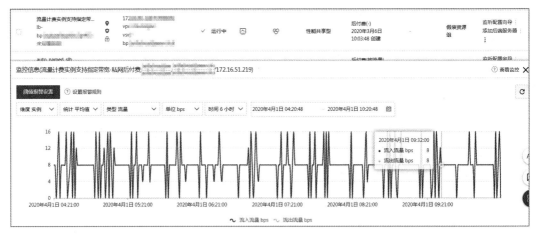

图3-14　SLB监控

4 层 SLB 的监控指标如表 3-4 所示。

表 3-4　监控指标

监控指标	说明
流量	流入流量：从外部访问负载均衡所消耗的流量 流出流量：负载均衡访问外部所消耗的流量
数据包数	流入数据包数：负载均衡每秒接到的请求数据包数量 流出数据包数：负载均衡每秒发出的数据包数量

监控指标	说明
并发连接数	活跃连接数：所有 ESTABLISHED 状态的 TCP 连接。因为如果采用的是长连接的情况，一个连接会同时传输多个文件请求 非活跃连接数：表示除 ESTABLISHED 状态的其他所有状态的 TCP 连接数。Windows 和 Linux 服务器都可以使用 netstat -an 命令查看 并发连接数：所有建立的 TCP 连接数量
新建连接数	在统计周期内，新建立的从客户端到负载均衡的连接请求的平均数
丢弃流量	丢弃入流量：每秒丢失的入流量 丢弃出流量：每秒丢失的出流量
丢弃数据包数	丢弃流入数据包：每秒丢弃的流入数据包的数量 丢弃流出数据包：每秒丢弃的流出数据包的数量
丢弃连接数	每秒丢弃的连接数

　　SLB 的计费方式分为两种：一种是按使用流量计费，具体费用包括实例租用费和公网下行流量费用。下行流量指的是从 SLB 流出到互联网的流量，进入 SLB 的流量是不产生费用的。另一种是按照固定带宽计费，具体费用包括实例租用费和公网带宽费用。后者一般用于系统流量比较稳定、可以预知的情况。SLB 计费详情参见阿里云官网 SLB 文档，这里不再展开。

3.5　本章小结

　　SLB 是一种对流量进行按需分发的服务，通过将流量分发到不同的后端服务器来扩展应用系统的吞吐能力，并且可以消除系统中的单点故障，提升应用系统的可用性。

　　阿里云 SLB 分为两类：CLB 和 ALB。CLB 支持 TCP、UDP、HTTP 和 HTTPS 协议，具备强大的 4 层处理能力以及基础的 7 层处理能力；ALB 专门面向 7 层，提供超强的业务处理性能，提供基于内容的高级路由特性，是阿里云官方云原生 Ingress 网关。

　　SLB 配合 ECS，提供了弹性横向扩展的系统功能，是搭建企业应用不可缺少的 IaaS 服务。

　　SLB 相关知识要点如下：

　　（1）负载均衡支持的协议有哪些？

　　负载均衡当前支持 4 层（TCP\UDP）和 7 层（http\https）协议。

　　（2）负载均衡是否可以自定义端口？

　　可以。

（3）负载均衡解决了后端 ECS 服务的容灾问题，但如何避免 SLB 本身故障导致的单点问题？

创建多个负载均衡实例，通过 DNS 轮询的方式对外提供服务，从而提高负载均衡的可用性。

（4）负载均衡最多支持几台 ECS 进行 SLB？

不限制。

（5）后端 ECS 需要外网带宽吗？

不需要。

（6）一个 SLB 配合一组 ECS，可以搭建多个网站同时运行吗？

可以。

（7）不同操作系统的 ECS 可以同时做 SLB 吗？

可以。

（8）如何确保负载均衡后端多台 ECS 之间的数据同步？

第三方工具，如 RSYNC 实现。

（9）不同地域的 ECS 可以添加到一个 SLB 后面吗？

不可以。

（10）负载均衡策略有哪些？

轮询、加权轮询（WRR）、加权最小连接数（WLC）和一致性哈希（CH）调度算法。

（11）ECS 权重一样，但实际负载不一样，为什么？

开启了会话保持。负载均衡提供会话保持功能。在会话的生命周期内，可以将同一客户端的请求转发到同一台后端服务器上。

3.6　习题

（1）请简述负载均衡硬件或者 SLB 的基本功能。

（2）请简述阿里云 SLB 的分类和各自的功能特点。

（3）对于用户并发访问量非常大、系统本身结构又比较复杂的应用系统，应该如何设计其系统内部的 SLB 使用方法？

（4）SLB 是如何实现同城容灾的？请简述实现过程。

（5）SLB 目前支持哪些通信协议？

（6）CLB 支持哪些调度算法？

第 4 章　阿里云 RDS

4.1　RDS 概述

RDS（Relational Database Service，关系型数据库服务）是一种稳定可靠、可弹性伸缩的在线数据库服务。基于阿里云分布式文件系统和 SSD 盘高性能存储，RDS 支持 MySQL、SQL Server、PostgreSQL、PPAS（Postgre Plus Advanced Server，高度兼容 Oracle 数据库）和 MariaDB TX 引擎，并且提供容灾、备份、恢复、监控、迁移等方面的全套解决方案。

4.1.1　RDS 的技术特点

RDS 在 MySQL 和 PostgreSQL 社区版的基础上，对内核进行了深度定制和开放。

AliSQL 是阿里云深度定制的独立 MySQL 分支，除了社区版的所有功能，AliSQL 还提供类似于 MySQL 企业版的诸多功能，如企业级备份恢复、线程池、并行查询等，而且提供兼容 Oracle 的能力，如 sequence 引擎等。RDS MySQL 使用 AliSQL 内核，为用户提供 MySQL 所有的功能，同时提供企业级的安全、备份、恢复、监控、性能优化、只读实例等高级特性。

RDS 支持一系列兼容 PostgreSQL 的云数据库服务产品，目前包括 RDS PostgreSQL 和专属集群 MyBase for PostgreSQL，这些云数据库服务采用统一的数据库内核（简称 AliPG），AliPG 兼容 PostgreSQL 开源数据库，于 2015 年正式商用，目前支持 PostgreSQL 9.4、10、11、12、13 和 14 版本，已稳定运行多年，支撑了大量阿里巴巴集团内部以及云上的客户业务。

4.1.2　RDS 使用特点

- 计费

对于短期需求，可以创建按量付费（按小时计费）的实例，用完可立即释放实例；对于长期需求，可以创建包年包月的实例。

- 按需变配

在业务初期，可以购买小规格的 RDS 实例来应对业务压力。随着数据库压力和数据存储量的增加，可以升级实例规格。业务回到低峰时，可以降低实例规格。

- 即开即用

无须购置数据库服务器硬件或软件，只需通过阿里云控制台或者 API 创建指定规格的 RDS 实例，在数分钟内即可生成 RDS 实例。

- 透明兼容

RDS 与原生数据库引擎的使用方法一致，兼容现有的程序和工具。使用数据传输服务（DTS）可以将数据迁移至 RDS，也可以使用通用的数据导入导出工具进行迁移。

- 管理

阿里云负责 RDS 的日常维护和管理，包括软硬件故障处理、数据库补丁更新等工作，保障 RDS 的正常运转。用户可以通过阿里云控制台或者 API 自行完成数据库的增加、删除、重启、备份、恢复等管理操作。

4.2 RDS 应用场景

4.2.1 开放搜索

RDS 可以用于支持系统内的数据搜索功能，具体的方法是 RDS 和开放搜索服务 OpenSearch 相互配合，实行一种低成本的系统内搜索方案。OpenSearch 是一款结构化数据搜索托管服务，为移动应用开发者和网站站长提供一种简单、高效、低成本的搜索解决方案。一般情况下，业务系统的数据都存储在 RDS 中，也就是说，被搜索的数据存储在 RDS 中。而 OpenSearch 自带数据同步功能，可将 RDS 中的数据自动同步至 OpenSearch 实现各类复杂搜索，如图 4-1 所示。

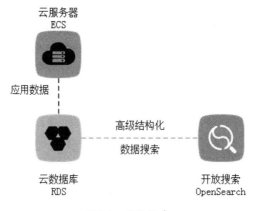

图4-1 开放搜索

4.2.2　数据多样化存储

我们要介绍的第 2 个 RDS 应用场景叫作数据多样化存储,如图 4-2 所示。多样化的含义是:
RDS 可以搭配云数据库 Redis、云数据库 Memcache 和对象存储 OSS 等产品使用,实现多样化
存储扩展。在图 4-2 中,业务系统部署在 ECS 中,结构化数据存储在 RDS 中,非结构化数据
存储在 OSS 中,系统的高热数据则使用 Memcache 或者 Redis 这样的内存数据库进行缓存。对
高热数据的额外处理,能够有效地提升访问速度,显著改善用户体验。

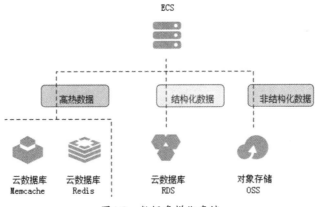

图4-2　数据多样化存储

4.2.3　数据异地容灾

第 3 个 RDS 应用场景是使用 RDS 对数据进行容灾,而且可以以很小的代价实现数据的异
地容灾,如图 4-3 所示。很多用户还在使用传统的自建数据库,如果希望进行异地数据备份,
实现异地容灾,则需要在另外的地域自行建设数据库系统软硬件,成本高昂。使用 RDS,可以
方便地为传统自建数据库进行异地数据备份。通过使用数据传输服务(DTS),用户可以将自
建机房的数据库或者 ECS 上的自建数据库实时同步到任一地域的 RDS 实例。即使发生机房损
毁的灾难,数据在阿里云数据库上也会有备份。

图4-3　数据异地容灾

4.2.4　读写分离

第 4 个应用场景是实现业务系统的读写数据分离，如图 4-4 所示。RDS 的 MySQL/SQL Server 版本允许用户添加只读实例，使一部分读请求分担到只读实例上，减缓主实例的读取压力。主实例和只读实例都有独立的连接地址，当开启读写分离功能后，系统会额外提供一个只读地址，可以使用这个地址实现读写分离。这样，只需增加只读实例的个数，即可不断扩展系统的处理能力，应用程序无须做任何修改。

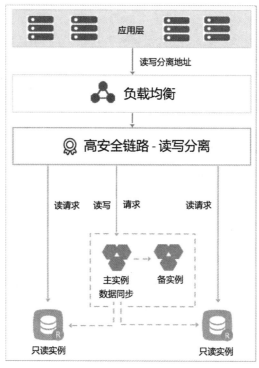

图4-4　读写数据分离

4.2.5　大数据分析

第 5 个应用场景是进行大数据分析，如图 4-5 所示。这里并不是说直接使用 RDS 进行大数据分析，而是利用 RDS 配合 MaxCompute 进行大数据分析。MaxCompute 是大数据计算服务，是专门用于数据分析的数据仓库产品。它可以用于批量结构化数据的存储和计算，提供海量数据仓库解决方案以及针对大数据的分析建模服务。RDS 和 MaxCompute 的配合方式是：使用数据集成服务，将 RDS 数据定期批量导入 MaxCompute，实现大规模的数据计算。需要说明的是，RDS 上面的结构化数据是大数据分析的重要数据源之一，实际数据分析项目中往往还会涉及更多数据源，如系统日志、GIS 系统、气象数据等。

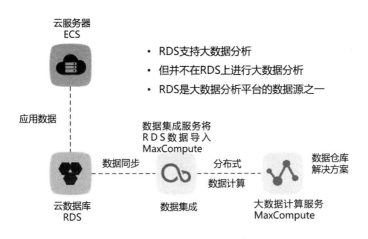

图4-5 大数据分析

4.3 RDS 基本概念

接下来我们介绍一下与 RDS 相关的基本概念。

（1）RDS 实例（Instance）

与前面介绍的 ECS 实例的概念类似，RDS 实例代表一定的硬件资源，是关系型数据库的运行环境。各实例相互独立、资源隔离，相互之间不存在 CPU、内存、IOPS 等抢占问题；同一实例中的不同数据库之间是资源共享的。RDS 实例目前支持的最大内存为 48GB，最大磁盘容量为 6TB。一个账号可以创建多个实例。RDS 存储空间容量选择如图 4-6 所示。

图4-6 RDS存储空间容量选择

（2）RDS 数据库（Database）

它是用户在一个实例下创建的逻辑单元。一个实例可以创建多个数据库，比如，MySQL 类型实例最多可以创建 500 个数据库。在一个实例内，数据库的命名是唯一的。

（3）RDS 数据库账号

注意，这个账号有别于之前说的阿里云账号。每个数据库账号可以用于访问多个数据库，每个数据库的读写权限可以被分配给多个数据库账号。

（4）只读实例

前面在介绍 RDS 应用场景的时候，我们谈到过读写分离的场景，其中涉及 RDS 的只读实例。顾名思义，只读实例就是只能承担读取数据请求的实例。引入只读实例的目的是缓解有非常高的并发读取请求的系统的压力。这类系统非常多，比如电商系统，用户浏览商品产生的都是读取数据的请求，用户下单购买才会涉及数据的更新和写入操作。RDS 的 MySQL/SQL Server版本允许用户添加只读实例。对于 MySQL，5.6 及以上的版本才支持只读实例。在实现上，创建只读实例时会从备实例复制数据，数据与主实例一致，主实例的数据更新也会在主实例完成操作后立即自动同步到所有只读实例。也可以在只读实例上设置只读实例延时复制。

注意，设置了延时复制的只读实例，无法添加到读写分离中。

这里再进一步讲述一下多种 RDS 实例的区别，如图 4-7 所示。在购买 RDS 实例的时候，如果选择基础版，就是单节点实例；如果选择高可用版，就会获得一主一备两个实例，这也是经典高可用架构。主实例的数据会通过半同步的方式同步到备实例；高可用版的主、备实例可以部署在同一可用区，也可以部署在不同可用区，但在同一个地域。只读实例和主、备实例在同一地域，可以在不同可用区。这里还涉及一个概念：灾备实例。灾备实例和主、备实例在不同地域。备实例和灾备实例在主实例正常运行时都不会提供服务。

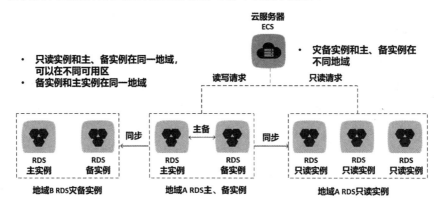

图4-7　只读实例和灾备实例

（5）RDS 产品系列

云数据库 RDS 的实例包括 4 个系列：基础版、高可用版、集群版和三节点企业版，具体介绍如表 4-1 所示。

表 4-1　RDS 的实例

系列	说明	适用场景
基础版	单节点实例，计算与存储分离的架构	• 个人学习 • 微型网站 • 中小企业的开发测试环境

续表

系列	说明	适用场景
高可用版	采用一主一备的经典高可用架构	• 大中型企业的生产数据库 • 互联网、物联网、零售电商、物流、游戏等行业的数据库
集群版	仅 SQL Server 提供，基于 AlwaysOn 技术实现，最大支持一主一备高可用架构和 7 个只读实例，支持横向扩展集群读能力。购买时默认为高可用架构（仅包括主实例和备实例，没有只读实例）	大中型企业的生产数据库，如互联网新零售行业、汽车制造行业、企业大型 ERP 系统等
三节点企业版	仅 MySQL 提供，采用一主两备的三节点架构，通过多副本同步复制，确保数据的强一致性，提供金融级的可靠性	• 对数据安全性要求非常高的金融、证券、保险行业的核心数据库 • 各行业大型企业的核心生产数据库

（6）数据安全

接下来介绍 RDS 的数据安全措施。RDS 提供了多样化的安全加固功能来保障用户数据的安全，主要体现在网络、存储和容灾三个方面，如图 4-8 所示。

✓ SSL(Secure Sockets Layer)：提高链路安全性
✓ 需安装SSL CA证书到应用服务
✓ SSL在传输层对网络连接进行加密，但同时增加网络连接响应时间

✓ TDE(Transparent Data Encryption)：对数据文件执行实时I/O加密和解密
✓ 数据在写入磁盘之前进行加密
✓ 从磁盘读入内存时进行解密

图4-8　RDS的安全加固功能

在网络安全方面，支持白名单、VPC 网络和 SSL 加密。创建 RDS 实例后，暂时还无法访问，需要设置 RDS 实例的白名单，以允许外部设备访问该实例。如果希望提高链路安全性，可以启用 SSL（Secure Sockets Layer，安全套接字层）加密，并安装 SSL CA 证书到需要的应用服务。SSL 在传输层对网络连接进行加密，能提升通信数据的安全性和完整性，但会同时增加网络连接响应时间。另外，我们可以把 RDS 加入 VPC 中。前面谈到过，一个 VPC 就是一个隔离的网络环境，使用 VPC 能够使 RDS 具有较高的安全性。

在存储安全方面，RDS 支持 TDE（Transparent Data Encryption，透明数据加密），可对数据文件执行实时 I/O 加密和解密，数据在写入磁盘之前进行加密，从磁盘读入内存时进行解密。TDE 不会增加数据文件的大小，开发人员也无须更改任何应用程序。为了防止数据丢失或损坏，用户通常会对数据进行备份。RDS 支持设置备份策略，自动备份 MySQL 数据和日志（也可以手动备份 MySQL 数据）。对于本地 SSD 盘实例，还支持删除实例后继续保留备份。

在容灾方面，RDS 支持多可用区同城容灾以及跨地域的异地容灾。

（7）访问控制

RDS 的访问控制主要是通过为数据库账号设置访问权限来实现的。RDS 提供两种创建数据库账号的方式：

- 第一种是通过控制台或者 API 创建普通数据库账号，这样可以设置数据库级别访问权限，包括只读、读写、DDL、DML 权限。注意，这里的控制粒度是数据库。
- 如果用户需要更细粒度的权限控制，例如表、视图、字段级别的权限，那么就需要使用第二种方式，即通过控制台或者 API 先创建高权限数据库账号，然后登录数据库创建普通数据库账号。高权限数据库账号可以为普通数据库账号设置更细粒度的权限。

（8）网络攻击防御

在网络攻击防御方面，RDS 与云盾配合，提供了多种攻击防护手段，包括防 DDoS 攻击、SQL 注入检测等。

首先来说一下 DDoS 攻击。当用户使用外网连接并访问 RDS 实例时，也就是设置 RDS 可以被外网访问时，可能会遭受 DDoS 攻击。RDS 提供了两种手段进行防御：流量清洗和黑洞处理，它们都是完全由系统自动触发和结束的。当 RDS 安全体系认为用户实例正在遭受 DDoS 攻击时，会首先启动流量清洗功能，如果无法抵御攻击或者攻击达到黑洞阈值，则会进行黑洞处理。需要说明的是：流量清洗只针对外网流入流量进行清洗，处于流量清洗状态的 RDS 实例可正常访问。有多种条件都可以触发流量清洗，比如，BPS（Bits Per Second）达到 180Mb/s，或者每秒新建并发连接数达到 1 万等。处于黑洞状态的 RDS 实例不可被外网访问，此时应用程序通常也处于不可用状态。

RDS SQL 注入是数据库攻击的常见方式之一。SQL 注入会导致数据泄露、篡改或对敏感数据的非法操作。通过开通云安全中心日志分析功能，开启 RDS SQL 审计日志，云安全中心可以对 RDS SQL 审计日志数据进行检测，确认是否存在 RDS SQL 注入威胁。

4.4　开启 RDS 使用之旅

4.4.1　开通 RDS 服务

首先登录阿里云首页，单击“登录”按钮，使用已经注册好的账号和密码进行登录，然后单击“控制台”按钮，进入控制台页面，如图 4-9 所示。

aliyun.com/?accounttraceid=a950ecf76da549a49594defd70166cc1fqjt
阿里云
最新活动 产品 解决方案 云市场 合作伙伴 支持与服务 开发者 了解阿里云
中国站 文档 购物车 ICP备案 控制台
无影云电脑新春特惠
云桌面新用户低至1元起，首月送10M带宽
AI

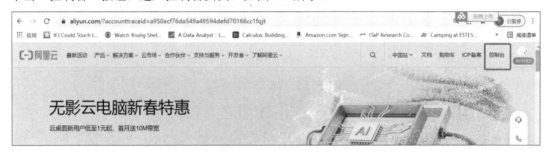

图4-9　单击“控制台”按钮

在“产品与服务”页面中选择“云数据库 RDS 版”选项，如图 4-10 所示。

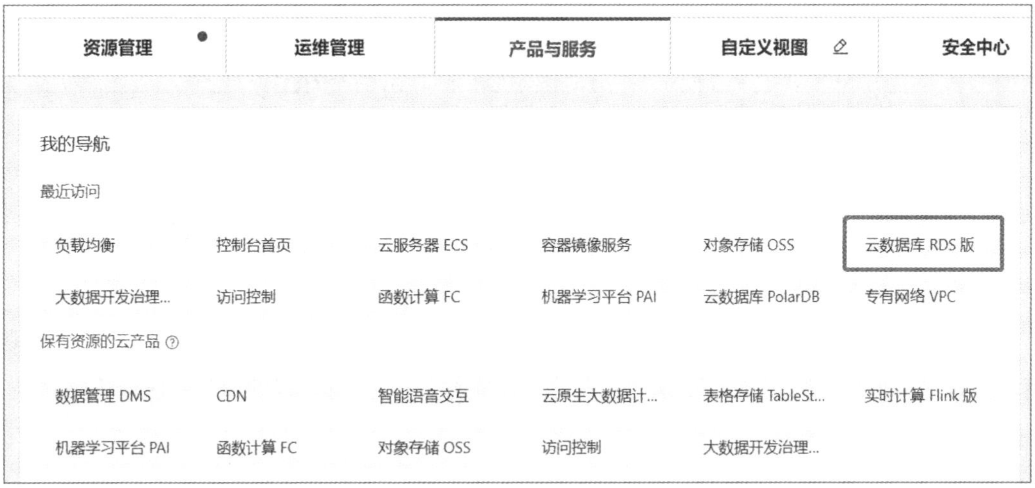

资源管理
运维管理
产品与服务
自定义视图
安全中心
我的导航
最近访问
负载均衡
控制台首页
云服务器 ECS
容器镜像服务
对象存储 OSS
云数据库 RDS 版
大数据开发治理...
访问控制
函数计算 FC
机器学习平台 PAI
云数据库 PolarDB
专有网络 VPC
保有资源的云产品
数据管理 DMS
CDN
智能语音交互
云原生大数据计...
表格存储 TableSt...
实时计算 Flink 版
机器学习平台 PAI
函数计算 FC
对象存储 OSS
访问控制
大数据开发治理...

图4-10　在“产品与服务”页面中选择“云数据库RDS版”选项

进入 RDS 管理控制页面，就可以开始后续的创建 RDS 实例等操作了。

4.4.2　创建 RDS 实例

进入 RDS 管理控制页面，单击“创建实例”按钮，如图 4-11 所示。

图4-11　RDS管理控制页面

步骤1：选择计费方式

计费方式如表4-2所示。

表4-2　计费方式

计费方式	建议	优势
包年包月	长期使用 RDS 实例，请选择包年包月（一次性付费），并在页面左下角选择购买时长	包年包月比按量付费更实惠，且购买时长越长，折扣越大
按量付费	短期使用 RDS 实例，请选择按量付费（按小时付费）。可以先创建按量付费的实例，确认实例符合要求后再转包年包月	可随时释放实例，停止计费

步骤2：选择地域

建议将 RDS 实例创建在 ECS 实例所在的地域，这样 ECS 可以通过内网访问 RDS；否则，ECS 实例只能通过外网访问 RDS 实例，收取公网流量费用，且访问性能受到公网性能限制。

 注意

RDS 实例购买后，不支持更改地域。

步骤3：选择数据库类型、系列和存储类型

数据库类型包括 MySQL，PolarDB，PostgreSQL，MariaDB，Microsoft SQL Server。如果选择 MySQL，建议选择高版本（8.0 或 5.7）或者与本地 MySQL 同版本，默认为 8.0；实例系列包括基础版、高可用版和三节点企业版（详细描述参见 4.3 节），默认为高可用版，如图 4-12 所示。

图4-12　选择数据库类型、系列和存储类型

RDS 提供三种存储类型：本地 SSD 盘、SSD 云盘和 ESSD 云盘。

- 本地 SSD 盘

  本地 SSD 盘是指与数据库引擎位于同一节点的 SSD 盘。将数据存储于本地 SSD 盘，可以降低 I/O 延迟。

- SSD 云盘

  SSD 云盘是指基于分布式存储架构的弹性块存储设备。将数据存储于 SSD 云盘，可实现计算与存储分离。

- ESSD 云盘

  ESSD 云盘即增强型（Enhanced）SSD 云盘，是一种高性能云盘产品。ESSD 云盘基于新一代分布式块存储架构，结合 25GE 网络和 RDMA 技术，可以提供单盘高达 100 万 IOPS 的随机读写能力和更低的单路延迟能力。

三种存储类型的对比如表 4-3 所示。

表 4-3　三种存储类型对比

对比项	本地 SSD 盘	SSD 云盘	ESSD 云盘（推荐）
I/O 性能	I/O 延迟低，性能好	有额外的网络 I/O，性能相对较差	相对 SSD 云盘有大幅提升
规格配置灵活性	可选配置较多,存储容量也可单独调整。仅部分本地 SSD 盘实例的存储空间大小与实例规格绑定，无法单独调整	可选配置较多,存储容量也可单独调整	可选配置较多,存储容量也可单独调整
弹性扩展能力	需要拷贝数据，可能需要几个小时	分钟级	分钟级

步骤 4：选择可用区

同一地域的不同可用区没有实质性区别。ECS 访问同一可用区 RDS 的性能比访问同一地域其他可用区 RDS 更好，但差别较小。

部署方案可以选择以下两种。

- 多可用区部署（推荐）：主节点和备节点位于不同可用区，具备跨可用区容灾功能。
- 单可用区部署：主节点和备节点位于同一可用区。

如果实例系列选择为基础版，则只能选择单可用区部署。

步骤 5：选择实例规格

实例规格分为通用和独享两类，如表 4-4 所示。

表 4-4　实例规格

分类	说明	特点
通用规格	独享：内存和 I/O 共享：CPU 和存储	价格低，性价比高
独享规格	独享：CPU、内存、存储和 I/O；独占型是独享型的顶配，独占整台服务器的 CPU、内存、存储和 I/O	性能更好、更稳定。基础版不支持独享规格

选择具体规格（CPU 核数和内存）时，测试环境可以选择 1 核或以上，生产环境建议 4 核或以上。

步骤 6：选择存储空间

存储空间范围（最小值和最大值）与前面选择的实例规格和存储类型有关。调整存储空间时，最少增减 5GB。

步骤 7：选择网络类型

建议选择与 ECS 实例相同的网络类型，否则，ECS 实例与 RDS 实例无法内网互通。如果网络类型为专有网络，还需选择 VPC 和交换机，建议选择与 ECS 实例相同的 VPC。ECS 实例与 RDS 实例位于不同 VPC 时，无法内网互通。

步骤 8：选择存储引擎

RDS 目前支持的数据库类型有 MySQL，SQL Server，PostgreSQL，PPAS 和 MariaDB，如图 4-13 所示。MySQL 是目前最流行的关系型数据库之一，也是开源产品，在 RDS 中可以选择从 5.5 到 8.0 的版本。存储引擎方面推荐使用 InnoDB 和 X-Engine。X-Engine 由阿里云自主研发，兼容 InnoDB，目前为默认存储引擎。MySQL 的另一个存储引擎是 TokuDB，但由于 Percona 已经不再对 TokuDB 提供支持，很多已知 Bug 无法修正，极端情况下会导致业务受损，因此 RDS MySQL 在 2019 年 8 月 1 日后将不再支持 TokuDB。

SQL Server 是微软的产品，RDS 目前支持的版本从 2008 R2 到 2019，非常全面。

数据库	版本	存储引擎
MySQL	MySQL 8.0 MySQL 5.7 MySQL 5.6 MySQL 5.5	• TokuDB：由于Percona已经不再对TokuDB提供支持，很多已知缺陷无法修正，极端情况下会导致业务受损，因此RDS MySQL在2019年8月1日后将不再支持TokuDB引擎
SQL Server	SQL Server 2019 SQL Server 2017 SQL Server 2016 SQL Server 2012 SQL Server 2008 R2	• InnoDB：实例的默认存储引擎 • X-Engine由阿里云自研，兼容InnoDB，且性能更好，建议选择X-Engine作为默认存储引擎
PostgreSQL	PostgreSQL 12 PostgreSQL 11 PostgreSQL 10	
PPAS	PPAS 10 PPAS 9.3	MariaDB数据库管理系统是MySQL的一个分支，主要由开源社区维护，采用GPL授权许可 MariaDB的目的是完全兼容MySQL，包括API和命令行，使它能轻松成为MySQL的代替品。在存储引擎方面，它使用XtraDB来代替MySQL的InnoDB
MariaDB	MariaDB TX 10.3	

图4-13 RDS支持的数据库

PostgreSQL 和 PPAS 都是高度兼容 Oracle 的产品，主要目的是支持 Oracle 的用户上云。

MariaDB 是 MySQL 的一个分支，最初被设计为增强型的 MySQL。它目前主要由开源社区维护，API 和命令行是完全兼容 MySQL 的，这使它能轻松成为 MySQL 的代替品。在存储引擎方面，它使用 XtraDB 来代替 MySQL 的 InnoDB。

说明

MySQL 最早由瑞典的 MySQL AB 公司创造，较早的存储引擎是 MyISAM，2001 年加入了 InnoDB 存储引擎。2008 年 1 月，MySQL AB 公司被 Sun 公司以 10 亿美元收购，MySQL 数据库进入 Sun 时代；2009 年 4 月，Oracle 公司以 74 亿美元收购 Sun 公司，自此 MySQL 数据库进入 Oracle 时代，而其第三方的存储引擎 InnoDB 早在 2005 年就被 Oracle 公司收购。MySQL 5.5 版本之后，默认的存储引擎是 InnoDB；5.5 版本之前，默认的存储引擎是 MyISAM；

后续还要进行一些自定义参数设置，包括参数模板、资源组等，如无特殊需求，保留默认值即可。

4.4.3 创建数据库和数据库账号

步骤 1：创建数据库

访问 RDS 实例列表，在上方选择地域，然后单击目标实例 ID。在左侧导航栏中单击"数据库管理"选项，然后单击"创建数据库"按钮，如图 4-14 所示。

图4-14 创建数据库

设置如表 4-5 所示的参数。

表 4-5　需设置的参数及其说明

参数	说明
数据库（DB）名称	○ 长度为 2~64 个字符 ○ 以小写字母开头，以小写字母或数字结尾 ○ 支持小写字母、数字、下画线和中画线 ○ 数据库名称在实例内必须唯一
支持字符集	选择需要的字符集
授权账号	选中需要访问本数据库的账号。本参数可以留空，在创建数据库后再绑定账号
账号类型	如果授权账号不为空，请选择要授予账号的权限（读写、只读、仅 DDL 或仅 DML）

步骤 2：创建账号

访问 RDS 实例列表，在上方选择地域，然后单击目标实例 ID。在左侧导航栏选择"账号管理"选项，然后单击"创建账号"按钮，如图 4-15 所示。

图 4-15　创建数据库账号

填写数据库账号，以小写字母开头，以小写字母或数字结尾，支持小写字母、数字和下画线。

账号类型可以选择普通账号和高权限账号。对于普通账号，选择要授权的数据库，单击箭头添加至右侧，并设置权限：读写（DDL+DML）、只读、仅 DDL 或仅 DML。对于高权限账号，无须选择要授权的数据库，因为高权限账号拥有实例里所有数据库的权限。

4.4.4　数据恢复

下面来讨论一个常见的数据库问题——如果误删除了数据库中的数据，怎么办？

我们需要用到数据备份、数据恢复和临时实例功能，来实现数据恢复。

首先，我们需要对数据库中的数据进行周期性的备份。当出现数据误删除时，需要寻找距离删除时间最近的数据备份，并执行数据恢复。为了确保数据安全，我们通常会在一个临时实例上做尝试性的恢复。临时实例就是为了进行数据恢复而临时创建的一个数据库环境。每个 RDS 实例可以创建一个临时实例，它自动继承备份点的账号和密码，创建成功后 48 小时内有效。建议用户在临时实例上进行数据恢复，如果确认临时实例上的数据是所需的数据，再将临时实例上的数据同步到主实例上去，如图 4-16 所示。

图4-16　数据恢复

4.4.5　性能优化

性能优化涉及从选型、监控、调参等多种维度对数据库进行性能优化，提高数据库性能。影响数据库性能的因素多种多样，如 SQL 查询速度、网络、磁盘 I/O、硬件规格、数据库版本等。我们这里重点关注 RDS 提供的一些工具，它们能够帮助寻找性能问题或者提升访问性能。在用户操作方面，需要首先选择优化项，如"主键检查"，然后再选择时间范围和数据库，最后单击"查询"按钮。RDS 性能优化界面如图 4-17 所示。

图4-17　RDS性能优化界面

（1）在寻找问题方面，RDS 提供了慢 SQL 统计功能，能够为每个查询提供 SQL 运行报告，以便我们了解执行速度最慢的 SQL 列表和速度排名。

（2）RDS 提供了一个查询缓存工具，叫作 Fast Query Cache，能够有效提高数据库查询性能。

（3）在 MySQL 关键业务场景中，为了业务数据的安全，事务提交时必须实时保存对应的 Binlog 和 Redo Log。每个事务提交会对磁盘进行两次 I/O 操作。Binlog in Redo 功能旨在事务提交时将 Binlog 内容同步写入 Redo Log 中，减少对磁盘的操作，提高数据库性能。

（4）MySQL 的服务层和引擎层在语句并发执行过程中有很多串行的点容易导致冲突。例如，在 DML 语句中，事务锁冲突比较常见，InnoDB 中事务锁的最细粒度是行级锁，如果语句针对相同行进行并发操作，则会导致冲突比较严重，系统吞吐量随着并发的增加而递减。RDS 提供 Statement Queue 机制（语句排队机制），能够对语句进行分桶排序（Bucket Sort），尽量把可能具有相同冲突的语句（例如操作相同行）放在一个桶内排队，减少冲突的开销，有效提高实例性能。

4.5　RDS 架构分析

首先关注一下 RDS 在飞天云平台中的位置，如图 4-18 所示。可以看到，RDS 和 ECS 等服务地位相同，都是位于飞天云平台之上的服务。虽然同为上层服务，但它们与飞天云平台之间的耦合程度是不同的，RDS 与飞天云平台的耦合程度相对较低。RDS 使用的存储硬件来源于单独的服务器，并不是飞天云平台中的分布式文件系统。

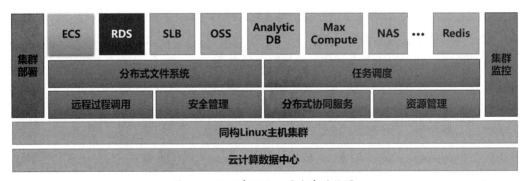

图4-18　RDS在飞天云平台中的位置

接下来，我们来看一下 RDS 自身的架构，如图 4-19 所示。我们看到图中间有成对出现的服务器，RDS 就部署在这些服务器上。把服务器画成成对出现的原因是购买的 RDS 实例可以是一主一备两个实例。这样做的目的当然是为了提升系统的可用性和可靠性。当主实例出现故障时，系统会在很短的时间内切换到备实例，使得系统的数据访问服务不中断。这主要是靠高可用系统实现的，稍后我们会详细介绍 RDS 的高可用系统 HA。图中最左侧用户访问 RDS 的时候，使用的并不是 IP 地址，而是一个 URL，需要域名解析，所以在用户的右上方可以看到一个 DNS 节点。用户的请求会先到达一个防火墙。这个防火墙既起到访问控制的作用，又是一个负载均衡设备。用户的下方是用于接收 API 请求的 Web 服务器。对 RDS 资源的管控请求，也就是这些 API 的调用，会先到达这个 Web 服务器，然后被发送到后端的任务调度系统。该图的最右端是 RDS 的 5 个子系统。HA 控制系统主要监控 RDS 主、备实例的状态，当主实例出现故障的时候，及时切换到备实例，实现高可用；备份系统用于完成系统的实时备份和周期性备份。在线迁移系统用于实现 RDS 实例的迁移；任务调度系统用于对用户的 RDS 资源管控任务进行调度；监控系统对实例的运行状态进行实时监控。

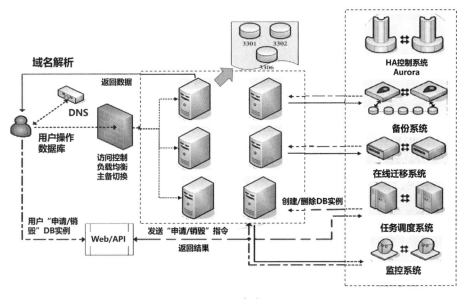

图4-19　RDS架构

这里着重介绍一下 HA 控制系统的实现原理，如图 4-20 所示。HA 是 High Availability 的缩写，意思是"高可用性"。RDS 有一主一备两个实例，这两个实例分别部署在不同的物理主机上。当主实例出现故障时，系统可以在秒级时间内实现主、备实例的切换，这是如何做到的呢？这主要依赖 HA 控制系统实现。HA 控制系统负责所有数据库主、备实例的健康检查和实时切换。HA 发起的健康检查，每隔 3 秒就会轮循一次，多个实例间的轮循是并发执行的，当发现有节点不健康时就进行切换。主、备实例的切换，具体操作是由前端的 RLB 实现的，它本质上就是一个 SLB，由它控制访问流量的转发，HA 控制 RLB，在主实例发生故障时，把后续的流量都转发到备实例。这种切换本质上只需修改一下 RLB 的配置，所以可以在 5 秒内完成。HA 控制系统是作为第三方身份去判断数据库实例是否正常运行的，不会出现脑裂现象。HA 系统集群本身也是一个高可用的环境，集群内的所有节点相互检查，当某个节点出现故障时，其任务被其他 HA 节点接管。

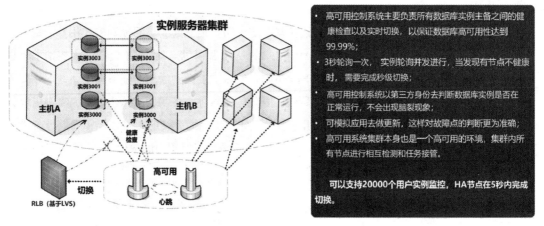

图4-20　HA控制系统原理

4.6　本章小结

阿里云 RDS 是一种稳定可靠、可弹性伸缩的在线数据库服务。基于阿里云分布式文件系统和 SSD 盘高性能存储，RDS 支持 MySQL、SQL Server、PostgreSQL 和 MariaDB TX 引擎，并且提供了容灾、备份、恢复、监控、迁移等方面的全套解决方案，彻底解决数据库运维问题。

云数据库 RDS 实例包括 4 个系列：基础版、高可用版、集群版和三节点企业版，图 4-21 来源于阿里云官网帮助文档，对这 4 个系列进行了比较，用户可按需进行选择。

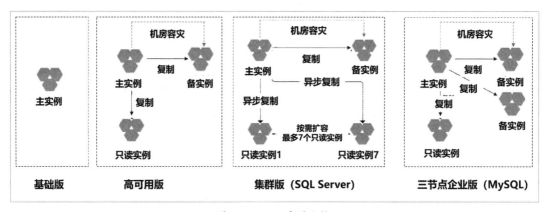

图4-21　RDS系列比较

RDS 提供三种存储类型，包括本地 SSD 盘、SSD 云盘和 ESSD 云盘。本地 SSD 盘是指与数据库引擎位于同一节点的 SSD 盘。将数据存储于本地 SSD 盘，可以降低 I/O 延时。SSD 云盘是指基于分布式存储架构的弹性块存储设备。将数据存储于 SSD 云盘，可实现计算与存储分离。

ESSD 云盘是一种高性能云盘产品，基于新一代分布式块存储架构，结合 25GE 网络和 RDMA 技术，可以提供单盘高达 100 万 IOPS 的随机读写能力和更低的单路时延能力。

4.7　习题

（1）RDS 是什么服务？目前支持哪些具体的数据库产品？

（2）OpenSearch 是一种结构化数据搜索托管服务，为移动应用开发或网站提供一种高效、低成本的搜索解决方案。请简述 RDS 用于开放搜索的过程。

（3）很多应用系统都面临多样化的数据存储需求，包括结构化数据、非结构化数据、高热数据等，请简述如何利用阿里云上的服务对上述数据进行高效、低成本的存储。

（4）请简述实现业务系统的读写数据分离场景中只读实例的作用。

（5）请简述 RDS 是如何实现系统高可用性的。

第 5 章　阿里云 OSS

5.1　OSS 概述

阿里云 OSS（Object Storage Service，对象存储服务）是一款海量、安全、低成本、高可靠的云存储服务，可提供 99.999999999%（11 个 9）的数据持久性、99.995%的数据可用性，多种存储类型供选择，全面优化存储成本。OSS 具有与平台无关的 RESTful API 接口，可以在任何应用、任何时间、任何地点存储和访问任意类型的数据。可以使用阿里云提供的 API、SDK 接口或者 OSS 迁移工具将海量数据移入或移出阿里云 OSS。数据存储到阿里云 OSS 以后，可以选择标准存储（Standard）作为移动应用、大型网站、图片分享或热点音视频的主要存储方式，也可以选择成本更低、存储期限更长的低频访问存储（Infrequent Access）、归档存储（Archive）、冷归档存储（Cold Archive）作为不经常访问数据的存储方式。

OSS 是用来存储什么样的数据的呢？它和关系数据库是什么关系呢？答案是：OSS 是用来存储非结构化数据的，比如图像、音频、视频、日志、文本等。说通俗一点，OSS 就是用来存储文件的，基本作用和文件系统一样。而关系数据库是用来存储结构化数据的，两者的用途不同，是互补的关系。在存储的数据规模上，OSS 对用户要存储的文件数量没有限制，单个文件的大小从 1B 到 48.8TB，总体规模可以达到 EB 级别，可以满足各类系统对非结构化数据的存储需求。

5.2　OSS 应用场景

OSS 主要用于存储非结构化数据，应用场景广泛，主要包括多媒体数据存储、网页或者移动应用的静态和动态资源分离、云端数据处理、多种存储类型的数据存储、跨区域容灾等。

场景 1：多媒体数据存储

首先介绍的第 1 个场景是多媒体数据存储。这里的多媒体数据就包括我们熟悉的音频、视频等各类数据。在图 5-1 中，可以看到一些数据采集设备，比如摄像头等，它们可以直接与 OSS 进行通信，把实时采集到的音视频等数据直接存储到 OSS 上面。因此，OSS 是非常适合用于视频监控这样的场景的。用户可以对 OSS 上的视频边存储边读取。用户还可以使用视频转码、图片处理之类的服务，对存储在 OSS 上的多媒体数据的格式进行转换。

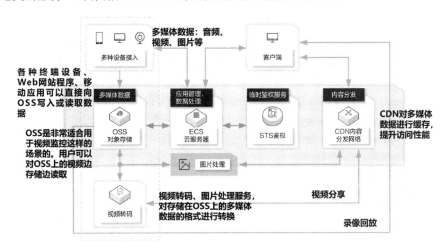

图5-1　多媒体数据存储

场景 2：网页或者移动应用的静态和动态资源分离

OSS 的第 2 个应用场景是网页或者移动应用的静态和动态资源分离，如图 5-2 所示。用户的访问请求通常可以分为两类：一类是对静态资源的请求，一类是对动态资源的请求。静态资源一般指的是文件、数据。动态资源一般就是要求后台应用服务器进行一定的计算之后返回给用户的资源。在网站的架构设计上，可以把静态请求的数据（比如图片、视频文件等）放在 OSS 上存储。当用户提出这类静态请求的时候，相关的数据可以直接从 OSS 传递到用户客户端。如果再配合上 CDN 这样的内容分发网络，有了一个大的缓存，用户获取图片、视频的速度就更快了，用户的体验会得到进一步的提升。

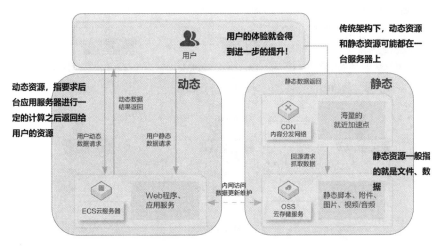

图5-2　网页或者移动应用的静态和动态资源分离

场景 3：云端数据处理

OSS 的第 3 个应用场景是云端数据处理，如图 5-3 所示。用户上传到 OSS 上的大量文件可以在云端就完成处理工作，而不需要下载到客户端处理。最常用的两种云端数据处理工具或者服务是图片处理服务和媒体转码服务。用户在云端就可以完成图片加水印、图片格式转换、图片大小缩放、音视频格式转换等数据处理工作。这对于用户来说是非常方便的。

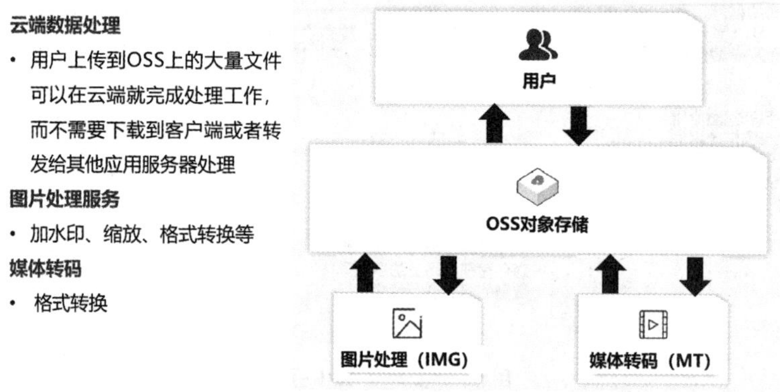

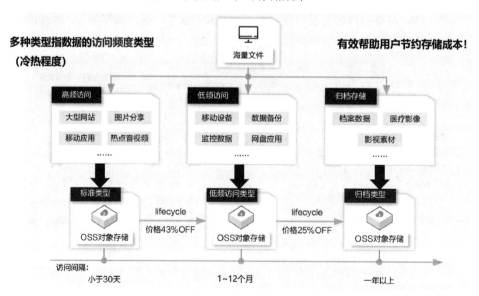

图 5-3　云端数据处理

场景 4：多种存储类型的数据存储

OSS 的第 4 个应用场景是多种存储类型的数据存储，如图 5-4 所示。这里的多种类型指的是数据的访问频度类型，一般分为高频访问、低频访问和归档存储。归档存储又包括归档和冷归档两种类型，这是按数据的冷热程度进行分类的，详见 5.3 节。OSS 对不同冷热程度的数据的存储进行了区分，这样可以有效地帮助用户节约存储成本。

图 5-4　多种存储类型的数据存储

场景 5：跨区域容灾

OSS 的第 5 个应用场景是跨区域容灾，如图 5-5 所示。这种场景下，用户对存储的数据有很高的可靠性和可用性要求。这种情况下，用户可以另外创建一个 OSS 存储备份。OSS 支持跨地域的数据复制。

图5-5　跨区域容灾

5.3　OSS 基本概念

（1）存储类型（Storage Type）

OSS 提供高频访问、低频访问、归档、冷归档四种存储类型，如表 5-1 所示，全面覆盖从热到冷的各种数据存储场景。其中，高频访问存储类型提供高持久、高可用、高性能的 OSS，能够支持频繁的数据访问；低频访问存储类型适合长期保存不经常访问的数据（平均每月访问频率 1 到 2 次），存储单价低于高频访问存储类型；归档存储类型适合需要长期保存（建议半年以上）的归档数据；冷归档存储类型适合需要超长时间存放的极冷数据。

表 5-1　存储类型

对比指标	高频访问	低频访问	归档	冷归档
数据设计持久性	99.999999999%（11 个 9）	99.999999999%（11 个 9）	99.999999999%（11 个 9）	99.999999999%（11 个 9）
服务可用性	99.99%	99.00%	99.00%（数据解冻之后）	99.00%（数据解冻之后）
最小计量单位	无	64 KB	64 KB	64 KB
最短存储时间	无	30 天	60 天	180 天

对比指标	高频访问	低频访问	归档	冷归档
数据取回费用	无	按实际获取的数据量收取,单位为 GB	按实际解冻的数据量收取,单位为 GB	按实际解冻时选择的数据取回能力及数据量收取,单位为 GB
数据访问特点	实时访问,毫秒延迟	实时访问,毫秒延迟	数据需要先解冻,解冻完成后才能读取。解冻时间需要1分钟	数据需要先解冻,解冻完成后才能读取。高优先级:1小时以内;标准:2~5 小时;批量:5~12 小时
图片处理	支持	支持	支持,但需要先解冻	支持,但需要先解冻
适用场景	各种社交、分享类的图片、音视频应用、大型网站、大数据分析等业务场景,例如程序下载、移动应用等	较低访问频率(平均每月访问 1 到 2次)的业务场景,例如热备数据、监控视频数据等	数据长期保存的业务场景,例如档案数据、医疗影像、科学资料、影视素材等	需要超长时间存放的极冷数据,例如因合规要求需要长期留存的数据、大数据及人工智能领域长期积累的原始数据、影视行业长期留存的媒体资源、在线教育行业的归档视频等

（2）存储空间（Bucket）

存储空间是用户用于存储对象（Object）的容器，所有的对象都必须隶属于某个存储空间。存储空间具有各种配置属性，包括地域、访问权限、存储类型等。用户可以根据实际需求，创建不同类型的存储空间来存储不同的数据。

同一个存储空间的内部是扁平的，没有文件系统的目录等概念，所有的对象都直接隶属于其对应的存储空间。每个用户可以拥有多个存储空间；存储空间的名称在 OSS 范围内必须是全局唯一的，一旦创建之后无法修改名称；存储空间内部的对象数目没有限制；存储空间的命名规范如下：

- 只能包括小写字母、数字和短画线（-）。
- 必须以小写字母或者数字开头和结尾。
- 长度必须在 3~63 字符之间。

（3）对象（Object）

对象是 OSS 存储数据的基本单元，也被称为 OSS 的文件。和传统的文件系统不同，对象没有文件目录层级结构的关系。对象由元信息（Meta）、用户数据（Data）和文件名（Key）组成，并且由存储空间内部唯一的 Key 来标识。对象元信息是一组键值对，表示了对象的一些属性，比如最后修改时间、大小等，用户也可以在元信息中存储一些自定义的信息。

对象的生命周期从上传成功到被删除为止。在整个生命周期内，除通过追加方式上传的对象可以通过继续追加上传写入数据外，其他方式上传的对象内容无法编辑。可以通过重复上传同名的对象来覆盖之前的对象。

对象的命名规范如下：

- 使用 UTF-8 编码。
- 长度必须在 1~1023 字符之间。
- 不能以正斜线（/）或者反斜线（\）开头。

（4）Object Key

在各语言 SDK 中，Object Key、Key 以及 Object Name 是同一概念，均表示对对象执行相关操作时需要填写的对象名称，如图 5-6 所示。例如，向某一存储空间上传对象时，Object Key 表示上传的对象所在存储空间的完整名称，即包含文件后缀在内的完整路径，如 abc/efg/123.jpg。

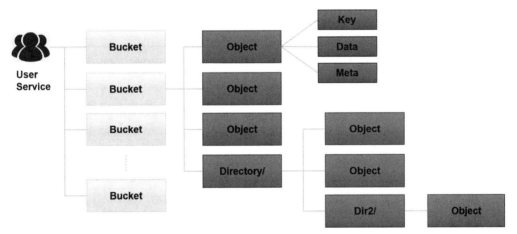

图5-6　OSS基本概念之间的关系

（5）地域（Region）

地域表示 OSS 的数据中心所在的物理位置。用户可以根据费用、请求来源等选择合适的地域创建存储空间。阿里云官网中的 OSS 帮助文档给出了公共云下 OSS 地域和访问域名的对照表，如表 5-2 所示。

表 5-2　地域和访问域名的对照表

地域	地域 ID	外网访问域名	内网访问域名
华东 1（杭州）	oss-cn-hangzhou	oss-cn-hangzhou.aliyuncs.com	oss-cn-hangzhou-internal.aliyuncs.com
华东 2（上海）	oss-cn-shanghai	oss-cn-shanghai.aliyuncs.com	oss-cn-shanghai-internal.aliyuncs.com
华北 1（青岛）	oss-cn-qingdao	oss-cn-qingdao.aliyuncs.com	oss-cn-qingdao-internal.aliyuncs.com
华北 2（北京）	oss-cn-beijing	oss-cn-beijing.aliyuncs.com	oss-cn-beijing-internal.aliyuncs.com
华北 3（张家口）	oss-cn-zhangjiakou	oss-cn-zhangjiakou.aliyuncs.com	oss-cn-zhangjiakou-internal.aliyuncs.com
华北 5（呼和浩特）	oss-cn-huhehaote	oss-cn-huhehaote.aliyuncs.com	oss-cn-huhehaote-internal.aliyuncs.com
华北 6（乌兰察布）	oss-cn-wulanchabu	oss-cn-wulanchabu.aliyuncs.com	oss-cn-wulanchabu-internal.aliyuncs.com
华南 1（深圳）	oss-cn-shenzhen	oss-cn-shenzhen.aliyuncs.com	oss-cn-shenzhen-internal.aliyuncs.com
华南 2（河源）	oss-cn-heyuan	oss-cn-heyuan.aliyuncs.com	oss-cn-heyuan-internal.aliyuncs.com
华南 3（广州）	oss-cn-guangzhou	oss-cn-guangzhou.aliyuncs.com	oss-cn-guangzhou-internal.aliyuncs.com
西南 1（成都）	oss-cn-chengdu	oss-cn-chengdu.aliyuncs.com	oss-cn-chengdu-internal.aliyuncs.com
中国香港	oss-cn-hongkong	oss-cn-hongkong.aliyuncs.com	oss-cn-hongkong-internal.aliyuncs.com
美国（硅谷）	oss-us-west-1	oss-us-west-1.aliyuncs.com	oss-us-west-1-internal.aliyuncs.com
美国（弗吉尼亚）	oss-us-east-1	oss-us-east-1.aliyuncs.com	oss-us-east-1-internal.aliyuncs.com
新加坡	oss-ap-southeast-1	oss-ap-southeast-1.aliyuncs.com	oss-ap-southeast-1-internal.aliyuncs.com
澳大利亚（悉尼）	oss-ap-southeast-2	oss-ap-southeast-2.aliyuncs.com	oss-ap-southeast-2-internal.aliyuncs.com
马来西亚（吉隆坡）	oss-ap-southeast-3	oss-ap-southeast-3.aliyuncs.com	oss-ap-southeast-3-internal.aliyuncs.com
印度尼西亚（雅加达）	oss-ap-southeast-5	oss-ap-southeast-5.aliyuncs.com	oss-ap-southeast-5-internal.aliyuncs.com
日本（东京）	oss-ap-northeast-1	oss-ap-northeast-1.aliyuncs.com	oss-ap-northeast-1-internal.aliyuncs.com
印度（孟买）	oss-ap-south-1	oss-ap-south-1.aliyuncs.com	oss-ap-south-1-internal.aliyuncs.com
德国（法兰克福）	oss-eu-central-1	oss-eu-central-1.aliyuncs.com	oss-eu-central-1-internal.aliyuncs.com
英国（伦敦）	oss-eu-west-1	oss-eu-west-1.aliyuncs.com	oss-eu-west-1-internal.aliyuncs.com
阿联酋（迪拜）	oss-me-east-1	oss-me-east-1.aliyuncs.com	oss-me-east-1-internal.aliyuncs.com
菲律宾（马尼拉）	oss-ap-southeast-6	oss-ap-southeast-6.aliyuncs.com	oss-ap-southeast-6-internal.aliyuncs.com

（6）访问域名（Endpoint）

Endpoint 表示 OSS 对外服务的访问域名。OSS 以 HTTP RESTful API 的形式对外提供服务，当访问不同地域的时候，需要不同的域名。通过内网和外网访问同一个地域所需要的域名也是不同的。

（7）OSS 资源 URL

- <Schema>://<Bucket>.<外网 Endpoint>/<Object>

  Schema：HTTP 或者 HTTPS。

  外网 Endpoint：存储空间所在数据中心供外网访问的访问域名。

  示例：

  https://abc.oss-cn-xxxxxxx.aliyuncs.com/myfile/aaa.txt

- HTML：<img src="https://abc.oss-cn-xxxxxxx.aliyuncs.com/mypng/aaa.png" />

（8）访问密钥（AccessKey）

AccessKey 简称 AK，指的是访问身份验证中用到的 AccessKey ID 和 AccessKey Secret。OSS 通过使用 AccessKey ID 和 AccessKey Secret 对称加密的方法来验证某个请求的发送者身份。AccessKey ID 用于标识用户；AccessKey Secret 是用户用于加密签名字符串和 OSS 用来验证签名字符串的密钥，必须保密。

（9）强一致性

对象操作在 OSS 上具有原子性，要么成功，要么失败，不会存在中间状态的对象。OSS 保证用户一旦上传完成之后读到的对象是完整的，OSS 不会返回给用户一个部分上传成功的对象。

对象操作在 OSS 上同样具有强一致性，用户一旦收到了一个上传（PUT）成功的响应，该上传的对象就立即可读，并且对象的冗余数据写入成功，不存在一种上传的中间状态。对于删除操作也是一样的，用户删除指定的对象成功之后，该对象立即变为不存在。

（10）数据冗余

OSS 使用基于纠删码、多副本的数据冗余存储机制，将每个对象的不同冗余存储在同一个区域内多个设施的多个设备上，确保硬件失效时的数据持久性和可用性。

OSS 会通过计算网络流量包的校验和验证数据包在客户端和服务端之间传输是否出错，保证数据完整传输。OSS 的冗余存储机制可保证两个存储设施并发损坏时数据仍不丢失。当数据存入 OSS 后，OSS 会检测和修复丢失的冗余，确保数据持久性和可用性。OSS 会周期性地通过校验等方式验证数据的完整性，及时发现因硬件失效等原因造成的数据损坏。当检测到数据有部分损坏或丢失时，OSS 会利用冗余的数据进行重建并修复损坏数据。

OSS 与文件系统的对比如表 5-3 所示。

表 5-3　OSS 与文件系统的对比

对比项	OSS	文件系统
数据模型	OSS 是一个分布式的对象存储服务，提供的是 Key-Value 对形式的对象存储服务	文件系统是一种典型的树状索引结构

对比项	OSS	文件系统
数据获取	根据对象的名称（Key）唯一地获取该对象的内容。虽然用户可以使用类似 test1/test.jpg 的名字，但是这并不表示用户的对象是保存在 test1 目录下面的。对于 OSS 来说，test1/test.jpg 仅仅是一个字符串，与 example.jpg 并没有本质的区别。因此，不同名称的对象之间的访问消耗的资源是类似的	要访问一个名为 test1/test.jpg 的文件，需要先访问 test1 这个目录，然后在该目录下查找名为 test.jpg 的文件
优势	支持海量的用户并发访问	支持文件的修改，比如修改指定偏移位置的内容、截断文件尾部等；支持目录操作，比如重命名目录、删除目录、移动目录等非常容易
劣势	OSS 保存的对象不支持修改（追加写对象需要调用特定的接口，生成的对象也和正常上传的对象类型上有差别）。用户哪怕仅仅需要修改一个字节，也需要重新上传整个对象 OSS 可以通过一些操作来模拟类似目录的功能，但是代价非常昂贵。比如重命名目录，希望将 test1 目录重命名成 test2，那么 OSS 的实际操作是将所有以 test1/开头的对象都重新复制成以 test2/开头的对象，这是一个非常消耗资源的操作。因此，在使用 OSS 的时候要尽量避免类似的操作	受限于单个设备的性能。访问越深的目录，消耗的资源越多，操作拥有很多文件的目录也会非常慢

因此，将 OSS 映射为文件系统是非常低效的，也是不建议的做法；如果一定要挂载成文件系统，建议尽量只进行写新文件、删除文件、读取文件这几种操作。使用 OSS，应该充分发挥其优点，即使用其海量数据处理能力，存储海量的非结构化数据，比如图片、视频、文档等。

5.4 开启 OSS 使用之旅

5.4.1 基于控制台操作 OSS

步骤 1：开通 OSS 服务

登录阿里云官网，打开"产品"链接，单击"对象存储 OSS"选项，如图 5-7 所示，打开 OSS 产品详情页面。在 OSS 产品详情页，单击"立即开通"选项。开通服务后，在 OSS 产品详情页单击"管理控制台"选项直接进入 OSS 管理控制台界面。

图5-7　单击"对象存储OSS"选项

开通 OSS 服务后，默认的计费方式是按量付费。通过购买资源包的方式可以降低 OSS 费用。

步骤 2：创建存储空间

登录 OSS 管理控制台，单击"Bucket 列表"选项，然后单击"创建 Bucket"按钮，打开"创建 Bucket"面板，如图 5-8 和图 5-9 所示。

图5-8　单击"创建Bucket"按钮

图5-9　"创建Bucket"面板

在"创建 Bucket"面板中，根据表 5-4 的描述配置必要参数。其他参数可保持默认配置，也可以在存储空间创建完成后单独配置。

表 5-4　参数描述

参数	描述
Bucket 名称	存储空间的名称。存储空间一旦创建，便无法更改其名称
地域	存储空间的数据中心。存储空间一旦创建，则无法更改其所在地域。如需通过 ECS 内网访问 OSS，请选择与 ECS 相同的地域
同城冗余存储	OSS 同城冗余存储采用多可用区（AZ）机制，将用户的数据以冗余的方式存放在同一地域（Region）的 3 个可用区。当某个可用区不可用时，仍然能够保障数据的正常访问。若开启"同城冗余存储"，则存储空间内的对象将以同城冗余的方式进行存储。例如，存储空间存储类型为标准存储，则该存储空间内的对象默认为标准存储（同城冗余）。仅允许创建存储空间时开启"同城冗余存储"。开启后不支持关闭，请谨慎操作。默认情况下，不开启"同城冗余存储"，则存储空间内的对象将以本地冗余的方式进行存储。例如，存储空间存储类型为标准存储，则该存储空间内的对象默认为标准存储（本地冗余）

步骤 3：上传文件

登录 OSS 管理控制台，单击左侧导航栏的"Bucket 列表"选项，然后单击目标存储空间名称。在"文件管理"页面，单击"上传文件"按钮，如图 5-10 所示，打开"上传文件"面板。

图 5-10　单击"上传文件"按钮

在"上传文件"面板中，按表 5-5 的描述配置各项参数。

表 5-5 参数描述

参数	描述
上传到	设置文件上传到 OSS 后的存储路径。可以选择将文件上传到当前目录或者指定目录。若输入的目录不存在，OSS 将自动创建对应的目录并将文件上传到该目录中
文件 ACL	选择文件的读写权限： ✓ 继承 Bucket　以存储空间读写权限为准 ✓ 私有（推荐）　只有文件拥有者拥有该文件的读写权限，其他用户没有权限操作该文件 ✓ 公共读　文件拥有者拥有该文件的读写权限，其他用户（包括匿名访问者）可以对文件进行访问。这有可能造成数据外泄以及费用激增，请谨慎操作 ✓ 公共读写　任何用户（包括匿名访问者）都可以对文件进行访问，并且向该文件写入数据。这有可能造成数据外泄以及费用激增；若被人恶意写入违法信息，合法权益还可能会受到侵害。除特殊场景外，不建议配置公共读写权限
待上传文件	选择需要上传的文件或文件夹。可以单击扫描文件或扫描文件夹选择本地文件或文件夹，或者直接拖拽目标文件或文件夹到待上传文件区域。如果上传文件夹中包含无须上传的文件，请单击目标文件右侧的"移除"按钮将其移出文件列表 ✓ 如果上传的文件与存储空间中已有的文件重名，则会覆盖已有文件 ✓ 使用拖拽方式上传文件夹时，OSS 会保留文件夹内的所有文件和子文件夹 ✓ 文件上传过程中，请勿刷新或关闭页面，否则上传任务会被中断且列表会被清空

步骤 4：下载文件

当文件（Object）上传至存储空间（Bucket）后，用户可以将文件下载至浏览器默认路径或本地指定路径。

登录 OSS 管理控制台，单击左侧导航栏的"Bucket 列表"选项，然后单击目标存储空间名称。单击左侧导航栏的"文件管理"选项，下载单个或多个文件。选中多个文件，单击"批量操作"→"下载"按钮。通过 OSS 控制台，可一次批量下载最多 100 个文件。

步骤 5：分享文件

文件上传至存储空间后，可以将文件 URL 分享给第三方，供其下载或预览。

登录 OSS 管理控制台，单击左侧导航栏的"Bucket 列表"选项，然后单击目标存储空间名称。单击左侧导航栏的"文件管理"选项，然后单击目标文件的文件名或其右侧的"详情"选项。

在"详情"面板，单击"复制文件 URL"按钮，如图 5-11 所示。如果要分享私有文件，则在获取文件 URL 时还需要设置过期时间。默认的过期时间为 3600 秒（1 小时），最大值为 32400 秒（9 小时）。将文件 URL 分享给第三方时，如确保第三方访问文件时进行下载，需要将文件

HTTP 头中的 Content-Disposition 字段设置为 attachment，详情请参阅阿里云官网 OSS 帮助文档中的"设置文件 HTTP 头"。

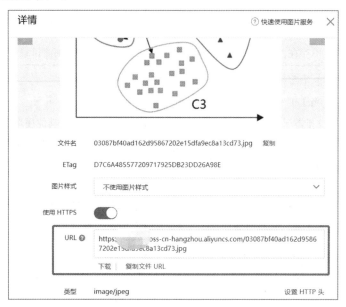

图5-11　单击"复制文件URL"按钮

5.4.2　OSS 数据写入方式

如果使用 SDK，以编程的方式上传文件至 OSS，就涉及数据写入方式的选择。在数据写入方式上，OSS 支持流式写入和文件写入两种方式，如图 5-12 所示。

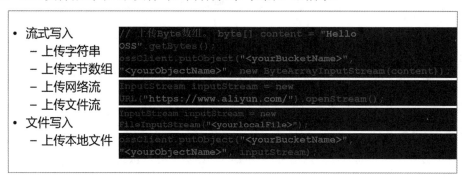

图5-12　OSS数据写入方式

图 5-12 中的第 1 段代码完成了一个字节数组的上传功能，使用了流式写入方式。首先，准备好字节数组的内容"Hello OSS"；然后，将该字符串转换成字节数组，并把这个字节数组创建成 ByteArrayInputStream 对象，即输入流对象；最后，把该对象作为参数传入到 putObject 方法里面，同时指定容器名称和对象名称。

图 5-12 中的第 2 段代码是上传网络流的例子。数据来源于指定的网址,然后调用 openStream 方法并把它创建成一个输入流对象。

第 3 段代码创建了一个文件输入流。

更多的例子和代码参见阿里云官方帮助文档。

5.4.3　OSS 数据处理

5.2 节 OSS 应用场景中介绍了 OSS 能够支持多种云端的数据处理功能,包括对图片的处理和对视频的处理等。OSS 的交互性非常丰富,可以和云上的很多其他服务进行交互,包括阿里云上的 THML 生态圈、阿里云函数计算、E-mapreduce、MaxCompute 等。

在访问接口方面,OSS 通过 RESTful 接口,可以在任何时间、任何地点、任何互联网设备上对存储在 OSS 中的数据进行分析处理。具体的数据处理主要包含以下两种情况。

（1）阿里云 OSS 原生处理服务

阿里云 OSS 原生处理服务包括图片处理和视频截帧,其中图片处理包括图片的缩略、剪裁、参数调节等。OSS 原生处理服务无须开通,默认集成在 OSS 中,创建完 Bucket 后即可使用。产生的数据处理费用直接在 OSS 上结算。

（2）智能媒体管理服务

阿里云 OSS 与智能媒体管理（IMM）深度结合,支持文档预览、文档格式转换、人脸识别、图片分析、二维码识别等丰富的数据分析处理操作。

本节对数据处理进行一个简要的介绍,更多数据处理细节参见阿里云官网 OSS 文档。

数据处理有以下两种触发方式。

（1）GET 方式触发

当操作用于即时处理返回结果时,可以采用 GET 方式触发。参数在 QueryString 中传递。

GET 方式触发示例:

http://image-demo.oss-cn-xxxxxx.aliyuncs.com/example.jpg?x-oss-process=image/circle,r_100

上面的参数 x-oss-process=image/circle,r_100 的作用是将一张图裁切成圆形。

针对图片、视频处理,如果原始数据权限为 Private,需要添加 URL 签名。只要是 IMM 触发的计算请求,都需要添加签名。

（2）POST 方式触发

当操作需要做处理结果写回 OSS 时,可以采用 POST 方式触发,参数放置在 Body 中。

POST 方式触发示例：

```
POST /ObjectName?x-oss-process HTTP/1.1
Content-Length: ContentLength
Content-Type: ContentType
Host: BucketName.oss-cn-hangzhou.aliyuncs.com
Date: GMT Date
Authorization: SignatureValue
x-oss-process=image/resize,w_100|sys/saveas,o_dGVzdC5qcGc,b_dGVzdA
```

更多的图片处理操作如表 5-6 所示。

表 5-6　图片处理操作

模块	功能	操作参数
image	图片缩放	resize
	图片裁剪	crop
	图片旋转	rotate
	图片锐化调节	sharpen
	图片格式转换	format
	图片质量调节	quality
	图片水印	watermark

5.4.4　OSS 安全性

OSS 本身也支持很多安全功能，比如服务器端加密、客户端加密、防盗链、IP 黑白名单、细粒度权限管控、日志审计、防篡改等，如图 5-13 所示。

图5-13　OSS支持的安全功能

下面详细介绍其中比较重要的几项安全功能。

（1）服务器端加密

OSS 支持服务器端加密功能，提供静态数据保护，适用于对文件存储有高安全性或者合规性要求的应用场景，例如深度学习样本文件的存储、在线协作类文档数据的存储。

上传文件（Object）时，OSS 对收到的文件进行加密，再将得到的加密文件持久化保存；下载文件时，OSS 自动将加密文件解密后返回给用户，并在返回的 HTTP 请求 Header 中声明该文件进行了服务器端加密。

在具体的加密方式上，OSS 针对不同使用场景提供了两种服务器端加密方式，同一对象在同一时间内仅可以使用一种服务器端加密方式，可以根据实际使用场景进行选择。

- 第 1 种：使用 KMS（Key Management Service）托管密钥进行加解密（SSE-KMS）。这种方式下，数据无须通过网络发送到 KMS 服务端进行加解密，是一种低成本的加解密方式。
- 第 2 种：使用 OSS 完全托管的密钥加密每个 Object。

为了提升安全性，OSS 还会使用定期轮转的主密钥对加密密钥本身进行加密。该方式适合于批量数据的加解密。

（2）防盗链

OSS 支持对存储空间（Bucket）设置防盗链，即通过对访问来源设置白名单的机制，避免 OSS 资源被其他人盗用。

防盗链功能通过设置 Referer 白名单以及是否允许空 Referer，限制仅白名单中的域名可以访问 Bucket 内的资源。OSS 支持基于 HTTP 和 HTTPS Header 中表头字段 Referer 的方法设置防盗链。

用户可以设置是否进行防盗链验证，例如，仅当通过签名 URL 或者匿名访问 Object 时，进行防盗链验证；或者当请求的 Header 中包含 Authorization 字段时，不进行防盗链验证。

防盗链通过请求 Header 中的 Referer 地址判断访问来源。当浏览器向 Web 服务器发送请求的时候，请求 Header 中将包含 Referer，用于告知 Web 服务器该请求的页面链接来源。OSS 根据浏览器附带的 Referer 与用户配置的 Referer 规则来判断允许或拒绝此请求，如果 Referer 一致，则 OSS 将允许该请求的访问；如果 Referer 不一致，则 OSS 将拒绝该请求的访问。下面给出一个具体的示例。

某个 Bucket 设置了 Referer 为 https://192.168.0.3。

用户 Marry 在 https://192.168.0.3 嵌入 a.jpg 图片，当浏览器请求访问此图片时会带上 https://192.168.0.3 的 Referer，此场景下 OSS 将允许该请求的访问。

用户 Tom 盗用了 a.jpg 的图片链接并将其嵌入 https://192.168.1.15，当浏览器请求访问此图片时会带上 https://192.168.1.15 的 Referer，此场景下 OSS 将拒绝该请求的访问。

（3）细粒度权限管控

默认情况下，为保证存储在 OSS 中的数据的安全性，OSS 资源（包括 Bucket 和对象）默认为私有权限，只允许资源拥有者或者被授权的用户进行访问。如果要授权第三方用户访问或使用自己的 OSS 资源，可以通过多种权限控制策略向他人授予资源的特定权限。针对存放在 Bucket 中的对象的访问，OSS 提供了如表 5-7 所示的权限控制策略。

表 5-7　权限控制策略

类型	说明	适用场景
RAM Policy	RAM（Resource Access Management）是阿里云提供的资源访问控制服务。RAM Policy 是基于用户的授权策略。通过设置 RAM Policy，可以集中管理用户（比如员工、系统或应用程序），以及控制用户可以访问哪些资源，比如限制用户只拥有对某一个 Bucket 的读权限	• 对同一账号下的不同 RAM 用户授予相同权限 • 对所有 OSS 资源或者多个 Bucket 配置相同权限 • 配置 OSS 服务级别的权限，例如列举某一账号下的所有 Bucket • 临时授权访问 OSS 时，限制临时访问密钥的权限
Bucket Policy	Bucket Policy 是基于资源的授权策略。与 RAM Policy 相比，Bucket Policy 操作简单，支持在控制台直接进行图形化配置，并且 Bucket 拥有者可以直接进行访问授权，无须具备 RAM 操作权限。Bucket Policy 支持向其他账号的 RAM 用户授予访问权限，以及向匿名用户授予带特定 IP 条件限制的访问权限	• 对同一账号下的不同 RAM 用户授予不同权限 • 要跨账号或对匿名用户授权
Bucket ACL	在创建 Bucket 时设置读写权限 ACL，也可以在 Bucket 创建后的任意时间内根据自己的业务需求随时修改 ACL，该操作只有 Bucket 的拥有者可以执行。Bucket ACL 分为 public-read-write（公共读写）、public-read（公共读）和 private（私有）三种	对单个 Bucket 内的所有对象设置相同的访问权限
Object ACL	除 Bucket 级别的 ACL 以外，OSS 还提供了对象级别的 ACL。可以在上传对象时设置相应的 ACL，也可以在对象上传后的任意时间内根据自己的业务需求随时修改 ACL。Object ACL 分为继承 Bucket、public-read-write（公共读写）、public-read（公共读）和 private（私有）四种权限	对单个对象单独授权

更多 OSS 安全措施参见阿里云官网 OSS 帮助文档。

5.4.5　OSS 访问接口

在 OSS 的访问接口方面，如果直接对 OSS 进行访问和资源管控，可以使用阿里云的控制台、命令行工具、图形化工具。如果进行应用开发，最通用的方法是使用 RESTful API。在前面章节中介绍的 ECS、SLB 和 RDS 等服务都可以使用 RESTful API 的方式进行访问。鉴于直接使用 RESTful API 进行应用开发难度相对较大，更多用户会选择使用支持多种语言的 SDK 进行应用开发。OSS 的访问接口如图 5-14 所示。

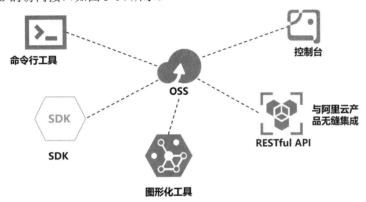

图5-14　OSS的访问接口

5.4.6　OSS 快速应用开发架构

OSS 的快速应用开发架构如图 5-15 所示。该架构综合使用 ECS、SLB、RDS 和 OSS。这个架构可以分成三部分：应用层、数据层和监控层。图 5-15 中左侧上半部分是应用层。最前端是负载均衡服务 SLB，是暴露给用户的接口。SLB 的后端是 ECS 服务器，包括 Web 服务器和应用服务器。ECS 的左边是弹性伸缩服务，主要用于实现系统的弹性伸缩和自动扩展。当用户的访问量增加的时候，弹性伸缩服务可以根据 CPU、内存等资源的利用率自动增加 ECS 服务器的数量并自动完成部署上线；当用户的访问量减少的时候，该服务会自动减少 ECS 服务器的数量。该扩、缩容过程无须人工干预。

应用层的下方是数据层，包括对象存储服务 OSS 和关系数据库服务 RDS。系统中的结构化数据和业务数据存储在 RDS 中；图像、视频、文本等非结构化数据存储在 OSS 中。RDS 数据库备份文件也存储在 OSS 中。

图 5-15 中最右侧是云安全和云监控服务。云盾系统可以抵抗包括 DDoS 在内的各种网络攻击，云监控用于监视和展示 ECS、SLB、OSS 等服务的运行状态。

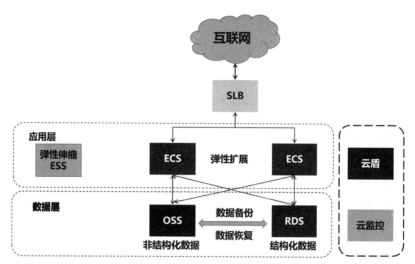

图5-15　OSS的快速应用开发架构

图 5-15 给出了一个业务系统的基本架构，也就是构成系统的基本组件。实际商用的系统可以在该基础架构上增加更多的组件，如 CDN、内存数据库、NoSQL、数据仓库、数据可视化服务等。

5.5　综合应用案例——使用 ECS、SLB、RDS 和 OSS 搭建论坛网站

（1）目标

在阿里云上，综合使用 ECS、SLB、RDS 和 OSS 搭建一个具有高并发、高可用特性的论坛网站，能够从外网访问该论坛网站。高可用和高并发特性主要依赖 SLB 实现，网站的结构化数据使用 RDS 存储。网站的非结构化数据（图片、视频等）采用 OSS 存储。系统架构如图 5-16 所示。

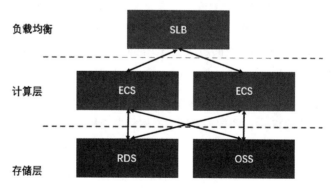

图5-16　系统架构

（2）环境

- ECS 实例 2 台。
- PHPWind8.7 经典版论坛系统（CentOS6.8|PHP5.4）镜像。

该镜像集成的软件包括 CentOS6.8（64 位）、PHPWind8.7 经典稳定版、PHP5.4、Apache2.2、MySQL5.6、vsftpd3.0.2、phpMyAdmin4.6.6。FTP 权限及 MySQL 权限随机生成，被存放在 default.pass 文件中。该镜像默认安装了 phpMyAdmin 管理平台，数据库的管理地址为 http://公网 ip/phpmyadmin/。网站论坛首页地址是 http://公网 IP 地址。镜像安装完成后，Apache 和 MySQL 是默认启动的。

使用镜像市场或者自己的镜像创建网站环境。在购买 ECS 的配置页面，选择镜像文件时单击 "镜像市场" 选项，然后单击 "从镜像市场获取更多选择（含操作系统）" 选项，如图 5-17 所示。在创建实例时，从镜像市场购买镜像，可以获取该镜像的使用手册。

图 5-17　镜像市场

- SLB 实例 1 台。
- RDS 实例 1 台。
- 开通 OSS 服务，在 ECS 相同地域创建一个存储空间用于存储论坛中的图片、视频等数据。

（3）操作步骤

步骤 1：创建 ECS 实例（2 台）、SLB 实例（1 台）、RDS 实例（1 台）、OSS Bucket，所有实例、Bucket 都在同一个地域。ECS 实例创建时需要从镜像市场选择 "PHPWind8.7 经典版论坛系统（CentOS6.8|PHP5.4）" 镜像，如图 5-18 所示。

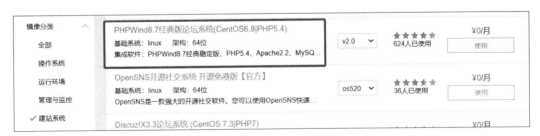

图 5-18　选择镜像

创建 RDS 实例时，选择 MySQL5.6 版本，如图 5-19 所示。

图5-19　选择MySQL 5.6版本数据库

创建上述实例时，网络类型均选择"专有网络"，都使用默认的 VPC 和默认的交换机，这样确保都在同一个 VPC 内，可以互相访问，如图 5-20 所示。

图5-20　选择VPC

步骤 2：创建 RDS 数据库账号，例如 user_test，如图 5-21 所示。

图5-21　创建数据库账号

创建 RDS 数据库并命名，例如 phpwind，并将 phpwind 数据库的读写权限分配给 user_test，如图 5-22 所示。

图5-22　创建数据库

在"数据库连接"界面，单击"设置白名单后才显示地址"选项，如图 5-23 所示。

图 5-23　配置 RDS 白名单

在白名单列表中添加 2 台 ECS 实例的内网 IP 地址，即允许 ECS 访问 RDS。

步骤 3：配置 ECS 安全组。

登录阿里云控制台，依次单击 "ECS" → "实例" → "管理" → "本实例安全组" 链接，然后选择 "安全组" 标签页，单击 "配置规则" → "添加安全组" 选项，选择 "入方向" 选项，协议类型选择 "自定义 TCP"，端口范围填写 "目的：80/80"，授权策略选择 "允许"，授权对象填写 "源：0.0.0.0/0"。

除了添加 80 端口，按照上述相同操作步骤，再分别添加以下范围的端口：20/20，21/21，3306/3306，授权策略都选择 "允许"，如图 5-24 所示。

(a)

(b)

图 5-24　配置 ECS 安全组

步骤4：分别在2台ECS实例上执行如下步骤，安装phpwind论坛系统：在ECS实例列表中找到实例的公网IP地址，在浏览器中输入ECS实例的公网IP地址，进入安装向导，如图5-25所示。

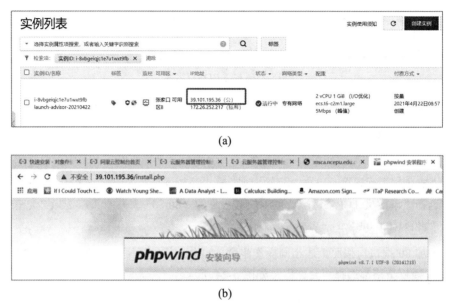

(a)

(b)

图5-25 运行phpwind安装向导

在数据库和管理员配置界面，输入RDS的内网连接URL地址作为host主机地址，数据库用户名和密码分别使用步骤2中创建的RDS数据库账号和密码，设置论坛的管理员账号（如admin）和密码（如123），如图5-26所示。

图5-26 配置数据库信息

安装向导执行完成后，会显示论坛首页，如图 5-27 所示。

图5-27 论坛首页

在 ECS 实例上，论坛相关软件及重要数据目录如表 5-8 所示。

表 5-8 相关软件及重要数据目录

相关软件及重要数据目录名称	路径
站点 www 根目录	/yjdata/www
Apache2.2	/etc/httpd
PHP5.4	/usr/local/php
MySQL5.6	/usr/local/mysql
MySQLdata	/usr/local/mysql/data
vsftpd3.0.2	/etc/vsftpd
phpMyAdmin4.6.6	/yjdata/www/phpmyadmin

论坛系统安装完成后，可以进入 RDS 管理控制台，登录数据库，查看创建的数据库、库中所有数据表是否都已经存在。

步骤 5：在 ECS 上安装 ossftp。

本案例使用 OSS 存储附件数据，但论坛系统默认使用 FTP 服务进行附件文件的传输并保存至 Linux 文件系统。因此，本案例使用一个 OSS 工具——ossftp 将论坛附件上传至 OSS。ossftp 的下载和使用方法可以参考官网帮助文档：阿里云产品文档→对象存储 oss→常用工具→ossftp。

1）使用 ssh 远程登录 ECS。

```
ssh root@ip
#输入登录密码
```

2）下载 ossftp 至 ECS 实例。

```
wget
https://gosspublic.alicdn.com/ossftp/ossftp-1.2.0-linux-mac.zip?spm=a2c4g.11186623.2.
6.30192315n1cJyk&file=ossftp-1.2.0-linux-mac.zip
```

3）解压下载的文件。

```
unzip ossftp-1.0.3-linux-mac.zip
```

4）运行 ossftp。

```
cd ossftp-1.0.3-linux-mac
bashstart.sh
```

5）通过浏览器访问 ossftp 的图形化管理界面，访问域名为 http://Linux 服务器 IP:8192。

6）在 ossftp 的图形化管理界面设置参数，如图 5-28 所示。

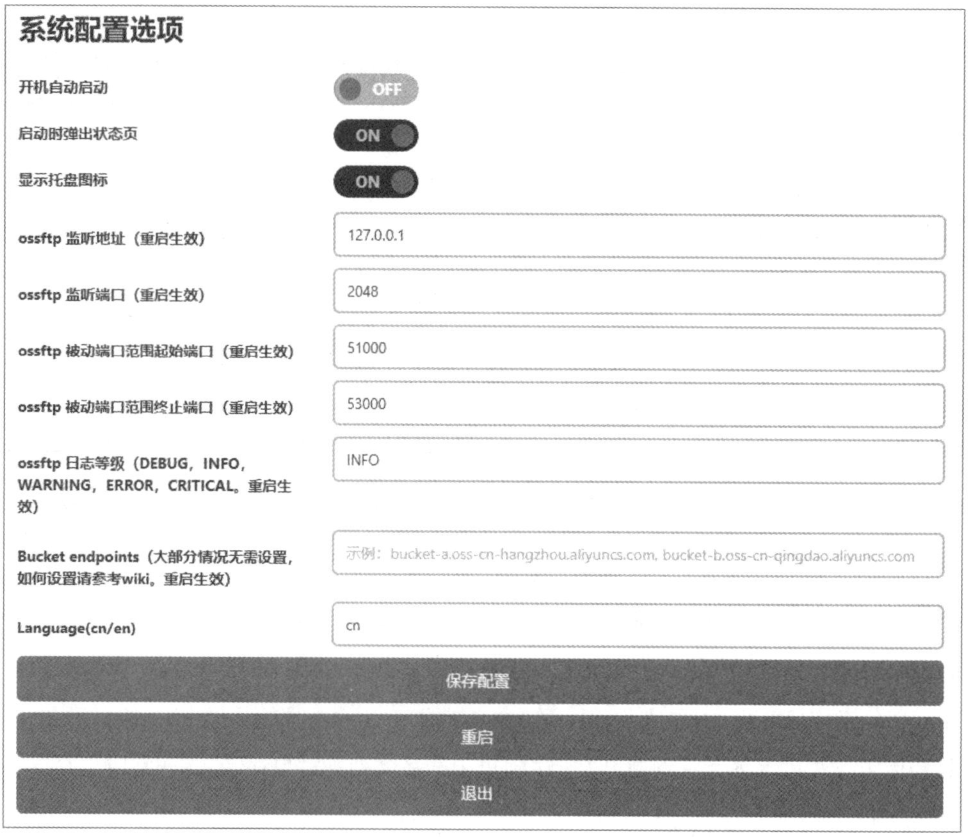

图5-28　设置参数

设置完成后单击"保存配置"按钮，之后单击"重启"按钮。参数说明如表 5-9 所示。

表 5-9　参数说明

参数	说明
ossftp 监听地址	填写需要使用 FTP 服务的客户端 IP 地址，如果在本机上运行客户端，则保持默认值
ossftp 监听端口	设置 ossftp 的接收访问请求的端口，不与其他端口冲突时，保持默认值
ossftp 被动端口范围起始端口	设置 ossftp 回应访问请求的起始端口，不与其他端口冲突时，保持默认值
ossftp 被动端口范围终止端口	设置 ossftp 回应访问请求的结束端口，不与其他端口冲突时，保持默认值
ossftp 日志等级	设置 ossftp 的日志输出等级，取值如下：DEBUG，记录细粒度信息事件，一般用于调试程序；INFO，记录软件正常运行发生的事件；WARNING，记录不会对系统造成影响的非正常事件；ERROR，记录会对系统造成影响，但不影响系统稳定性的非正常事件；CRITICAL，记录导致系统无法正常工作的事件
Bucket endpoints	填写 Bucket 的访问域名，格式为 BucketName.Endpoint。多个域名以英文逗号（,）隔开
Language	选择 ossftp 的显示语言

7）设置论坛的 FTP 服务。

以管理员身份（步骤 4 中配置的管理员信息：管理员账号 admin，密码 123）登录论坛，选择"系统设置"→"全局"→"附件设置"→"FTP 设置"选项，在打开的界面中对 FTP 服务进行设置，如图 5-29 所示。

图 5-29　设置 FTP 服务

8）发帖验证配置是否成功。

发帖并添加图片附件，然后登录 OSS，看图片是否已经存在于之前设定的 Bucket 中。

步骤 6：配置 SLB 实例监听。

1）安装完成后，对 2 台 ECS 分别进行访问测试，确保均能够显示论坛首页。

2）打开 SLB 管理控制台，为 SLB 实例添加并配置监听，协议选择 TCP，监听端口为 80，其他项保持默认值。

3）添加 2 台 ECS 实例至默认服务器组。

4）访问 SLB 公网 IP 地址验证是否能够访问论坛首页。

至此，基于 ECS、SLB、RDS 和 OSS 的具有高并发、高可用特性的论坛网站搭建完成。

5.6 本章小结

OSS 是一种云存储服务，具有海量存储和高可靠的特征。OSS 具有与平台无关的 RESTful API 接口，可以在任何应用、任何时间、任何地点存储和访问任意类型的数据。可以使用阿里云提供的 API、SDK 接口或者 OSS 迁移工具将海量数据移入或移出阿里云 OSS。

OSS 具有多种存储类型，以适应多种应用场景。高频访问存储常作为移动应用、大型网站、图片或热点音视频的主要存储方式，低频访问存储、归档存储、冷归档存储可作为不经常访问数据的存储方式。

OSS 是用来存储非结构化数据的，比如图片、音频、视频、日志、文本等。说通俗一点，OSS 就是用来存储文件的，基本作用和文件系统一样。而关系数据库是用来存储结构化数据的，两者的用途不同，是互补的关系。在存储的数据规模上，OSS 对用户要存储的文件的数量没有限制，单个文件的大小从 1B 到 48.8TB，总体规模可以达到 EB 级别，可以满足各类系统对非结构化数据存储的需求。

5.7 习题

（1）OSS 是什么服务？简述 OSS 与 RDS 的关系。

（2）OSS 的存储规模有多大？对用户要存储的文件大小、文件数量是否有限制？

（3）对于用户访问频繁程度不同的数据，OSS 是如何支持的？

（4）OSS 是对象存储服务，O 代表 Object，即对象，这里的对象具体是什么含义？

（5）请从数据模型、数据获取、访问性能三个方面对比 OSS 和文件系统的异同。

第 3 部分

云计算相关技术

第6章　虚拟化技术原理

6.1　什么是虚拟化

什么是虚拟化？

虚拟化就是把物理资源转变为逻辑上可以管理的资源，以打破物理结构之间的壁垒。虚拟化的优势在于所有的资源都透明地运行在各种各样的物理平台上，资源的管理都将按逻辑方式进行，完全实现资源的自动化分配。

虚拟化在具体的实现方式上可以分为计算虚拟化、存储虚拟化、网络虚拟化和桌面虚拟化等，如图 6-1 所示。

图6-1　虚拟化的实现方式

6.2　为什么要虚拟化

为什么要进行虚拟化？

下面以计算虚拟化中的 CPU 虚拟化为例，简要讲述虚拟化技术能够带来的好处。

首先，虚拟化可以提升主机的利用率。企业通常运行着多种应用软件和服务软件，如邮件服务、Web 服务、FTP 服务等。传统方式下，这些服务分别运行在单独的物理服务器上，单台物理服务器的 CPU 利用率往往比较低。统计数据表明，传统架构下，CPU 平均利用率仅 7%。如果采用虚拟化方式，在一台物理服务器上创建多台虚拟机，运行相应的邮件服务、Web 服务、FTP 服务，则 CPU 的平均利用率可提升至 60%~80%。

其次，我们来考虑下：虚拟机部署方式是否与多台物理服务器部署方式等效？如果不使用虚拟机，直接在一台物理服务器上安装多个服务软件，是否和虚拟机部署方式等效？答案是否定的。不使用虚拟机的情况下，系统的可靠性和可用性会大幅度降低。

多个服务软件运行在多台服务器上，除单台服务器可能性能不足之外，最主要的目的是为了提升服务的可靠性。虚拟化能够代替多台物理服务器的原因是大多数的服务器停机不是因为硬件故障，而是软件漏洞以及软件错误，尤其是操作系统的漏洞和故障。Hypervisor 的代码量比一个完整的 OS 少两个数量级，意味着软件漏洞也少两个数量级。使用虚拟机能够节约成本。虚拟机还很容易迁移，这使得故障恢复变得更容易和耗时更短。

再次，采用虚拟化方式还可以实现按需分配资源，破除传统物理资源分配的限制。

鉴于虚拟化的诸多优势，它被数据中心广泛采用。目前，云平台上的用户按需获得资源，也是基于虚拟化技术实现的。

虚拟化是构建云计算平台的底层核心技术之一。云计算底层的依托技术还包括分布式文件系统、并行计算、云操作系统等，如图 6-2 所示。

图6-2　云计算平台的底层核心技术

6.3　传统数据中心和云计算数据中心的区别

传统数据中心分配和使用的基本单位是物理机，存在的主要缺点如图 6-3 所示。

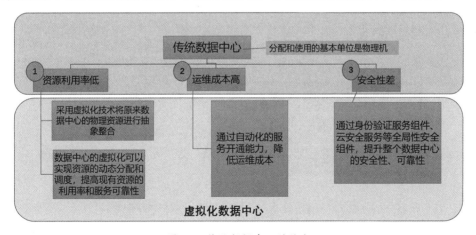

图6-3　传统数据中心的缺点

以物理机作为分配和使用基本单位的方式存在资源利用率低、运维成本高、安全性差等问题，因此目前越来越多的传统数据中心正在逐渐过渡到虚拟化数据中心，采用虚拟化技术将原来数据中心的物理资源进行抽象整合，实现资源的动态分配和调度，提高现有资源的利用率和服务可靠性。通过自动化的服务开通能力，降低运维成本。在安全性方面，通过身份验证服务组件、云安全服务等全局性安全组件，提升整个数据中心的安全性、可靠性。

6.4　计算虚拟化

6.4.1　计算虚拟化的目标

一台物理机的组成包括 CPU、内存、输入/输出设备（磁盘、网络设备、显示设备）等基本组件，传统架构下，物理机上运行着一个操作系统。计算虚拟化的主要目标是在这些基础物理设备上运行多个操作系统，如图 6-4 所示。

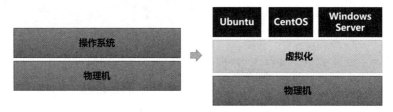

图6-4　计算虚拟化

6.4.2　计算虚拟化的基本概念

图 6-5 显示的是虚拟化系统的结构和组成。下面，首先介绍计算虚拟化过程中涉及的基本概念及概念之间的关系。

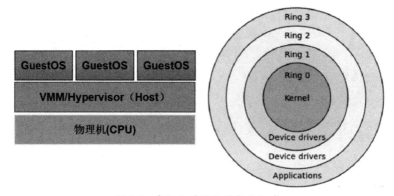

图6-5　虚拟化系统的结构和组成

- Ring

Intel 的 X86 处理器是通过 Ring 级别来进行访问控制的,级别共分 4 层——Ring 0、Ring 1、Ring 2 和 Ring 3。Windows 只使用其中的两个级别:Ring 0 和 Ring 3。Ring 0 层拥有最高的权限,Ring 3 层拥有最低的权限。按照 Intel 原有的构想,应用程序工作在 Ring 3 层,只能访问 Ring 3 层的数据;操作系统工作在 Ring 0 层,可以访问所有层的数据。

- Hypervisor(Host)

又称 VMM(Virtual Machine Monitor,虚拟机监视器),是用来建立与执行虚拟机的软件。VMM 能够创建多个可运行独立操作系统的虚拟化环境,每个 GuestOS 获得的关键硬件资源都由 VMM 进行分配、回收和控制。被 Hypervisor 用来运行一个或多个虚拟机的服务器称为主体机器(Host Machine),这些虚拟机则称为客体机器(Guest Machine)。

- Host(Machine)

被 Hypervisor 用来运行一个或多个虚拟机的物理服务器。

- Guest(Machine)

虚拟机。

- GuestOS

虚拟机操作系统。

6.4.3　实现计算虚拟化面临的主要问题和解决方案

首先介绍 X86 CPU 权限级别。

X86 架构的操作系统直接运行在硬件上,分为内核态和用户态。为了保障系统安全性、隔离性与稳定性,指定了 4 种权限级别的运行状态——Ring 0~Ring 3。其中,Ring 0 是内核态,运行 OS 内核,权限最高,可执行特权指令(对系统资源进行管理与分配等)或敏感指令(如读写时钟、控制中断、修改内存页表、访问地址重定位系统以及所有 I/O 指令等);Ring 3 是用户态,运行用户应用程序,只能执行非特权指令。当用户应用程序需要执行特权指令或敏感指令时,通过系统调用方式从 Ring 3 用户态切换到 Ring 0 内核态,内核完成相关操作后再切换返回。Ring 1、Ring 2 保留,未使用。

从上面的描述可知,X86 架构的 CPU 在设计之初是没有考虑过对计算虚拟化技术进行支持的,因此在基于 X86 架构实现计算虚拟化时面临一系列问题,描述如下:

操作系统在设计时被认为内核可以控制所有硬件,并可运行 CPU 的特权指令,即操作系统内核运行于 CPU 的 Ring 0 上。如果是这样,多个操作系统是无法同时直接运行于硬件层之上的，它们之间会互相影响，造成混乱局面。因此，多个操作系统必须运行在 Hypervisor 层上，统一在这一层上执行特权指令。若 GuestOS 必须运行在 CPU 的 Ring 0 上，那么 Host 运行在哪里？也就是说，这里必须要解决 Hypervisor 和 GuestOS 各自拥有怎样的权限，运行在哪个 Ring 上的问题。有虚拟化软件（如 VMWare Workstation）使用经验的用户可知，Hypervisor 和 GuestOS 的关系就像宿主操作系统和 VMWare 的关系。如果不安装操作系统，就不能安装 VMWare，也就无法让虚拟机运行起来。

操作系统在设计时被认为是可以控制所有硬件资源的，那 GuestOS 之间不就可以相互影响了吗？比如，Guest1 要关机，若直接执行 CPU 的特权指令关机，那么它应该可以关闭整个物理机，这不是虚拟化所希望的。

上述计算资源的虚拟化问题，可以归结为三个方面。

（1）CPU 虚拟化：由于多个虚拟机共享 CPU 资源，需要对虚拟机中的敏感指令进行截获并模拟执行。也就是说，Guest1 要关机这种敏感指令，需要由 Host 捕捉，然后执行虚拟机的关机，而不是物理机的关机。这里还涉及几个具体问题，留给读者进行思考。

- 问题 1：多个虚拟机如何共享使用 CPU？
- 问题 2：GuestOS 运行在哪个 Ring 级别？
- 问题 3：GuestOS 如何执行指令？

（2）内存虚拟化：由于多个虚拟机共享同一物理内存，因此需要相互隔离。

（3）I/O 虚拟化：由于多个虚拟机共享同一物理设备，如磁盘、网卡，一般借用 TDMA 的思想，通过分时多路技术进行复用。

6.4.4　计算虚拟化实现方式

针对上述问题，业界给出了不同的解决方案，并产生了不同的计算虚拟化产品，首先对上述问题给出基本的解决思路。

问题 1：多个虚拟机如何共享使用 CPU？

首先，虚拟机共享并分时复用 CPU。利用与操作系统类似的机制——通过定时器中断，在中断触发时陷入 VMM，从而根据调度机制进行调度。

CPU 虚拟化为每个虚拟机提供一个或多个 VCPU，每个虚拟机运行在一个或多个 VCPU 上，每个 VCPU 分时复用物理 CPU，在任意时刻，一个物理 CPU 只能被一个 VCPU 使用，VMM 要在整个过程中合理分配时间片以及维护所有 VCPU 的状态。虚拟机基本的运行机制就是这样。

接下来的问题是，VCPU 是如何模拟出来的？必须明确，Host 一定是能真正执行 CPU 的特权指令的，Guest 运行起来后，它实际使用的 CPU 是通过软件模拟的 CPU，也就是 VCPU。CPU 物理硬件通过集成电路进行运算，然后使用微代码提供输出结果的接口，所以通过软件模拟出这些接口，就可以模拟硬件了。

问题 2：GuestOS 运行在哪个 Ring 级别？

虚拟化的基本机制，就是特权解除和陷入模拟（Privilege Depriviaging/Trap-and-Emulation）。特权解除就是将 GuestOS 内核的特权解除，从原来的 0 降低到 1 或者 3。陷入模拟就是特权指令在 GuestOS 中发生的时候产生 Trap，被 VMM 捕获，从而由 VMM 完成相应的操作。但是，X86 指令集中存在 17 条敏感的非特权指令，VMM 是不可以轻易让 GuestOS 执行这些指令的，但这些指令又不是特权指令，没办法陷入模拟。怎么办呢？过去的全虚拟化采用了二进制翻译，半虚拟化则采用了超级调用方式，不管哪种，目的都是强迫其陷入，然后就可以模拟了。

所以，GuestOS 运行在哪个 Ring 级别这个问题，取决于具体的虚拟化方式，稍后我们会讲到全虚拟化和半虚拟化方式。在不同的虚拟化方式下，GuestOS 和虚拟机的 Ring 级别是不一样的。

问题 3：GuestOS 如何执行指令？

Guest 执行的指令可以分为三类：用户程序的普通指令、特权指令和敏感指令。

特权指令是在指令系统中用于管理硬件和整个系统安全的指令，如果让程序随意使用，则具有极高危险性。

X86 体系架构中，特权指令在用户态下执行会引发异常，并由 Ring 0 级的 OS 或者 VMM 捕获异常，然后进入核心态。如果是虚拟化系统，就由 VMM 捕获异常，然后采用软件方式模拟指令并返回。

特权指令举例：启动 I/O、内存清零、修改程序状态字、设置时钟、允许/禁止终端、停机等。

非特权指令举例：控制转移、算术运算、取数指令、访管指令（使用户程序从用户态陷入内核态）等。

X86 指令集中存在 17 条敏感的非特权指令，如图 6-6 所示。"非特权指令"表明这些指令可以在 X86 的 Ring 3 执行，而"敏感性"说明 VMM 是不可以轻易让 GuestOS 执行这些指令的。这 17 条指令在 GuestOS 上的执行可能会导致系统全局状态的破坏，如 POPF 指令；也可能会导致 GuestOS 逻辑上的问题，如 SMSW 等读系统状态或控制寄存器的指令。由于这些指令不是特权指令，所以传统的 X86 没法捕获这些敏感的非特权指令。除了这 17 条敏感的非特权指令，其他敏感的指令都是敏感的特权指令。

图6-6 X86指令缺陷

针对上述 X86 体系缺陷，不同虚拟化厂商提出了多种 CPU 虚拟化的实现方式：全虚拟化、半虚拟化、硬件辅助虚拟化，如图 6-7 所示。

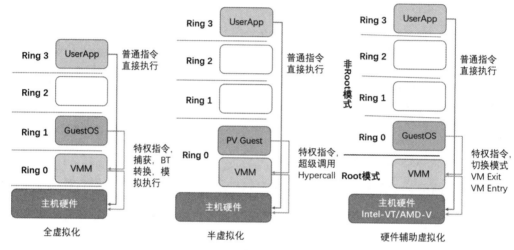

图6-7 虚拟化实现方式

（1）全虚拟化

全虚拟化就是不让 GuestOS 知道自己在虚拟机上运行，GuestOS 完全不需要修改。这种方式保持了最佳的兼容性，但问题就是执行效率非常低。如前所述，GuestOS 执行特权指令时，会触发异常，然后 VMM 捕获这个异常，在异常里面进行二进制翻译（Binary Translation，BT）、模拟，最后返回 GuestOS，GuestOS 认为自己的特权指令工作正常，继续运行。但是这个性能损耗非常大，你想想：原来一条简单的指令执行完就行，现在却要经过复杂的异常处理过程。

（2）半虚拟化

在这种背景下，半虚拟化出现了。半虚拟化的思想是让 GuestOS 知道自己是在虚拟机上运行的，工作在非 Ring 0 状态，原先在物理机上执行的一些特权指令会被修改成其他方式，这种方式是可以和 VMM 约定的，这就相当于，通过修改代码把操作系统移植到一种新的架构上来，实现定制化 OS。因此，像 Xen 这种半虚拟化技术，GuestOS 都有一个专门的定制内核版本，和

X86、MIPS、ARM 这些内核版本等价。通过这种定制化，就不存在捕获异常、翻译、模拟的过程了，性能损耗非常低。这就是半虚拟化架构的优势。这也是 Xen 只支持虚拟化 Linux 而不支持虚拟化 Windows 的原因，微软不会为之修改代码。

（3）硬件辅助虚拟化

之后，CPU 厂商开始支持虚拟化了。拿 X86 CPU 来说，引入了 Intel-VT 技术，支持 Intel-VT 的 CPU，有 VMX root 和 VMX non-root 两种模式，两种模式都支持 Ring 0 ~ Ring 3 这 4 个运行级别。VMM 运行在 VMX root 模式下，GuestOS 运行在 VMX non-root 模式下。也就是说，硬件这层做了些区分。这样，在全虚拟化下，有些靠"捕获异常—翻译—模拟"的实现就不需要了。而且，CPU 厂商支持虚拟化的力度越来越大，靠硬件辅助的全虚拟化技术的性能逐渐逼近半虚拟化，再加上全虚拟化不需要修改 GuestOS 这一优势，应该是未来的发展趋势。

Xen 是最典型的半虚拟化，不过现在 Xen 也开始支持硬件辅助的全虚拟化，这是虚拟化技术发展的大趋势。KVM、VMARE 一直都是全虚拟化。

6.4.5　计算虚拟化的分类

根据 Host OS 和 Hypervisor/VMM 的关系（也就是 Hypervisor/VMM 的位置）进行分类，计算虚拟化可以分为 I 型：裸金属型虚拟化，又称为裸机虚拟化；II 型：宿主型虚拟化，又称为寄居虚拟化，如表 6-1 所示。

表 6-1　计算虚拟化的分类

类型	名称
I 型	裸金属型虚拟化/裸机虚拟化
II 型	宿主型虚拟化/寄居虚拟化

（1）裸金属型虚拟化/裸机虚拟化

Hypervisor 直接可以调动硬件资源，不需要经过 HostOS，因为没有 HostOS。或者说，在 I 型虚拟化中，Hypervisor 就是 HostOS，是定制的 HostOS，如图 6-8 所示。

这种方式的优点包括不依赖操作系统，虚拟机支持多种操作系统以及多种应用等；缺点则主要表现为内核开发难度大、负载重等。

该类型代表性的产品包括华为的 Fusion Compute、Xen Server、VMWare ESXI、Hyper-V 等。

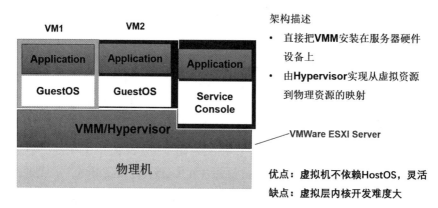

图6-8 裸金属型虚拟化/裸机虚拟化架构

（2）宿主型虚拟化/寄居虚拟化

物理资源由 HostOS 来管理，实际的虚拟化功能由 VMM 提供。VMM 是 HostOS 上的一个普通的应用程序。通过 VMM 再创建相应的虚拟机，和 HostOS 共享底层的硬件资源。VMM 通过调用 HostOS 的服务来调用资源。VMM 创建的虚拟机通常作为 HostOS 中的一个进程运行，如图 6-9 所示。

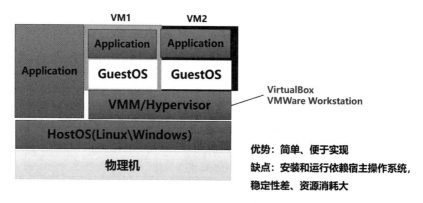

图6-9 宿主型虚拟化/寄居虚拟化架构

这种方式的优点是简单、易实现，但缺点也很明显：首先，安装和运行依赖宿主操作系统。其次，宿主操作系统运行起来就会消耗掉很多的资源。有效的应用都运行在虚拟机上，宿主主机对资源的消耗必须考虑。比如，宿主主机运行 Windows 10，超过 1GB 的内存资源被消耗掉。如果一个分布式应用有 100 台主机，那么超过 100 GB 的内存资源被消耗掉。第 3 个方面的问题就是系统的稳定性。在图 6-9 所示的架构里，即使虚拟机操作系统和虚拟机环境下的应用软件非常稳定，底层还运行着宿主操作系统，系统整体的稳定性取决于宿主操作系统、虚拟机管理程序 VMM、GuestOS、Guest 应用程序之间稳定性的布尔与。

该类型代表性的产品包括 VMWare Workstation、VirtualBox、KVM 等。

6.4.6　计算虚拟化架构实例——KVM

很多公司存在部分 Linux 服务器利用率不高的问题，为充分利用这些 Linux 服务器，可以部署 KVM，在物理机上运行多个业务系统。为什么用 KVM 呢？如果使用 VMWare ESXI Server 等产品，需要购买正版，安装成本很高。而 KVM 是开源产品。可以利用 KVM，并使用一些辅助工具来搭建虚拟机，完成和 VMWare ESXI Server 类似的操作，实现 Linux 虚拟化。KVM 直接整合到了 Linux 内核中，因此在性能、安全性、兼容性、稳定性上都有很好的表现。总之，这里要达到的目的是：使用虚拟化技术为公司节约成本，在一台物理机上运行多个系统，充分利用物理机的资源。

KVM 的全称是基于内核的虚拟机（Kernel-based Virtual Machine），是一个开源软件。KVM 实际上是嵌入到 Linux 操作系统中的一个虚拟化模块，通过优化内核来使用虚拟技术，该内核模块使得 Linux 变成了一个 Hypervisor，虚拟机使用 Linux 自身的调度器进行管理。KVM 是基于硬件辅助虚拟化（Intel VT 或者 AMD-V）的 Linux 原生的全虚拟化解决方案。KVM 主要负责比较烦琐的 CPU 和内存虚拟化，而 QEMU 则负责 I/O 虚拟化。KVM 中，虚拟机被实现为常规的 Linux 进程，由标准 Linux 调度程序进行调度；虚机的每个虚拟 CPU 被实现为一个常规的 Linux 进程。KVM 是充分利用硬件辅助虚拟化的代表，而且目前 AWS、阿里云等逐渐转向 KVM。KVM 虚拟化架构如图 6-10 所示。

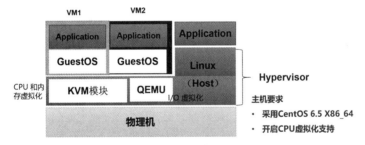

图6-10　KVM虚拟化架构

6.4.7　常见虚拟化产品汇总

当前主流的 X86 虚拟化产品有开源的 KVM、Xen，以及 VMWare ESXI Server、Microsoft Hyper-V 等，图 6-11 对它们进行了一个简单的汇总。

	全虚拟化	半虚拟化	硬件辅助虚拟化
寄居虚拟化 (Hosted)	• **VMWare Workstation** • **VirtualBox** • **KVM**		• **Intel-VT** • **AMD-V**
裸机虚拟化 (Hypervisor)	• **VMWare EXSI Server** • **Virtual PC**	• **Xen** • **Denali** • **Hyper-V**	

图6-11　常见虚拟化产品汇总

6.5 存储虚拟化

6.5.1 传统存储技术回顾

在介绍存储虚拟化之前，首先对传统存储技术进行一个简要回顾。

（1）RAID

RAID（Redundant Arrays of Independent Disks，磁盘阵列），由独立磁盘构成的具有冗余能力的阵列——磁盘组。RAID 有许多型号：RAID 0、RAID 1、RAID 0+1、LSI MegaRAID、LSI Nytro MegaRAID、RAID 2、RAID 3、RAID 4、RAID 5、RAID 6 等。

（2）NAS

NAS（Network Attached Storage，网络附属存储），是一种专用数据存储服务器。它以数据为中心，将存储设备与服务器彻底分离，集中管理数据。RAID 和 NAS 的硬件外观如图 6-12 所示。

图6-12　RAID和NAS的硬件外观

（3）SAN

SAN（Storage Area Network，存储区域网络）采用 FC（Fibre Channel，网状通道，区别于 Fiber Channel，光纤通道）技术，通过 FC 交换机连接磁盘阵列和服务器，建立专用于数据存储的区域网络。SAN 的架构如图 6-13 所示。

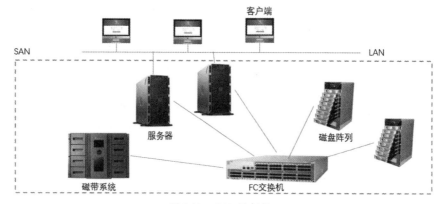

图6-13　SAN的架构

6.5.2　存储虚拟化的基本概念

（1）存储虚拟化

存储虚拟化是指将存储资源（硬盘、RAID）通过一定的技术集中起来，组成一个大容量的存储池，并实行单点统一管理。从主机角度看，获得了一个超大容量的磁盘（后端物理上是多个小容量的存储资源）。实现这种管理的技术叫作存储虚拟化。这里，虚拟化层负责完成用户逻辑访问请求到物理操作的转换，如图 6-14 所示。

图6-14　存储虚拟化模型

存储虚拟化能够给用户带来如下功能特性：

1）虚拟化存储环境下，无论后端物理存储是什么设备，服务器及其应用系统看到的都是物理设备的逻辑映像。

2）数据的物理位置对于用户将变得透明。

3）不同的硬件厂商（接口、协议不同）的存储设备可以通过存储虚拟化统一起来，存储资源可以进行统一分配。

4）存储虚拟化技术无须中断应用即可扩展存储系统并进行数据迁移。

5）即使物理存储设备发生变化，这种逻辑映像也不会改变，系统管理员不必再关心后端存储，只需要专注于管理存储空间即可。

总而言之，存储虚拟化的核心思想，就是把物理的存储设备集成、虚拟化为逻辑设备。

（2）存储资源

实际的物理存储设备，如 RAID、DAS、NAS、SAN 等。

（3）存储设备

存储资源中的管理单元。存储资源和存储设备这两个概念都是物理上的，都是可见的。

（4）数据存储

虚拟化平台中可以管理的存储逻辑单元。通过创建数据存储，把存储资源分配给虚拟机。数据存储承载着虚拟机业务，通过数据存储，才能在虚拟机上创建磁盘。存储设备和数据存储是一对一的关系，对数据存储进行划分，形成多个卷，然后把卷分配给虚拟机使用。卷是进行逻辑存储分配的基本单元。

上述存储虚拟化相关概念之间的关系如图 6-15 所示。

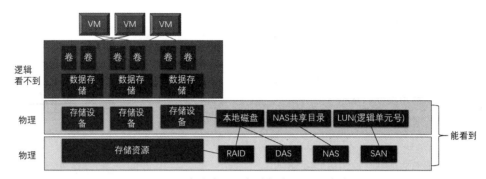

图6-15 存储虚拟化相关概念之间的关系

这里给出一个 DAS 存储虚拟化例子。

存储虚拟化是通过虚拟化软件完成的。虚拟化软件首先需要安装在一台主机上，然后在主机上运行，一步一步完成虚拟化过程，具体包括 6 个步骤，如图 6-16 所示。数据存储和卷都是记录在主机上的元数据。

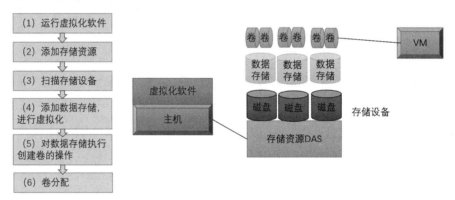

图6-16 DAS存储虚拟化

DAS 存储虚拟化是通过虚拟化软件在主机上完成的，虚拟化过程包括 6 个步骤：第 1 步，运行虚拟化软件；第 2 步，选择并添加要进行虚拟化的存储资源，也就是物理设备，这里选择DAS；第 3 步，对物理存储设备进行扫描，判别是否允许进行虚拟化；第 4 步，添加数据存储，执行虚拟化操作；第 5 步，对数据存储执行创建卷的操作，产生逻辑卷；第 6 步，以逻辑卷为单位，对虚拟存储资源进行分配，上层应用系统获得卷。

6.5.3 存储虚拟化的实现方法

实现存储虚拟化的方法有很多，本节主要讨论 3 种常见的方法：基于主机的存储虚拟化、基于存储设备的存储虚拟化和基于网络的存储虚拟化。

（1）基于主机的存储虚拟化

适合场景：单个主机访问多个存储资源。

实现：虚拟化软件（虚拟化层）运行在主机上。

优点：稳定，虚拟化存储空间可以跨越多个异构的 RAID。

缺点：虚拟化软件占用主机资源，存在虚拟化软件与主机操作系统的兼容性问题；存在主机的升级维护问题，因为主机上多了一个虚拟化软件；性能依赖于主机性能。

基于主机的存储虚拟化架构如图 6-17 所示。

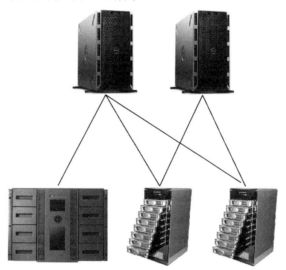

图6-17　基于主机的存储虚拟化架构

这里给出一个基于主机的存储虚拟化实例——Windows 的卷管理技术。虚拟化由 Windows 的逻辑卷管理软件完成，卷（也称逻辑卷）是 Windows 系统的一种磁盘管理方式，目的是把硬盘空间从物理硬盘的管理方式中分离出来，进行更方便的统一管理分配。这种实现方式使服务器的存储空间可以跨越多个异构的 RAID，而在传统分区管理方式下，每个逻辑分区不能超过物理设备容量，如图 6-18 所示。

图6-18　通过Windows卷管理实现存储虚拟化

（2）基于存储设备的存储虚拟化

基于存储设备的存储虚拟化就是在存储设备的控制器上添加虚拟化功能（虚拟化层），软件运行于专门的嵌入式系统中，常见于中高端存储设备。这种实现方式主要适合于多个主机同时访问一台存储设备的场景，其优点是虚拟化与主机无关，不占用主机资源，数据管理功能丰富。但缺点也很明显，一般只能实现对本设备内磁盘的虚拟化，且不同厂商的数据管理功能不能互操作，虽然产品功能丰富，但是维护成本较高。这种方式的架构如图 6-19 所示。

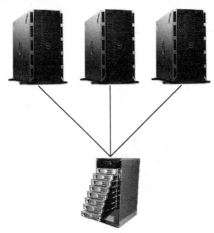

图6-19　基于存储设备的存储虚拟化架构

（3）基于网络的存储虚拟化

基于网络的存储虚拟化是通过在存储区域网（SAN）中添加虚拟化引擎实现的。虚拟化软件是运行在 SAN 网络的 RAID 上的。这种实现方式主要用于异构存储系统的整合和统一数据管理，其架构如图 6-20 所示。

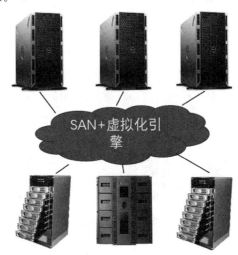

图6-20　基于网络的存储虚拟化架构

优点：与主机无关，不占用主机资源；能够支持异构主机、异构存储设备；能使不同存储设备的数据管理功能统一；可以构建统一管理平台，可扩展性好。

缺点：部分厂商数据管理功能弱，难以达到统一数据管理的目的；部分厂商产品成熟度较低，存在兼容性问题。

综合上述讨论，从对主机的影响、主机兼容性、存储兼容性、业务功能、对性能的影响、可扩展性等方面对 3 种存储虚拟化方法进行对比，结论是基于网络的存储虚拟化在各方面是最有优势的，也是目前最流行、使用最多的存储虚拟化方法。对比结果如表 6-2 所示。

表 6–2　存储虚拟化方法对比

对比项目	基于主机的存储虚拟化	基于存储设备的存储虚拟化	基于网络的存储虚拟化
对主机的影响	大	小	小
主机兼容性	较差	好	好
存储兼容性	好	较差	好
业务功能	较差	较好	较好
对性能的影响	较大	较小	较小
可扩展性	较差	较好	好

6.6　存储虚拟化和云存储的关系

存储虚拟化并不是云存储，但两者关系密切。存储虚拟化和云存储的关系如图 6-21 所示。存储虚拟化是实现云存储的核心技术之一，借助存储虚拟化，才能把物理存储设备映射为逻辑存储设备，这是云存储灵活、便捷分配存储资源的基础和前提。在实现存储虚拟化的基础上，云储存还需配备自动化管理系统，以实现即买即用的自助使用方式。另外，实现云存储还离不开网络和服务。目前常用的方式是采用轻量化 RESTful 方式对存储资源的管控操作进行封装，并使用 HTTP/HTTPS 协议提供云存储的 Web 服务。所有这些技术组合在一起才能实现云存储。

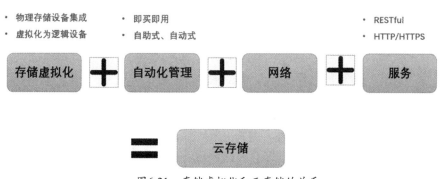

图6-21　存储虚拟化和云存储的关系

6.7 网络虚拟化

6.7.1 网络虚拟化的基本概念

有了计算虚拟化和存储虚拟化技术，为什么还需要网络虚拟化技术呢？

因为传统网络架构存在如下问题：在传统网络环境中，一台物理机包含一个或多个 NIC（Network Interface Controller，网络接口控制器，即网卡），要实现与其他物理机之间的通信，需要通过自身的 NIC 连接到外部的网络设施，如交换机，如图 6-22 所示。在云计算中，在一台物理机上要部署多台虚拟机，虚拟机还可以迁移，如何为每个虚拟机配备网卡呢？

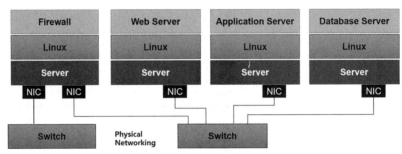

图6-22 传统网络架构

考虑多用户间通信的一个实例，如图 6-23 所示。在未采用网络虚拟化的情况下，1~5 号虚拟机都只能通过宿主主机的网卡进行通信，它们都在一个 LAN 内部。如果 1~5 号虚拟机属于不同的用户，它们之间如何进行隔离呢？答案是网络虚拟化。

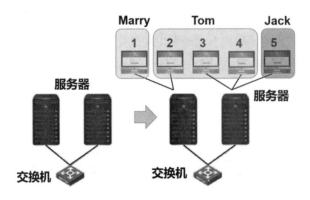

图6-23 虚拟化环境下的网络

传统物理网络下，网络设备也存在资源利用率低的问题，无法解决多台虚拟机的隔离、虚拟机迁移等问题。为了满足云计算中虚拟机之间灵活的隔离和通信需求，需要把物理网络虚拟成多个虚拟网络，满足独立通信、隔离、虚拟机迁移导致的网络架构变化等要求。

下面给出网络虚拟化的定义：

网络虚拟化就是将物理网络虚拟成多个相互隔离的虚拟网络，从而使不同用户可使用独立的网络资源。网络虚拟化技术提高了网络资源的利用率，实现了软件定义的、弹性的网络。VLAN 就是一种网络虚拟化技术，它通过 VLAN Tag 将传统的局域网划分成多个广播域。

6.7.2　网络虚拟化的目标

网络虚拟化的目标可以概括为：

- 节约物理网络硬件（网卡等），提升物理网络设备的利用率，为虚拟机提供 L2~L7 层（OSI 参考模型的第 2 层至第 7 层）网络服务。
- 网络虚拟化软件提供虚拟交换机（L2）、虚拟路由器（L3）、虚拟负载均衡、虚拟防火墙（L4~L7），允许用户自定义虚拟网络设备的连接，实现自定义 L2~L7 虚拟网络拓扑。
- 将物理网络与虚拟机解耦合，实现软件定义的网络。
- 敏捷、灵活地分配网络资源。例如，通过软件配置方式快速为一台虚拟机提供防火墙，实时升级网络带宽等。

6.7.3　网络虚拟化的特点

网络虚拟化的特点可总结如下：

- 与物理层解耦合

  使应用程序只和虚拟化层打交道；虚拟化层接管所有与应用程序有关的网络服务、特性、配置等功能；不需要再管硬件细节、协议等。
- 网络服务抽象化

  虚拟化层提供虚拟网卡、虚拟交换机、虚拟路由器。虚拟化层对虚拟设备进行监控、QoS 保证、安全保证。虚拟化层提供自定义网络拓扑能力。
- 网络按需自动化

  用户通过 API 方式，可以按需从网络虚拟化层得到虚拟网络和网络资源。例如，通过软件配置方式敏捷实现为一台虚拟机分配所需带宽、设置流量上限、限制主机通信、创建 VPC（Virtual Private Cloud，虚拟私有云）等。
- 多用户网络隔离

  多用户共享一个数据中心的物理资源，但每个用户拥有自己的独立的、隔离的虚拟网络。VPC 可以实现 VLAN 级别的隔离。

6.7.4　网卡虚拟化

可以被虚拟化的物理网络设备较多，主要包括：工作在数据链路层的二层交换机，工作在网络层的路由器，工作在网络层、结合了部分路由器和交换机功能的三层交换机、网卡等。

首先介绍网卡的虚拟化。网卡虚拟化分为软件网卡虚拟化和硬件网卡虚拟化两种实现技术。

（1）软件网卡虚拟化

通过软件控制各个虚拟机共享同一个物理网卡，如图 6-24 所示。软件虚拟出来的网卡有单独的 MAC 地址，虚拟网卡通过虚拟交换机连接物理网卡，虚拟交换机负责将虚拟机上的数据从物理网卡转发出去。软件网卡虚拟化的主要缺点是虚拟化完全依赖于软件，数据传输效率较低，系统开销较大。

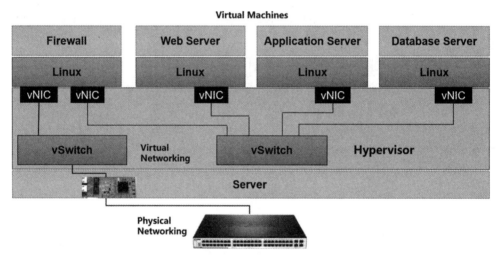

图6-24　软件网卡虚拟化

（2）硬件网卡虚拟化

硬件网卡虚拟化的主要技术是 SR-IOV（Single Root I/O Virtualization，单根 I/O 虚拟化，I/O 直通技术），通过硬件辅助让虚拟机直接访问物理网卡，也就是说，网卡生产厂商做了硬件辅助虚拟化，就像 Intel-VT，就不用 VMM 工作了。该技术可以直接虚拟出 128~512 个虚拟网卡，这样虚拟机直接与物理网卡通信，直接使用 I/O 资源。SR-IOV 让网络传输绕过软件模拟层，直接分配给虚拟机，提高了网卡硬件的使用效率，有效降低了 I/O 开销。

6.7.5　交换机虚拟化

接下来简要介绍一下交换机虚拟化的相关技术——OVS，如图 6-25 所示。

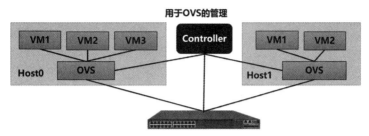

图6-25　OVS交换机虚拟化

OVS（Open vSwitch，开放虚拟化软件交换机）是基于软件实现的虚拟以太网交换机，使用开源 Apache2.0 许可协议。OVS 可以与众多的虚拟化平台整合（Xen、KVM、VirtualBox 等）。OVS 的主要功能包括：

- 传递虚拟机间的流量。
- 实现虚拟机与外界网络通信。

图 6-25 中的 Controller 的主要作用是管理 OVS，一般部署在另外的计算节点上。

6.7.6　虚拟化网络架构

在虚拟化网络架构（如图 6-26 所示）中，每台虚拟机配备自己的虚拟网卡，使用虚拟交换机连接虚拟机和物理交换机。虚拟交换机使用 OVS 实现。

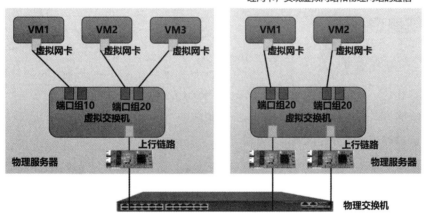

图6-26　虚拟化网络架构

虚拟交换机中包括两个核心组件：端口组和上行链路。端口组代表一个 VLAN，里面包含同一网段的虚拟机。图 6-26 中有两个 VLAN，分别是端口组 10 和端口组 20。上行链路负责将虚拟交换机的流量转发到物理网卡，实现虚拟网络和物理网络的通信。

虚拟交换机在网络中起承上启下的作用。接下来,进一步讨论虚拟网络中的数据转发路径,如图 6-27 所示。

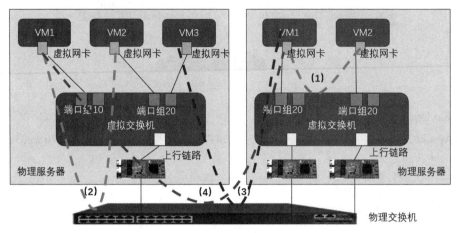

图6-27　虚拟网络中的数据转发路径

路径(1):相同端口组、相同物理服务器上的两台虚拟机通信,只需经过虚拟交换机转发,不需要通过物理网络。

路径(2):不同端口组、相同物理服务器上的两台虚拟机通信,需要经过物理交换机转发。

路径(3):相同端口组、不同物理服务器上的两台虚拟机通信,需要经过物理交换机转发。

路径(4):不同端口组、不同物理服务器上的两台虚拟机通信,需要经过物理交换机转发。

6.7.7　链路虚拟化

接下来介绍链路虚拟化。

链路虚拟化的一种常用技术是 VPC(Virtual Port Channel,虚链路聚合)。它是一种二层虚拟化技术,能够将多个物理端口绑定在一起,虚拟成一个逻辑端口,如图 6-28 所示。VPC 的设计目标是增加链路带宽,并提高链路可靠性。

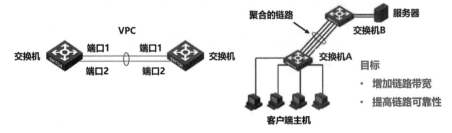

图6-28　链路虚拟化——虚链路聚合

第二种链路虚拟化技术是隧道协议。隧道协议（Tunnel Protocol）的主要作用是使多个不同协议的网络实现互联，比如以太网、x.25 网络、令牌环网等的互联互通。使用隧道传输的数据可以是不同协议的数据帧或包。隧道可以将数据流强制送到特定目的地址，并隐藏中间节点的网络地址，还可以根据需要提供数据加密功能。

典型隧道协议主要有：GRE（Generic Routing Encapsulation，通用路由封装）和 IPSec（Internet Protocl Security，互联网协议安全）。GRE 主要用于为不同网络建立隧道，IPSec 则用于提供安全服务。

在图 6-29 中，公司 A 和公司 B 使用的网络协议是不同的，一个是以太网，一个是令牌环网。双方之间本来是无法通信的。那么如何通信呢？可以使用 GRE 建立一条隧道，使两者能够互联；还可以使用 IPSec 建立一些安全规则，比如对用户身份进行认证。

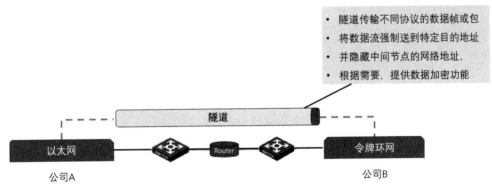

图6-29　链路虚拟化——隧道协议

6.7.8　虚拟网络

虚拟网络，就是由虚拟链路构建的网络。虚拟网络的节点不是使用物理线缆连接的，而是使用特定的虚拟化链路连接的。典型的虚拟网络有：1）VPN（Virtual Private Network，虚拟专用网），通过公共网络传递内部消息，利用加密隧道实现安全、保密传输；2）层叠网络。

VPN 常用于大型企业内部的不同地域，如图 6-30 所示，比如分公司、不同数据中心、出差员工等与公司内部借助互联网实现安全通信。VPN 通过公共网络（如互联网）传递内部消息，利用加密隧道实现安全、保密传输。例如，出差员工想访问企业内网资源（登录财务系统等），就可以使用 VPN 来实现。公司需要给出差员工一个用户凭证（用户、密码），通过身份认证后，就可以访问内网资源了，而且安全性很高。VPN 可以实现在不安全的网络上进行信息的安全传输。

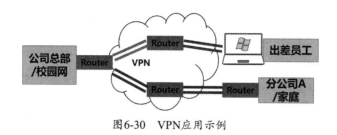

图6-30　VPN应用示例

6.8　本章小结

虚拟化就是把物理资源转变为逻辑上可以管理的资源，以打破物理结构之间的壁垒。虚拟化的好处是所有的资源都透明地运行在各种各样的物理平台上，资源的管理都将按逻辑方式进行，完全实现资源的自动化分配。

具体的虚拟化实现方式可以分为计算虚拟化、存储虚拟化、网络虚拟化和桌面虚拟化。

本章重点介绍了计算虚拟化中的 CPU 虚拟化，读者需要重点掌握如下要点。

（1）全虚拟化

VMM 完整模拟了底层硬件，GuestOS 无须做任何修改即可运行。用户应用运行在 Ring 3，普通指令可以直接发送到底层执行。GuestOS 运行在 Ring 1，执行特权指令时触发 CPU 异常，运行在 Ring 0 的 VMM 捕获异常，进行二进制翻译 BT（Binary Translation）和模拟执行，返回 GuestOS，GuestOS 认为指令正常执行。该过程对 VMM 系统管理开销、指令执行复杂度与性能都有影响。ESXI 属于全虚拟化。

（2）半虚拟化

VMM 只模拟了部分底层硬件，需要修改 GuestOS 对特殊指令进行处理后才能正常运行。GuestOS 运行在 Ring 0，执行特权指令时，通过 Hypercall 直接调用 VMM 的设备接口来执行内核操作，支持异步和批处理。此时无须捕获异常或设备模拟执行，可大幅降低系统处理开销与性能损耗。

（3）硬件辅助虚拟化

Intel VT-x 和 AMD-V 是 X86 平台的两种硬件辅助 CPU 虚拟化技术，引入了新的运行模式和操作指令。VMM 运行在 VMX root 模式，GuestOS 运行在 VMX non-root 模式，两种模式可互换。GuestOS 需要执行特权指令时，通过 VMCall 调用 VMM 的服务，系统自动挂起 GuestOS，切换到 root 模式执行，该过程叫 VM Exit。VMM 也可以调用 VMLaunch 或 VMResume 指令切换到 non-root 模式，系统自动加载运行 GuestOS，该过程叫 VM Entry。通过硬件辅助虚拟化，既解决了全虚拟化的系统开销与性能损耗问题，也避免了半虚拟化下修改 GuestOS 的麻烦与兼容性问题。目前，主流虚拟化产品都支持硬件辅助虚拟化。

6.9　习题

（1）什么是虚拟化？简述虚拟化技术的基本分类。

（2）简述传统数据中心和云计算数据中心的区别。

（3）简述 X86 CPU 权限级别。

（4）在计算虚拟化中，多个虚拟机是如何使用 CPU 的？

（5）什么是半虚拟化？

（6）什么是寄居虚拟化？

（7）什么是存储虚拟化？存储虚拟化能为用户带来哪些好处？

（8）请列举实现存储虚拟化的方法。

（9）请简述存储虚拟化和云存储的关系。

（10）为什么需要网络虚拟化技术？

第7章 分布式存储与批量计算

7.1 分布式的基本思想

在互联网大行其道的今天，各种分布式系统已经司空见惯，如图 7-1 所示。搜索引擎、电商网站、微博、微信、O2O 平台等，凡是涉及大规模用户、高并发访问的，无一不是分布式的。关于分布式系统的架构，并没有一个标准答案，不能说某架构一定是最好的，适用于各种场景的。不同的业务形态所面对的挑战不一样，使用的架构设计也不一样，通常都需要具体业务具体分析。但不管哪种业务、何种分布式系统，有一些基本的思想是相同的。本章首先对这些基本思想进行梳理汇总。

图7-1　互联网领域众多的分布式系统

分布式架构的基本思想包括：分拆、缓存、在线计算/离线计算、全量计算/增量计算、Pull/Push、CAP 定理等，对它们的基本含义进行一个简单的介绍。

（1）分拆

分拆涉及多个方面，包括系统分拆、存储分拆、计算分拆等。

对于一个大的复杂系统，首先想到的就是将其分拆成多个子系统。各个子系统有自己的存储/服务/接口层，各个子系统独立开发、测试、部署、运维。子系统内部又可以分层、分模块，如图 7-2 所示。

对于存储而言，当面对的数据规模非常大时，也需要进行分拆，如图 7-3 所示。对于关系型数据库，如 MySQL 等，就会涉及分库分表。而分库分表，就会涉及切分维度、join 的处理、分布式事务等关键性问题。对于 NoSQL 数据库，比如 MongoDB，其天生就是分布式的，很容易实现数据的分片。对于分布式文件系统，则会把大文件进行分拆，并把分拆出来的数据块分别存储到不同的节点（服务器）上，后面会详细介绍。

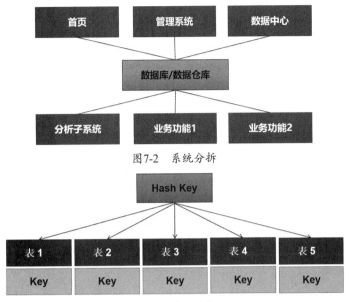

图7-2　系统分拆

图7-3　存储分拆

本章后面会详细介绍一种计算分拆的方法，把大的计算任务分拆成多个子任务，并行执行，如图 7-4 所示。

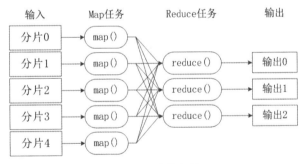

图7-4　计算分拆

（2）缓存

缓存大家都不陌生，遇到性能问题时，首先会想到缓存。关于缓存应用时的一个关键问题是缓存的粒度大小的选择。例如 Twitter 的架构，如图 7-5 所示，缓存的粒度从小到大，有 Row Cache、Vector Cache、Fragment Cache、Page Cache。Fragment Cache 存放了 API 各种请求格式的数据，包括 XML、JSON、RSS、ATOM。粒度越小，重用性越好，但查询需要多次，需要数据拼装。粒度越大，越容易失效，任何一个小的地方改动，都可能造成缓存的失效。

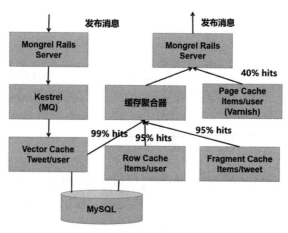

图7-5 Twitter的架构

（3）在线计算/离线计算

在线计算主要用于要求低延迟、实时性强的应用场景，如股票价格、各类工业实时监测分析、舆情实时监测等。可以选择的在线计算工具有 SPARK、STORM、FLINK 等。

在实际业务中，并不是所有业务都需要完全实时的。例如内部针对产品、运营开发的各种报表查询、分析系统，再例如微博的传播过程，从发出一条微博到其他用户能够看到，有几秒甚至 1 分钟的延迟都是可以接受的。类似的非实时需求还包括搜索引擎的索引、推荐系统的推荐结果等。因此，很多应用场景会采用离线计算方式。离线计算的主要特点是：延迟时间长，实时性差，吞吐量大。典型的离线计算工具是 MapReduce。

（4）全量计算/增量计算

全量计算意味着更加精确，但缺点也很明显：消耗系统资源多，且非常耗时。而增量计算意味着每次只对更新的数据进行计算，同时尽量利用之前的历史数据的计算结果，这样可以有效降低计算开销。所以，如果能够满足系统需求，应尽量选择增量计算模式。例如，OceanBase数据库的每次更新存在一个小表里面，定期进行合并；阿里云 RDS 的数据备份默认采用增量方式进行。当然，还有一些应用会同时使用全量+增量的方式，例如搜索引擎的全量索引＋增量索引，前者是为了提高吞吐率，后者是为了提升实时性。

（5）Pull/Push

所有分布式系统都涉及一个基本问题：节点之间（或者两个子系统之间）的状态通知，一个节点状态变更了，要通知另外一个节点。有两种通知策略可选：Pull 和 Push。

Pull 直译为拖拽，也就是通过定期轮询等方式主动从目的地索要数据。例如，节点 B 周期性地去询问节点 A 的状态，并更新自己的状态。

Push 直译为推送，意味着数据或状态发生变化的节点主动把这种变化推送给其他节点。例如，节点 A 收到消息后主动把该消息 Push 给节点 B。

（6）CAP 定理

CAP（Consistency，Availability and Partition tolerance）被称为"布鲁尔的诅咒"。在理论计算机科学中，CAP 定理（CAP theorem）又被称作布鲁尔定理（Brewer's theorem），它指出分布式计算系统不可能同时满足以下三点。

- 一致性（Consistency）：分布式系统中，在同一时刻，不同备份是否具有相同的值。
- 可用性（Availability）：是否对数据更新具有高可用性，即集群中某些节点宕机后，整体是否还能响应客户端请求。
- 分区容忍性（Partition tolerance）：不同节点间不能在时限内达成数据一致，意味着发生了分区，允许分区时丢失信息。

7.2　经典分布式系统——Hadoop

Hadoop 是 Apache 软件基金会旗下的一个开源分布式计算平台，为用户提供了系统底层细节透明的分布式基础架构。Hadoop 基于 Java 开发，具有很好的跨平台特性，并且可以部署在廉价的计算机集群中。Hadoop 的核心组件包括分布式文件系统 HDFS、分布式计算框架 MapReduce 和资源调度框架 YARN。Hadoop 被公认为行业大数据标准开源软件，在分布式环境下提供海量数据的处理能力。几乎所有主流厂商都围绕 Hadoop 提供开发工具、开源软件、商业化工具和技术服务，谷歌、雅虎、微软、思科、淘宝等都支持 Hadoop。

7.2.1　Hadoop 的发展历史

Hadoop 最初是由 Apache Lucene 项目的创始人 Doug Cutting 开发的文本搜索库。Hadoop 源自 2002 年的 Apache Nutch 项目，它是一个开源的网络搜索引擎，是 Lucene 项目的子项目。

2003 年，谷歌发表论文介绍 GFS（Google File System）。2004 年，Nutch 项目模仿 GFS 开发了自己的分布式文件系统 NDFS（Nutch Distributed File System），它是 HDFS 的前身。2004 年，谷歌又发表了另一篇具有深远影响的论文，阐述了 MapReduce 分布式编程思想。2005 年，Nutch 开源实现了谷歌的 MapReduce。

2006 年 2 月，Nutch 中的 NDFS 和 MapReduce 开始独立出来，成为 Lucene 项目的一个子项目，称为 Hadoop。同年，Doug Cutting 加盟 Yahoo（雅虎）。

2008 年 1 月，Hadoop 正式成为 Apache 顶级项目，也逐渐开始被 Yahoo 之外的其他公司使用。

2008 年 4 月，Hadoop 打破世界纪录，成为最快排序 1TB 数据的系统。它采用一个由 910 个节点构成的集群进行运算，排序时间只用了 209 秒。

2009 年 5 月，Hadoop 更是把 1TB 数据排序时间缩短到 62 秒。Hadoop 从此名声大震，迅速发展为大数据时代最具影响力的开源分布开发平台，并成为事实上的大数据处理标准。Hadoop 的发展历史如图 7-6 所示。

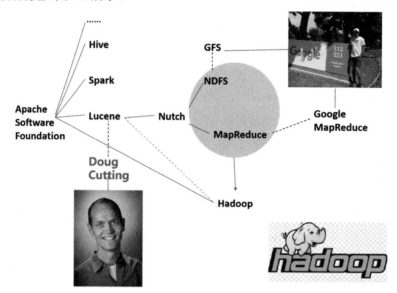

图7-6　Hadoop的发展历史

7.2.2　Hadoop 的特性

Hadoop 是一个能够对大量数据进行分布式处理的软件框架，并且是从一种可靠、高效、可伸缩的方式进行处理的，它有以下几方面特性，如图 7-7 所示。

图7-7　Hadoop的特性

- 高可靠性：采用冗余数据存储方式，即使一个副本发生故障，其他副本也可以保证对外提供文件访问服务。
- 高效性：支持并行分布式计算。作为并行分布式计算平台，Hadoop 采用分布式存储和分布式处理两大核心技术，能够高效处理 PB 级别的数据。

- 高可扩展性：Hadoop 的设计目标是可以高效稳定地运行在廉价的计算机集群上，可以扩展到数以千计的计算机节点上。
- 高容错性：采用冗余数据存储方式，自动保存数据的多个副本，并且能够自动对失败的任务进行重新分配。
- 成本低：Hadoop 采用廉价的计算机集群，普通的用户也可以在个人电脑上搭建环境。
- 运行在 Linux 平台上：Hadoop 是基于 Java 语言开发的，可以较好地运行在 Linux 平台上。
- 支持多种编程语言：如 C++等。

在高容错性方面，Hadoop 实现了对三类故障的容忍。

- NameNode 故障应对方法：使用 Second NameNode 做冷备份，使用 NameNodeHA 进行双机热备份。
- DataNode 故障应对方法：心跳机制和多副本冗余机制。
- 数据错误应对方法：多副本冗余机制。

7.2.3　Hadoop 的应用领域

Hadoop 目前主要的应用领域包括互联网和工业监测领域，如图 7-8 所示。

图7-8　Hadoop的应用领域

（1）互联网领域

- Yahoo：搜索引擎、数据挖掘与分析、数据排序。
- Facebook：Facebook 作为全球知名的社交网站，主要将 Hadoop 用于日志处理、推荐系统和数据仓库等方面。
- 百度：百度将 Hadoop 用于数据挖掘与分析、日志分析平台、数据仓库系统、推荐引擎系统、凤巢广告特征抽取与建模、点击计费和反作弊、用户行为分析系统、网盟策略的流式计算等。
- 阿里巴巴：阿里巴巴将 Hadoop 用于数据平台系统、搜索支撑、广告系统、数据魔方、量子统计、淘数据、推荐引擎系统、搜索排行榜等。

（2）工业监测领域

- 华电天仁利用 Hadoop 存储和分析风电监测数据。
- Cloudera 公司设计并实施了基于 Hadoop 平台的智能电网在田纳西河流域管理局的项目，帮助美国电网管理了数百 TB 的 PMU 数据。
- 日本 Kyushu 电力公司使用 Hadoop 云计算平台对海量的电力系统用户消费数据进行快速并行分析。

7.2.4 应用规模

Hadoop 在百度和阿里巴巴等互联网企业的应用规模如图 7-9 所示。2007 年，Yahoo 在桑尼维尔总部建立了 M45——一个包含 4000 个处理器和 1.5PB 容量的 Hadoop 集群系统。截止到 2012 年，百度 Hadoop 总的集群规模超过 7 个，单集群超过 2800 台机器节点，Hadoop 机器总数超过 15000 台，总的存储容量超过 100PB，每天提交的作业数目超过 6600 个，每天的输入数据量超过 7500TB，输出数据量超过 1700TB。截止到 2012 年，阿里巴巴的 Hadoop 集群总体规模大约有 3200 台服务器、物理 CPU 30000 核心、总内存 100TB，总存储容量超过 60PB，每天的作业数目超过 150000 个，每天 Hive 查询大于 6000 次，每天扫描数据量约为 7.5PB，为淘宝、天猫、一淘、聚划算、CBU、支付宝提供底层的基础计算和存储服务。

图7-9 Hadoop的应用规模

7.2.5 Hadoop 的应用架构

Hadoop 的应用架构通常分为三层：数据源层、大数据层和访问层，如图 7-10 所示。

数据源层包括用于数据分析任务的多种数据来源，常见的数据源包括关系数据库、日志数据、文档数据、来自外部系统的气象数据以及地理信息数据等。

大数据层包括多种存储引擎、计算引擎以及上层中间件工具。在 Hadoop 应用架构中，存储引擎主要是 HDFS 和 HBase，计算引擎主要包括 MapReduce、Spark 等分布式并行计算框架。基于计算引擎，还有一些方便用户操作的中间件工具，如 Hive、Pig、Solr 等。其中，Solr 是一种搜索引擎服务，用于全文搜索，其发音同 Solar。Solr 的前身是 Solar，该项目于 2004 年秋天由 CNET 启动，2005 年夏天，CNET 产品目录搜索开始使用 Solar。2006 年 1 月，CNET 把这个搜索项目的代码捐赠给 Apache 并命名为 Solr，该命名不仅仅是去掉了一个字母 a，而且赋予了这个单词一个新的含义：Searching on lucenew/replication。

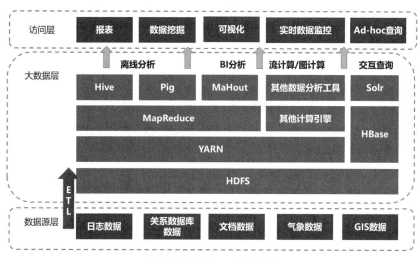

图 7-10　Hadoop 应用架构

Hive 是一种基于 HDFS 和 MapReduce 的数据仓库产品，提供了类似 SQL 的 HQL 接口，有效降低了在 Hadoop 上进行数据分析的门槛和难度。Pig 的功能与 Hive 有一定的重合，在某些场景下两者可以相互替代。两者最主要的区别是访问接口不同，Pig 使用 Pig Latin 脚本语言进行数据分析。Hive 和 Pig 的操作描述最终都在 MapReduce 或 Spark 执行引擎上执行。MaHout 是一个基于 MapReduce 的机器学习库，提供了很多经典的机器学习算法的 MapReduce 实现，用于完成对大数据的并行化复杂 BI 分析任务。

应用架构的最上层是访问层，主要提供了数据报表、数据可视化、Ad-hoc 查询等应用层工具和技术。

7.2.6　Hadoop 的版本

Hadoop 目前已经发行了 1.0、2.0 和 3.0 版本，其组件组成也发生了很大的变化。Hadoop 版本的演进如图 7-11 所示。

Hadoop 1.0 只包含两个组件——HDFS 和 MapReduce，细节会在接下来的章节进行具体介绍。

Hadoop 2.0 由 HDFS、MapReduce 和 YARN 三个组件构成。其中，YARN 是资源管理组件。

资源指集群中的节点以及每个节点上的 CPU 资源、内存资源等。YARN 把资源以 Container（容器）的形式封装，并分配给数据分析作业。图 7-11 中的 Others 指的是除 MapReduce 之外的其他计算引擎，如 Spark 等。在 Hadoop 2.0 版本中，YARN 被称为资源管理系统或资源管理框架，MapReduce、Spark 被称为计算引擎，从 YARN 请求资源，只负责执行程序。

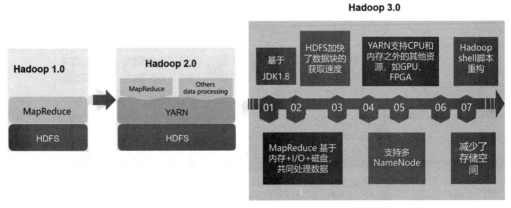

图7-11　Hadoop版本的演进

Hadoop 3.0 对 2.0 架构进行了进一步的改进，增加了很多新的特性。最显著的改进包括：支持除 CPU 和内存之外的其他资源，如 GPU、FPGA 的管理；MapReduce 被设计为基于内存+I/O+磁盘共同处理数据，使得其数据处理性能得到显著提升；支持多 NameNode 等。

Hadoop 的发行版本，除了最核心的 Apache Hadoop 外，Cloudera、Hortonworks、MapR、星环等都提供了自己的商业版本。这些商业版本主要提供了更为专业的技术支持，这对于大型企业更为重要。不同版本有自己的一些特点，如表 7-1 所示。

表 7-1　Hadoop 的不同版本及其特点

厂商名称	开放性	易用性（★）	平台功能	性能（★）	本地支持	总体评价（★）
Apache	完全开源	2	基准	2	没有	2
Cloudera	与 Apache 功能同步，部分开源	5	有自主研发产品：Impala、Navigator	4.5	上海	4.5
Hortonworks	与 Apache 功能同步，完全开源	5	Apache Hadoop 最大贡献者，如 Tez	4.5	没有	4.5
MapR	在 Apache 的版本基础上改动较大	5	在优化 Apache Hadoop 基础上形成自己的产品	5	没有	3.5
星环	底层优化较多，完全封闭平台	4.5	有自主产品，如 Hyperbase 等	4	本地厂商	4

用户在选择 Hadoop 版本时通常要考虑的因素包括：是否开源（即是否免费）、是否有稳定版、是否经过实践检验以及是否有强大的社区支持。

7.2.7　Hadoop 的生态系统

如前所述，Hadoop 本身其实只包括 HDFS、MapReduce 和 YARN 三个组件。但是伴随着应用场景的不断扩大，Hadoop 的影响力不断提升，很多新的相关软件和工具不断融入其中，成长为一个庞大的生态系统。只要和海量数据相关的领域，都有 Hadoop 的身影。图 7-12 是一个 Hadoop 生态系统的图谱，详细列举了在 Hadoop 这个生态系统中出现的各种数据工具。

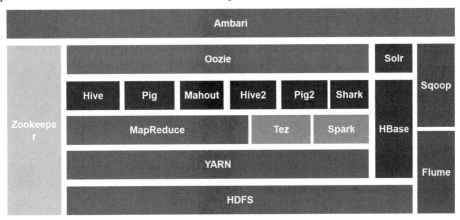

图7-12　Hadoop的生态系统

Hadoop 生态系统成员的简要介绍如表 7-2 所示。

表 7-2　Hadoop 生态系统成员的简要介绍

成员	简要介绍
HDFS	分布式文件系统
MapReduce	分布式并行编程模型
YARN	资源管理和调度器
Tez	运行在 YARN 之上的下一代 Hadoop 查询处理框架，它会将很多 MapReduce 任务分析优化后构建一个有向无环图，保证最高的工作效率
Hive	Hadoop 上的数据仓库
HBase	Hadoop 上的非关系型分布式数据库
Pig	一个基于 Hadoop 的大规模数据分析平台，提供类似 SQL 的查询语言 Pig Latin
Sqoop	用于在 Hadoop 与传统数据库之间进行数据传递
Oozie	Hadoop 上的工作流管理系统

成员	简要介绍
Zookeeper	提供分布式协调一致性服务
Flume	一个高可用、高可靠、分布式的海量日志采集、聚合和传输系统
Shark	基于 Spark 设计的大型数据仓库系统，与 Apache Hive 兼容，性能更优
Mahout	基于 Hadoop 的机器学习库
Solr	企业级搜索应用服务，对外提供类似于 Web Service 的 API 接口
Ambari	Hadoop 快速部署工具，支持 Apache Hadoop 集群的供应、管理和监控
Spark	类似于 Hadoop MapReduce 的通用并行框架

7.3 Hadoop 的安装部署实验

7.3.1 Hadoop 的部署模式

Hadoop 的部署模式分为三种：本地模式、伪分布模式、完全分布模式。

（1）本地模式

这种模式在一台单机上运行，没有 HDFS 分布式文件系统，而是直接读写本地操作系统中的文件系统。在本地模式中，不存在守护进程，所有进程都运行在一个 JVM 上。该模式适用于开发阶段运行 MapReduce 程序，也是最少使用的一个模式。

（2）伪分布模式

这种模式在单台服务器上模拟 Hadoop 的完全分布模式，单机上的分布式并不是真正的分布式，而是使用线程模拟的分布式。所有守护进程（NameNode、DataNode、ResourceManager、NodeManager、Secondary NameNode）都在同一台机器上运行。因为伪分布模式的 Hadoop 集群只有一个节点，所以 HDFS 中的块复制将限制为单个副本，其 secondary-master 和 slave 也都将运行于本地主机。这种模式除了并非真正意义的分布式，其程序执行逻辑完全类似于完全分布模式，因此常用于开发人员测试程序的执行。下一节就描述了伪分布模式环境的搭建过程。

（3）完全分布模式

这种模式通常被用于生产环境，使用多台主机组成一个 Hadoop 集群，Hadoop 守护进程运行在每台主机之上。这里会存在 NameNode 运行的主机、DataNode 运行的主机以及 Secondary NameNode 运行的主机。在完全分布模式环境下，主节点和从节点会分开。

7.3.2　Hadoop 伪分布模式环境搭建

（1）系统环境

运行 Oracle VirtualBox 虚拟化软件，创建虚拟机。虚拟机的类型选择 Ubuntu-64bit 版本，基本配置要求 1GB 内存、10GB 磁盘。

提前下载镜像文件 ubuntu-16.04.6-desktop-amd64.iso，在 VirtualBox 操作界面下依次选择"设置虚拟机"→"存储"→"控制器 IDE"→"添加虚拟光盘文件"选项，完成镜像文件的加载，并按照向导指引安装操作系统。

（2）任务步骤

1）创建一个新用户及用户组。

创建一个用户，名为 Tom，并为此用户创建 home 目录，此时会默认创建一个与 Tom 同名的用户组：

```
sudo useradd -d /home/Tom -m Tom
```

为 Tom 用户设置密码，执行下面的语句：

```
sudo passwd Tom
```

按提示消息，输入密码以及确认密码即可，此处密码设置为 Tom。

将 Tom 用户的权限提升到 sudo 超级用户级别：

```
sudo usermod -G sudo Tom
```

后续操作需要切换到 Tom 用户下进行：

```
su - Tom
```

2）配置 SSH 免密码访问。

SSH 免密码访问需要在服务器执行以下命令，生成公钥和私钥对：

```
ssh-keygen -t rsa
```

此时会有多处提醒输入，在冒号后输入文本，主要是要求输入 ssh 密码以及密码的放置位置。在这里，只需要使用默认值，按回车键即可。

```
1.  Tom@b6b1577cfbc8:/apps$ ssh-keygen -t rsa
2.  Generating public/private rsa key pair.
3.  Enter file in which to save the key (/home/Tom/.ssh/id_rsa):
4.  Created directory '/home/Tom/.ssh'.
5.  Enter passphrase (empty for no passphrase):
6.  Enter same passphrase again:
7.  Your identification has been saved in /home/Tom/.ssh/id_rsa.
8.  Your public key has been saved in /home/Tom/.ssh/id_rsa.pub.
```

```
9.   The key fingerprint is:
10.  b3:00:c6:75:86:d6:8b:17:45:c6:7d:a1:74:aa:16:a7 Tom@b6b1577cfbc8
11.  The key's randomart image is:
12.  +--[ RSA 2048]----+
13.  |   .oo++.. o.   |
14.  |  . .ooo....+.  |
15.  |  +. . o. +.   |
16.  |  . ... o =    |
17.  |   ..S E      |
18.  |    . +       |
19.  |    .         |
20.  |             |
21.  |             |
22.  +-----------------+
23.  Tom@b6b1577cfbc8:/apps$
```

此时，ssh 公钥和私钥已经生成完毕且放置在~/.ssh 目录下。切换到~/.ssh 目录下：

```
cd ~/.ssh
```

可以看到~/.ssh 目录下的文件：

```
1.  Tom@b6b1577cfbc8:~/.ssh$ ll
2.  总用量 16
3.  drwx------ 2 Tom Tom 4096 11月 1 06:37 ./
4.  drwxr-xr-x 51 Tom Tom 4096 11月 1 06:37 ../
5.  -rw------- 1 Tom Tom 1675 11月 1 06:37 id_rsa
6.  -rw-r--r-- 1 Tom Tom 402 11月 1 06:37 id_rsa.pub
7.  Tom@b6b1577cfbc8:~/.ssh$
```

下面，在~/.ssh 目录下创建一个空文本，名为 authorized_keys：

```
touch ~/.ssh/authorized_keys
```

将存储公钥文件的 id_rsa.pub 里的内容追加到 authorized_keys 中：

```
cat ~/.ssh/id_rsa.pub >> ~/.ssh/authorized_keys
```

下面执行 ssh localhost 测试 ssh 配置是否正确：

```
ssh localhost
```

第一次使用 ssh 访问，会提醒是否继续连接，输入"yes"继续进行，执行完以后退出：

```
1.  Tom@b6b1577cfbc8:~/.ssh$ ssh localhost
2.  The authenticity of host 'localhost (127.0.0.1)' can't be established.
3.  ECDSA key fingerprint is 72:63:26:51:c7:2a:9e:81:24:55:5c:43:b6:7c:14:10.
4.  Are you sure you want to continue connecting (yes/no)? yes
5.  Warning: Permanently added 'localhost' (ECDSA) to the list of known hosts.
```

```
6.  Welcome to Ubuntu 14.04.2 LTS (GNU/Linux 3.16.0-23-generic x86_64)
7.   * Documentation: https://help.ubuntu.com/
8.  Last login: Tue Nov 1 06:04:05 2016 from 192.168.1.179
9.  Tom@b6b1577cfbc8:~$
10. Tom@b6b1577cfbc8:~$ exit
11. 注销
12. Connection to localhost closed.
13. Tom@b6b1577cfbc8:~/.ssh$
```

后续再执行 ssh localhost 时，就不用输入密码了。

3）创建两个目录，用于存放安装程序及数据：

```
sudo mkdir /apps
sudo mkdir /data
```

为/apps 和/data 目录切换所属的用户及用户组为 Tom:Tom：

```
sudo chown -R Tom:Tom /apps
sudo chown -R Tom:Tom /data
```

两个目录的作用分别为：/apps 目录用来存放安装的框架，/data 目录用来存放临时数据、HDFS 数据、程序代码或脚本。

切换到根目录下，执行 ls -l 命令：

```
1.  cd /
2.  ls -l
```

可以看到，根目录下/apps 和/data 目录所属的用户及用户组已切换为 Tom:Tom：

```
1.  drwxr-xr-x 171 root  root   4096 11月 2 01:56 ./
2.  drwxr-xr-x 171 root  root   4096 11月 2 01:56 ../
3.  drwxr-xr-x 4 Tom Tom 4096 11月 1 02:39 apps/
4.  drwxr-xr-x 2 root  root   4096 11月 1 02:56 bin/
5.  drwxr-xr-x 2 root  root   4096 4月 10 2014 boot/
6.  drwxr-xr-x 2 Tom Tom 4096 11月 2 01:56 data/
7.  -rw-r--r-- 1 root  root  193531 8月 17 10:04 desk.jpg
```

4）配置 HDFS。

创建/data/hadoop1 目录，用来存放相关安装工具，如 JDK 安装包 jdk-7u75-linux-x64.tar.gz 及 Hadoop 安装包 hadoop-2.6.0-cdh5.4.5.tar.gz。

```
mkdir -p /data/hadoop1
```

下载所需的安装包 jdk-7u75-linux-x64.tar.gz 及 hadoop-2.6.0-cdh5.4.5.tar.gz，并将其复制到所创建的/data/hadoop1 目录下。

5）安装 JDK。将/data/hadoop1 目录下的 jdk-7u75-linux-x64.tar.gz 解压缩到/apps 目录下：

```
tar -xzvf /data/hadoop1/jdk-7u75-linux-x64.tar.gz -C /apps
```

其中，tar -xzvf 对文件进行解压缩；-C 指定解压后，将文件放到 /apps 目录下。

切换到 /apps 目录下，可以看到内容如下：

```
1.  cd /apps/
2.  ls -l
```

将 jdk1.7.0_75 目录重命名为 java：

```
mv /apps/jdk1.7.0_75/ /apps/java
```

6）修改环境变量：系统环境变量或用户环境变量。这里修改用户环境变量。

```
sudo vim ~/.bashrc
```

输入上面的命令，打开存储环境变量的文件。空几行，将 Java 的环境变量追加进用户环境变量中：

```
1.  #java
2.  export JAVA_HOME=/apps/java
3.  export PATH=$JAVA_HOME/bin:$PATH
```

按 Esc 键，进入 vim 命令模式，输入:wq !进行保存。

执行 source 命令，让 Java 环境变量生效。执行完毕后，可以输入 Java 来测试环境变量是否配置正确。

```
source ~/.bashrc
```

7）安装 Hadoop。切换到 /data/hadoop1 目录下，将 hadoop-2.6.0-cdh5.4.5.tar.gz 解压缩到/apps 目录下：

```
1.  cd /data/hadoop1
2.  tar -xzvf /data/hadoop1/hadoop-2.6.0-cdh5.4.5.tar.gz -C /apps/
```

为了便于操作，将 hadoop-2.6.0-cdh5.4.5 重命名为 hadoop：

```
mv /apps/hadoop-2.6.0-cdh5.4.5/ /apps/hadoop
```

8）修改用户环境变量，将 Hadoop 的路径添加到 path 中。先打开用户环境变量文件：

```
sudo vim ~/.bashrc
```

将以下内容追加到环境变量~/.bashrc 文件中。

```
1.  #hadoop
2.  export HADOOP_HOME=/apps/hadoop
3.  export PATH=$HADOOP_HOME/bin:$PATH
```

让环境变量生效：

```
source ~/.bashrc
```

验证 Hadoop 环境变量配置是否正确：

```
hadoop version
```

9）修改 Hadoop 本身相关的配置。首先切换到 hadoop 配置目录下：

```
cd /apps/hadoop/etc/hadoop
```

10）输入 vim /apps/hadoop/etc/hadoop/hadoop-env.sh，打开 hadoop-env.sh 配置文件：

```
vim /apps/hadoop/etc/hadoop/hadoop-env.sh
```

将 JAVA_HOME 追加到 hadoop-env.sh 文件中：

```
export JAVA_HOME=/apps/java
```

11）输入 vim /apps/hadoop/etc/hadoop/core-site.xml，打开 core-site.xml 配置文件：

```
vim /apps/hadoop/etc/hadoop/core-site.xml
```

添加下面的配置到<configuration>与</configuration>标签之间。

```
1.  <property>
2.  <name>hadoop.tmp.dir</name>
3.  <value>/data/tmp/hadoop/tmp</value>
4.  </property>
5.  <property>
6.  <name>fs.defaultFS</name>
7.  <value>hdfs://localhost:9000</value>
8.  </property>
```

这里有两项配置：

一项是 hadoop.tmp.dir，配置 Hadoop 处理过程中临时文件的存储位置。这里的目录 /data/tmp/hadoop/tmp 需要提前创建：

```
mkdir -p /data/tmp/hadoop/tmp
```

另一项是 fs.defaultFS，配置 Hadoop HDFS 文件系统的地址。

12）输入 vim /apps/hadoop/etc/hadoop/hdfs-site.xml，打开 hdfs-site.xml 配置文件：

```
vim /apps/hadoop/etc/hadoop/hdfs-site.xml
```

添加下面的配置到<configuration>与</configuration>标签之间。

```
1.  <property>
2.  <name>dfs.NameNode.name.dir</name>
3.  <value>/data/tmp/hadoop/hdfs/name</value>
4.  </property>
5.  <property>
6.  <name>dfs.DataNode.data.dir</name>
7.  <value>/data/tmp/hadoop/hdfs/data</value>
8.  </property>
9.  <property>
10. <name>dfs.replication</name>
11. <value>1</value>
12. </property>
13. <property>
14. <name>dfs.permissions.enabled</name>
15. <value>false</value>
16. </property>
```

配置项说明：

dfs. NameNode.name.dir，配置元数据信息存储位置。

dfs.DataNode.data.dir，配置具体数据存储位置。

dfs.replication，配置每个数据库备份数。由于目前我们使用 1 个节点，所以设置为 1；如果设置为 2 的话，运行会报错。

dfs.permissions.enabled，配置 HDFS 是否启用权限认证。

另外，/data/tmp/hadoop/hdfs 目录需要提前创建，所以需要执行以下语句：

```
mkdir -p /data/tmp/hadoop/hdfs
```

13）输入 vim /apps/hadoop/etc/hadoop/slaves，打开 slaves 配置文件：

```
vim /apps/hadoop/etc/hadoop/slaves
```

将集群中 Slave 角色的节点的主机名添加进 slaves 文件中。目前只有一个节点，所以 slaves 文件内容为：

```
localhost
```

14）格式化 HDFS 文件系统：

```
hadoop NameNode -format
```

15）切换到/apps/hadoop/sbin 目录下：

```
cd /apps/hadoop/sbin/
```

16）启动 Hadoop 的 HDFS 相关进程：

```
./start-dfs.sh
```

这里只会启动 HDFS 的相关进程。

17）输入 jps，查看 HDFS 相关进程是否已经启动：

```
jps
```

可以看到，相关进程都已经启动。

18）进一步验证 HDFS 的运行状态。在 HDFS 上创建一个目录：

```
hadoop fs -mkdir /myhadoop1
```

19）执行下面的命令，查看目录是否创建成功：

```
hadoop fs -ls -R /
```

以上便是 HDFS 的安装过程。

20）下面来配置 MapReduce。再次切换到 Hadoop 配置文件目录：

```
cd /apps/hadoop/etc/hadoop
```

21）将 MapReduce 的配置文件 mapred-site.xml.template 重命名为 mapred-site.xml：

```
mv /apps/hadoop/etc/hadoop/mapred-site.xml.template
/apps/hadoop/etc/hadoop/mapred-site.xml
```

22）输入 vim /apps/hadoop/etc/hadoop/mapred-site.xml，打开 mapred-site.xml 配置文件：

```
vim /apps/hadoop/etc/hadoop/mapred-site.xml
```

将 MapReduce 的相关配置添加到<configuration>与</configuration>标签之间。

```
1.  <property>
2.  <name>mapreduce.framework.name</name>
3.  <value>yarn</value>
4.  </property>
```

这里指定 MapReduce 任务处理所使用的框架。

23）输入 vim /apps/hadoop/etc/hadoop/yarn-site.xml，打开 yarn-site.xml 配置文件：

```
vim /apps/hadoop/etc/hadoop/yarn-site.xml
```

将 YARN 的相关配置添加到<configuration>与</configuration>标签之间。

```
1.  <property>
2.  <name>yarn.nodemanager.aux-services</name>
3.  <value>mapreduce_shuffle</value>
4.  </property>
```

这里的配置是指定所用服务，默认为空。

24）下面来启动计算层面的相关进程，切换到 Hadoop 启动目录：

```
cd /apps/hadoop/sbin/
```

25）执行命令，启动 YARN：

```
./start-yarn.sh
```

26）输入 jps，查看当前运行的进程。

27）执行测试。切换到/apps/hadoop/share/hadoop/mapreduce 目录下：

```
cd /apps/hadoop/share/hadoop/mapreduce
```

然后，在该目录下运行一个 MapReduce 程序，检测 Hadoop 是否能正常运行：

```
hadoop jar hadoop-mapreduce-examples-2.6.0-cdh5.4.5.jar pi 3 3
```

这个程序用于计算数学中的 π 值，计算结果的精度可能不是很理想，但只要运行出结果即表明程序运行正常，Hadoop 环境正常。Hadoop 安装完成。

7.4 HDFS

从本节开始，我们逐一介绍 Hadoop 的三个核心组件的基本概念和基本原理。

7.4.1 HDFS 概述

HDFS（Hadoop Distributed File System，Hadoop 分布式文件系统），是指被设计成适合运行在通用硬件（Commodity Hardware）上的分布式文件系统。它和现有的分布式文件系统有很多共同点。但同时，它和其他分布式文件系统的区别也是很明显的。HDFS 是一个高度容错性的系统，适合部署在廉价的机器上。HDFS 能提供高吞吐量的数据访问，非常适合大规模数据集上的应用。HDFS 放宽了一部分 POSIX 约束，来实现流式读取文件系统数据的目的。HDFS 在最开始是作为 Apache Nutch 搜索引擎项目的基础架构而开发的。HDFS 是 Apache Hadoop Core 项目的一部分。

与多个处理器和专用高级硬件的并行化处理设备不同，HDFS 所采用的计算机集群可以由普通硬件构成，降低了硬件上的开销。计算机集群结构如图 7-13 所示。

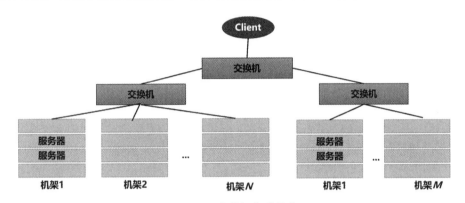

图7-13　计算机集群结构

HDFS 在物理结构上是由计算机集群中的多个节点构成的。HDFS 本身采用了主从（Master/Slave）结构模型，也就是说，这些节点分为两类，一类叫 Master Node （主节点），也被称为 NameNode（名称结点）；另一类叫 Slave Node （从节点），也被称为 DataNode（数据节点），如图 7-14 所示。一个 HDFS 集群包括一个 NameNode 和若干 DataNode。NameNode 作为中心服务器，负责管理文件系统的命名空间及客户端对文件的访问。集群中的 DataNode 一般是一个节点运行一个数据节点进程，负责处理文件系统客户端的读/写请求，在 NameNode 的统一调度下进行块的创建、删除和复制等操作。每个 DataNode 的数据实际上是保存在本地 Linux 文件系统中的。Secondary NameNode 主要用于辅助 NameNode 进行数据更新。Client（客户端）可以位于集群内部或者集群之外，从 NameNode 获取 Metadata（元数据），与 DataNode 进行数据通信。

接下来介绍一下 HDFS 的设计特性和它的局限性。

HDFS 的设计目标包括：兼容廉价的硬件设备、流式数据访问、大规模数据集、简单的一致性模型、异构软硬件平台间的可移植性等，如图 7-15 所示。

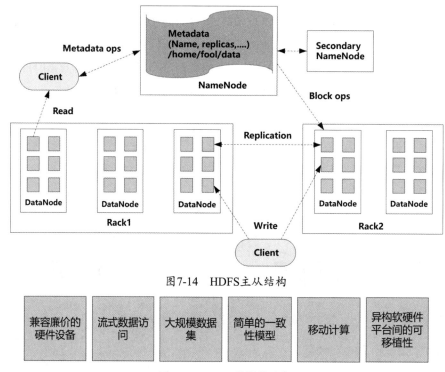

图7-14　HDFS主从结构

| 兼容廉价的硬件设备 | 流式数据访问 | 大规模数据集 | 简单的一致性模型 | 移动计算 | 异构软硬件平台间的可移植性 |

图7-15　HDFS的设计目标

- 兼容廉价的硬件设备

硬件错误是常态。HDFS 可能由成百上千的服务器所构成，每个服务器上存储着文件系统的部分数据。构成系统的组件数目是巨大的，而且任一组件都有可能失效，这意味着总是有一部分 HDFS 的组件是不工作的。因此，错误检测和快速、自动恢复是 HDFS 最核心的架构目标。HDFS 通过软件容错的方式应对硬件错误。

- 流式数据访问

运行在 HDFS 上的应用程序和普通的应用程序不同，需要流式访问它们所需的数据集。HDFS 的设计中更多地考虑到了数据批处理，而不是用户交互处理。与数据访问低延迟相比，HDFS 更加追求数据访问高吞吐量。POSIX 标准设置的很多硬性约束都没有被 HDFS 应用系统遵循并在一些关键方面对 POSIX 的语义做了修改，以提升吞吐量。

- 大规模数据集

运行在 HDFS 上的应用程序大都需要访问大规模数据集。HDFS 上的典型文件大小为 GB 至 TB 级别，因此 HDFS 被设计为支持大文件存储，提供高数据传输带宽，并能将单个集群扩展到数百个节点甚至更多，HDFS 单集群实例能支撑数以千万计的文件。

- 简单的一致性模型

HDFS 提供了"一次写入、多次读取"的文件访问模型。一个文件经过创建、写入和关闭之后就不需要更新。这一假设简化了数据一致性问题，并且使高吞吐量的数据访问成为可能。MapReduce 应用或者网络爬虫应用等都非常适合这个模型，还计划在将来扩充这个模型，使之支持文件的附加写操作。

- 移动计算

对于一个应用系统，计算离数据越近就越高效，在数据达到海量级别时性能差距更加明显。就地计算能显著降低网络阻塞和网络延迟，提高系统数据的吞吐量。因此，移动计算优于移动数据，HDFS 为应用提供移动计算的相关接口。

- 异构软硬件平台间的可移植性

HDFS 在设计的时候就考虑到了平台间的可移植性。这种特性方便了 HDFS 作为大规模数据应用平台推广。

HDFS 的特殊设计，在实现上述优良特性的同时，也使得自身具有一些应用局限性，主要包括以下几个方面：不适合低延迟数据访问、无法高效存储大量小文件、不支持多用户写入及任意修改文件，如图 7-16 所示。这也充分体现了一个人生哲理：设计不会完美，必须有所取舍。

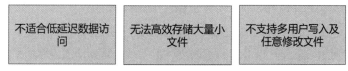

图7-16　HDFS的局限性

7.4.2　HDFS 的基本概念

（1）块（Block）

块是 HDFS 存储数据的基本单位。根据 Hadoop 官网的描述，在 HDFS 2.73 版本之前，块的默认大小是 64MB，之后块的默认大小是 128MB。一个文件被分成多个块，分布式存储数据。HDFS 块的大小远远大于普通文件系统，主要目的是最小化寻址开销（寻址开销用寻址次数进行衡量，块越大，寻址开销越小）。HDFS 块如图 7-17 所示。HDFS 采用抽象的块概念，具有以下几个明显的好处：

- 支持大规模文件存储。文件以块为单位进行存储，一个大规模文件可以被分拆成若干个块，不同的块可以被分发到不同的节点上，因此，一个文件的大小不会受到单个节点的存储容量的限制，可以远远大于网络中任意节点的存储容量。
- 简化系统设计。首先，大大简化了存储管理，因为块大小是固定的，很容易计算出一个节点可以存储多少个块；其次，方便了元数据的管理，元数据不需要和块一起存储，可以由其他系统负责管理。

- 适合数据备份。每个块都可以冗余存储到多个节点上，大大提高了系统的容错性和可用性。

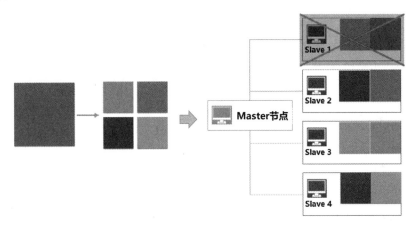

图7-17　HDFS块

（2）NameNode

HDFS 采用主从架构，NameNode 是主节点，DataNode 是从节点。一个 HDFS 集群由一个 NameNode 和若干个 DataNodes 组成。NameNode 通常部署在一台物理服务器上，负责管理文件系统的名字空间（Namespace）以及客户端对文件的访问。DataNode 则负责管理它所在节点上的数据块本地存储。HDFS 暴露了文件系统的名字空间，用户能够以文件的形式在上面存储数据。从内部看，一个文件其实被分成多个块，这些块存储在一组 DataNode 上。NameNode 执行文件系统的名字空间操作，比如打开、关闭、重命名文件或目录。它也负责确定块到具体 DataNode 节点的映射。DataNode 负责处理文件系统客户端的读写请求，在 NameNode 的统一调度下进行块的创建、删除和复制，如图 7-18 所示。

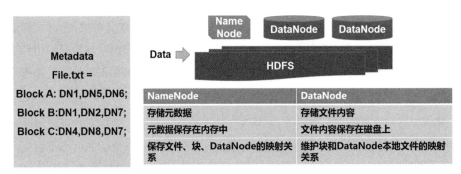

图7-18　NameNode和DataNode

NameNode 负责管理分布式文件系统的命名空间，保存了两个核心的数据结构，FsImage 和 EditLog。NameNode 的数据结构如图 7-19 所示。

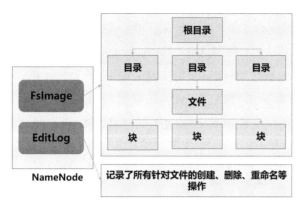

图7-19　NameNode的数据结构

- FsImage

FsImage 本质上是一个文件,用于维护文件树以及文件树中所有的文件和文件夹的元数据,包括文件的复制等级、修改和访问时间、访问权限、块大小以及组成文件的块等信息。

- EditLog

操作日志文件 EditLog 中记录了所有针对文件的创建、删除、重命名等操作。FsImage 文件没有记录块存储在哪个 DataNode,而是由 NameNode 把这些映射保留在内存中,当 DataNode 加入 HDFS 集群时,DataNode 会把自己所包含的块列表告知 NameNode,此后会定期执行这种告知操作,以确保 NameNode 的块映射是最新的。DataNode 可能随时宕机,所以块与 DataNode 的映射表是动态变化的。

EditLog 的工作机制可描述如下:NameNode 运行期间,HDFS 中的更新操作会写到 EditLog 文件中,因为 FsImage 文件一般都很大(GB 级别),如果所有的更新操作都往 FsImage 文件中添加,会导致系统运行得十分缓慢,但是,如果往 EditLog 文件里面写就不会这样,因为 EditLog 要小很多。

- NameNode 的启动

在 NameNode 启动的时候,会将 FsImage 文件中的内容加载到内存中,之后再执行 EditLog 文件中的各项操作,使得内存中的元数据与实际同步。一旦在内存中成功建立文件系统元数据的映射,则创建一个新的 FsImage 文件和一个空的 EditLog 文件。

- NameNode 运行期间 EditLog 不断变大的问题

在 NameNode 运行期间,HDFS 的所有更新操作都是直接写到 EditLog 中的,久而久之,EditLog 文件将会变得很大。虽然这在 NameNode 运行期间是没有什么明显影响的,但是当 NameNode 重启的时候,需要先将 FsImage 里面的所有内容映像到内存中,然后再一条一条地执行 EditLog 中的记录,当 EditLog 文件非常大的时候,便会导致 NameNode 启动非常慢。而在这段时间内,HDFS 系统处于安全模式,一直无法对外提供写操作,影响了用户的使用。

- Secondary NameNode（第 2 名称节点）

那么上述问题如何解决呢？答案是启用 Secondary NameNode。Secondary NameNode 的工作过程如图 7-20 所示。Secondary NameNode 是 HDFS 架构中的一个组成部分，用来保存 NameNode 中对 HDFS 元数据信息的备份，帮助 NameNode 根据 EditLog 执行更新操作，包括实际数据更新和 FsImage 更新，从而减少 NameNode 启动时的时间开销。Secondary NameNode 通常单独运行在一台物理服务器上。

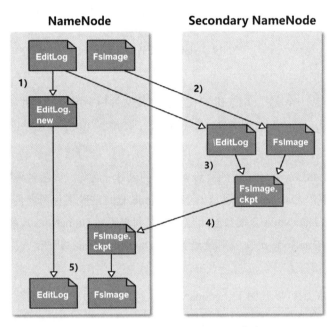

图7-20　Secondary NameNode的工作过程

更新过程描述如下：1）Secondary NameNode 定期和 NameNode 通信，请求其停止使用 EditLog 文件，暂时将新的写操作写到一个新的文件——EditLog.new 上。这个操作是瞬间完成的，上层写日志的函数完全感觉不到差别。2）Secondary NameNode 通过 HTTP GET 方式从 NameNode 上获取 FsImage 和 EditLog 文件，并下载到本地的相应目录下。3）Secondary NameNode 将下载下来的 FsImage 载入到内存，然后一条一条地执行 EditLog 文件中的各项更新操作，使得内存中的 FsImage 保持最新。这个过程就是合并 EditLog 和 FsImage 文件。4）Secondary NameNode 执行完 3）的操作之后，通过 POST 方式将新的 FsImage 文件发送到 NameNode 节点上。5）NameNode 用从 Secondary NameNode 接收到的新的 FsImage 文件替换旧的 FsImage 文件，同时用 EditLog.new 文件替换 EditLog 文件。通过这个过程，EditLog 就变小了，这样就完成了元数据的更新。在更新期间，NameNode 上会创建一个新的 EditLog，用来记录更新期间用户发起的更新操作。

（3）DataNode

DataNode 是 HDFS 的工作节点，负责数据的存储和读取，根据客户端或者 NameNode 调度来进行数据的存储和检索，向 NameNode 定期发送所存储块的列表。每个 DataNode 中的数据会被保存在所在主机的本地 Linux 文件系统中。

7.4.3　HDFS 存储原理

（1）冗余数据保存

作为一个分布式文件系统，为了保证系统的容错性和可用性，HDFS 采用了多副本方式对数据进行冗余存储。通常，一个块的多个副本会被分布到不同的 DataNode 上，如图 7-21 所示，块 1 被分别存放到 DataNode A 和 C 上，块 2 被存放在 DataNode A 和 B 上。这种多副本方式的优点非常明显：加快数据传输速度、容易检查数据错误、保证数据可靠性。

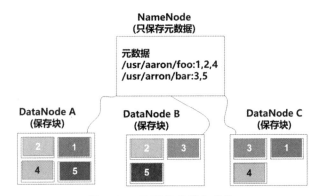

图7-21　HDFS块多副本存储

（2）数据存放策略

HDFS 采用机架感知策略存放数据，如图 7-22 所示。

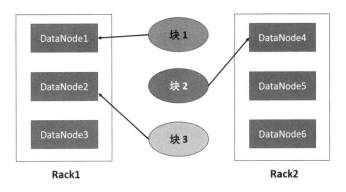

图7-22　机架感知策略

第一个副本放置在上传文件的 DataNode。如果是集群外提交，则随机挑选一台磁盘不太满、CPU 不太忙的节点。第二个副本放置在与第一个副本不同的机架的节点上。第三个副本放置在与第一个副本相同机架的其他节点上。如果存在更多副本，则随机挑选放置节点。

（3）数据读取策略

HDFS 提供了一个 API，用于确定一个 DataNode 所属的机架 ID，客户端也可以调用 API 获取自己所属的机架 ID。当客户端读取数据时，从 NameNode 获得块不同副本的存放位置列表，列表中包含了副本所在的 DataNode。可以调用 API 来确定客户端和这些 DataNode 所属的机架 ID，当发现某个块副本对应的机架 ID 和客户端对应的机架 ID 相同时，就优先选择该副本读取数据，如果没有发现，就随机选择一个副本读取数据。

（4）数据错误与恢复

HDFS 具有较高的容错性，可以兼容廉价的硬件，它把硬件出错看作一种常态，而不是异常，并设计了相应的机制检测数据错误和进行自动恢复，主要包括以下几种情形：NameNode 出错、DataNode 出错、数据出错。

- NameNode 出错

NameNode 保存了所有的元数据信息，其中最核心的两个文件是 FsImage 和 EditLog，如果这两个文件发生损坏，那么整个 HDFS 实例将失效。因此，HDFS 设置了备份机制，把这些核心文件同步复制到备份服务器 Secondary NameNode 上。当 NameNode 出错时，可以根据备份服务器 Secondary NameNode 中的 FsImage 和 EditLog 数据进行恢复。

- DataNode 出错

每个 DataNode 会定期向 NameNode 发送"心跳"信息，向 NameNode 报告自己的状态。当 DataNode 发生故障或者网络发生断网时，NameNode 无法收到来自一些 DataNode 的"心跳"信息，这时这些 DataNode 就会被标记为"宕机"，上面的所有数据都会被标记为"不可读"，NameNode 不会再给它们发送任何 I/O 请求。这时，有可能出现一种情形：由于一些 DataNode 不可用，导致一些块的副本数量小于冗余因子。NameNode 会定期检查这种情况，一旦发现某个块的副本数量小于冗余因子，就会启动数据冗余复制，为它生成新的副本。HDFS 和其他分布式文件系统的最大区别就是可以调整冗余数据的位置。

- 数据出错

网络传输和磁盘错误等都会造成数据错误。客户端在读取到数据后，会采用 MD5 信息摘要算法（MD5 Message-Digest Algorithm）或 SHA1 算法（Secure Hash Algorithm 1，安全散列算法 1）对数据块进行校验，以确定读取到正确的数据。在文件被创建时，客户端就会对每一个块进行信息摘录，并把这些信息写入到同一个路径的隐藏文件里面。当客户端读取文件的时候，会先读取该信息文件，然后利用该信息文件对每个读取的块进行校验，如果校验出错，客户端就会请求到另外一个 DataNode 读取该块，并且向 NameNode 报告这个块有错误，NameNode 会定期检查并且重新复制这个块。

（5）HDFS 读数据的过程

HDFS 读数据的过程如图 7-23 所示。客户端首先调用 FileSystem 对象的 open 方法打开文件，其实获取的是一个 DistributedFileSystem 的实例。DistributedFileSystem 通过调用 RPC（远程过程调用）向 NameNode 发起请求，获得文件的第一批块的位置信息。同一块按照备份数会返回多个 DataNode 的位置信息，并根据集群的网络拓扑结构排序，距离客户端近的排在前面，如果客户端本身就是该 DataNode，那么它将从本地读取文件。DistributedFileSystem 类返回一个 FSDataInputStream 对象给客户端，用来读取数据，该对象会被封装成 DFSInputStream 对象，该 DFSInputStream 对象管理着 DataNode 和 NameNode 的 I/O 数据流。

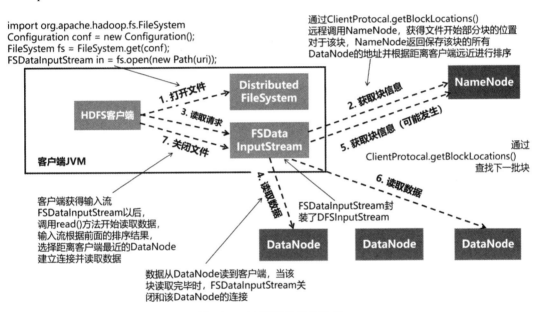

图 7-23 HDFS 读数据的过程

客户端对输入端调用 read() 方法，DFSInputStream 就会找出离客户端最近的 DataNode 并连接。在数据流中重复调用 read() 方法，直到这个块全部读完为止。DFSInputStream 关闭和此 DataNode 的连接。接着读取下一个块。这些操作对客户端来说是透明的，从客户端的角度来看，只是读一个持续不断的流。每读取完一个块都会进行校验，如果读取 DataNode 时出现错误，客户端会通知 NameNode，然后再从下一个拥有该块副本的 DataNode 继续读。当正确读取完当前块的数据后，关闭当前的 DataNode 连接，并为读取下一个块寻找最佳的 DataNode。如果第一批块都读完了且文件读取还没有结束，DFSInputStream 就会去 NameNode 获取下一批块的位置信息继续读。当客户端读取完数据的时候，调用 FSDataInputStream 的 close() 方法关闭所有的流。

（6）HDFS 写数据的过程

HDFS 写数据的过程如图 7-24 所示。客户端通过调用 DistributedFileSystem 的 create() 方法，创建一个新的文件。DistributedFileSystem 通过 RPC 向 NameNode 发起请求，创建一个没有块关联的新文件。创建前 NameNode 会做各种校验，比如文件是否存在、客户端有无权限创建等。如果校验通过，NameNode 就会进行记录，并返回文件的块列表（所有的副本）对应的 DataNode 地址信息，否则就会抛出 I/O 异常。DistributedFileSystem 返回 FSDataOutputStream 的对象，用于客户端写数据，FSDataOutputStream 被封装成 DFSOutputStream，DFSOutputStream 可以协调 NameNode 和 DataNode。客户端开始写数据到 DFSOutputStream，DFSOutputStream 会把数据切成若干个包，以数据队列（Data Queue）的形式管理这些包。DataStreamer 接收并处理数据队列，向 NameNode 申请块，获取用来存储副本的合适的 DataNode 列表，把它们排成一个管道（Pipeline，列表的大小根据 NameNode 中副本的设定确定）。DataStreamer 把包按顺序输出到管道的第一个 DataNode 中，将该包存储之后，再将其传递给此管道中的下一个 DataNode，直到最后一个 DataNode，这种写数据的方式呈流水线形式。在最后一个 DataNode 成功存储之后会返回一个确认包（Ack Packet）。DataStreamer 将所有的块都输出到管道中的 DataNode 上，然后等待应答队列（Ack Queue）返回成功。当客户端成功收到 DataNode 返回的确认包后，通知 DataNode 把文件标识为已完成，并从应答队列移除相应的包。当客户端结束写入数据时，调用 close() 方法关闭数据流。

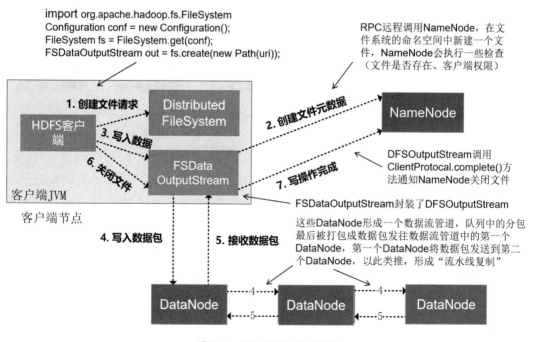

图7-24　HDFS写数据的过程

7.5 MapReduce

7.5.1 MapReduce 概述

（1）分布式并行编程

"摩尔定律"指出，CPU 性能大约每隔 18 个月翻一番。从 2005 年起摩尔定律逐渐失效，计算性能无法按照既定速度提升。与此同时，人们需要处理的数据规模却呈指数级快速增长，人们开始借助于分布式并行计算来提高数据处理的性能。分布式程序运行在大规模计算机集群上，可以并行执行大规模数据处理任务，从而获得海量的计算能力。谷歌最先提出了分布式并行编程模型 MapReduce，Hadoop MapReduce 是它的开源实现，后者比前者使用门槛更低。

在 MapReduce 出现之前，已经有像 MPI 这样非常成熟的并行计算框架了，那么为什么谷歌还需要 MapReduce 呢？表 7-3 从集群架构、容错性硬件、价格、扩展性、编程、学习难度、适用场景等方面将 MapReduce 与传统的并行计算框架进行了比较。

表 7-3　MapReduce 与传统的并行计算框架对比

	传统并行计算框架	MapReduce
集群架构/容错性	共享式（共享内存/共享存储），容错性差	非共享式，容错性好
硬件/价格/扩展性	刀片服务器、高速网、SAN，价格贵，扩展性差	普通 PC 机，便宜，扩展性好
编程/学习难度	what-how，难	what，简单
适用场景	实时、细粒度计算、计算密集型	批处理、非实时、数据密集型

由表 7-3 可知，两者在集群架构、应用场景等方面存在显著差异。MapReduce 适用于数据密集型场景，MPI 等传统框架适用于计算密集型场景，两者是互补关系，而不是替代关系。

（2）MapReduce 模型

首先给出一个简单示例，描述如何借助并行方式解决海量数据计算问题。例如，要进行求和计算：1+25+7+13+34+9+3+5+6+19+7+8+32。很容易想到可以使用 7.1 节中介绍的"分拆"思想来解决这个问题，基本思路如图 7-25 所示。

这里对 MapReduce 的思想解释如下：

MapReduce 模型采用"分而治之"策略，将存储在 HDFS 中的大规模数据集切分成多个独立的 Split（分片），再将复杂的、运行于大规模集群上的并行计算过程抽象到两个函数：Map 函数和 Reduce 函数。Map 函数给出了处理 Split 的计算逻辑，MapReduce 框架基于 Map 函数创建对应的 Map 任务，实现对应 Split 的数据处理，多个 Split 被多个 Map 任务并行处理，因此 Map 任务是进行"分而治之"的基本计算单元。Reduce 函数用来完成中间计算结果的汇总，对应的 Reduce 任务与 Map 任务是串行关系，所有 Map 任务结束后，才能执行 Reduce 任务。

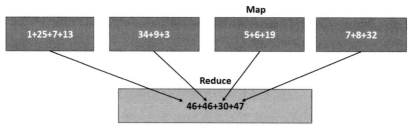

图7-25　"分拆"解题思路

该模型编程容易，不需要掌握分布式并行编程细节，也可以很容易地把自己的程序运行在分布式系统上，完成海量数据的计算。MapReduce 的一个设计理念是"计算向数据靠拢"，而不是"数据向计算靠拢"，因为移动数据需要大量的网络传输开销。Hadoop 框架是用 Java 实现的，但是 MapReduce 应用程序不一定要用 Java 来写。

下面对 Map 函数和 Reduce 函数进行说明，如表 7-4 所示。

表 7-4　函数说明

函数	输入	输出	说明
Map	$<k_1,v_1>$ 如：$<$行号, "a b c"$>$	$list(<k_2,v_2>)$ 如： $<$"a",1$>$ $<$"b",1$>$ $<$"c",1$>$	1. 将小数据集进一步解析成一批$<$key,value$>$对，输入 Map 函数中进行处理 2. 每一个输入的$<k_1,v_1>$会输出一批$<k_2,v_2>$。$<k_2,v_2>$是计算的中间结果
Reduce	$<k_2,list(v_2)>$ 如：$<$"a",$<1,1,1>>$	$<k_3,v_3>$ 如：$<$"a",3$>$	输入的中间结果$<k_2,list(v_2)>$中的 $list(v_2)$表示一批属于同一个 key 的 value

7.5.2　MapReduce 的体系结构

MapReduce 采用 Master-Slave（主-从）架构——一个 Master 和若干个 Slave。Master 上运行 JobTracker，负责作业的调度、处理和失败后的恢复；Slave 上运行 TaskTracker，负责接收 JobTracker 发给它的作业指令。MapReduce 的体系结构如图 7-26 所示。

（1）Client（客户端）

用户编写的 MapReduce 程序通过 Client 提交到 JobTracker 端，用户可通过 Client 提供的一些接口查看作业运行状态。

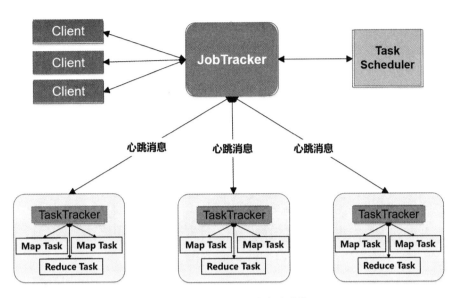

图7-26　MapReduce的体系结构

（2）JobTracker

JobTracker 负责资源监控和作业调度，JobTracker 监控所有 TaskTracker 与 Job 的健康状况，一旦发现失败，就将相应的任务转移到其他节点。JobTracker 会跟踪任务的执行进度、资源使用量等信息，并将这些信息告诉 TaskScheduler（任务调度器，可插拔，可自定义），而 TaskScheduler 会在资源出现空闲时，选择合适的任务去使用这些资源。

（3）TaskTracker

TaskTracker 会周期性地通过"心跳"将本节点上资源的使用情况和任务的运行进度汇报给 JobTracker，同时接收 JobTracker 发送过来的命令并执行相应的操作（如启动新任务、杀死任务等）。TaskTracker 使用 Slot（槽）等量划分本节点上的资源量（CPU、内存等）。一个 Task 获取到一个 Slot 后才有机会运行，而 Hadoop 调度器的作用就是将各个 TaskTracker 上的空闲 Slot 分配给 Task 使用。Slot 分为 Map Slot 和 Reduce Slot 两种，分别供 Map Task 和 Reduce Task 使用。

（4）Task（任务）

Task 分为 Map Task 和 Reduce Task 两种，均由 TaskTracker 启动。

（5）TaskScheduler

任务调度器，负责任务调度。

7.5.3 MapReduce 的工作流程

首先给出 MapReduce 的运行模型，如图 7-27 所示。

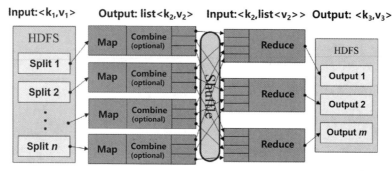

图7-27　MapReduce的运行模型

对图 7-27 需要进行如下几方面的说明：不同的 Map 任务之间不会进行通信。不同的 Reduce 任务之间也不会发生任何信息交换。用户不能显式地从一台机器向另一台机器发送消息。所有的数据交换都是通过 MapReduce 框架自身实现的。

图 7-28 进一步显示了 MapReduce 的各个执行阶段。在图 7-28 中，RR 是记录阅读器，它根据 Split 的位置和长度信息去 HDFS 上把底层相关的据 Split 读出来。InputFormat 是一个抽象类，控制着 MapReduce 的输入格式。该抽象类存在许多子类，在编程中需要根据数据格式灵活选取，如图 7-29 所示。

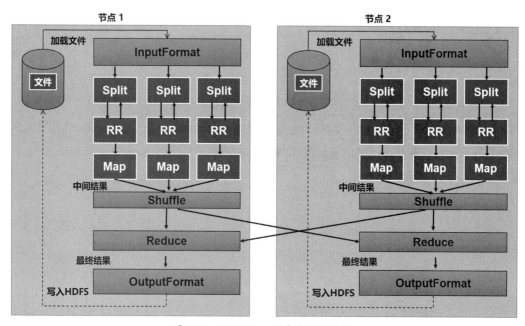

图7-28　MapReduce的各个执行阶段

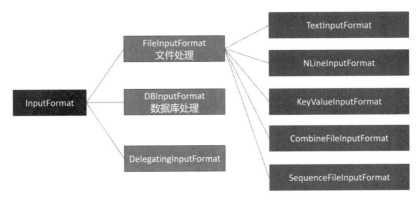

图7-29 InputFormat及其子类

接下来重点讨论一下关于 MapReduce 任务数据的分拆规则。MapReduce 任务数据分拆的基本单位是 Split。在进行 HDFS 数据存储时,已经对数据以块为单位进行了分拆,那么这里的 Split 和块是什么关系呢?

HDFS 以固定大小的块为基本单位存储数据,而对于 MapReduce 而言,其处理单位是 Split。Split 是一个逻辑概念,它只包含一些元数据信息,比如数据起始位置、数据长度、数据所在节点等,而不是对数据进行物理划分。Split 的划分方法完全由用户自己决定。Split 和块的关系如图 7-30 所示。

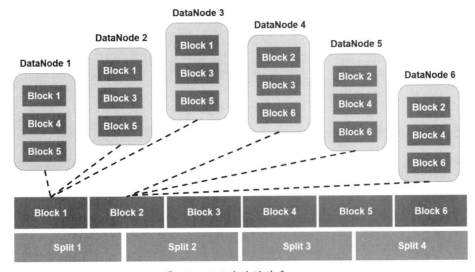

图7-30 Split和块的关系

从图 7-27 的 MapReduce 运行模型可知,一个计算任务会包含多个 Map 任务和多个 Reduce 任务,那么 Map 任务和 Reduce 任务的具体数量是多少呢?

- Map 任务的数量

Hadoop 为每个 Split 创建一个 Map 任务,Split 的多少决定了 Map 任务的数量。大多数情况下，理想的 Split 大小恰好是一个 HDFS 块。

- Reduce 任务的数量

最优的 Reduce 任务数量取决于集群中可用的 Reduce 任务槽（Slot）的数量，通常设置为比 Reduce 任务槽数量稍微少一些，这样可以预留一些系统资源处理可能发生的错误。统计数据表明，通常 Reduce 任务数量大约是 Map 任务数量的 1/4~1/3。

MapReduce 执行过程中，大部分操作都是框架完成的，这中间有一个非常重要的过程，被称为 Shuffle（洗牌）过程，理解该过程对于学习和掌握 MapReduce 编程模型至关重要。

什么是 Shuffle 过程呢？它指的是从 Map 任务输出至 Reduce 任务输入的整个中间过程，如图 7-31 所示。

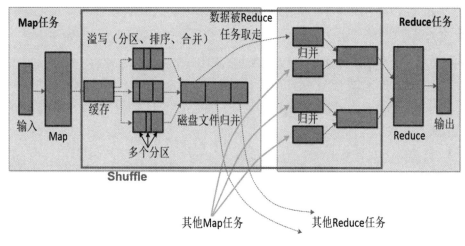

图7-31　Shuffle过程

Shuffle 过程具体来说又包括两部分：Map 端的 Shuffle 过程和 Reduce 端的 Shuffle 过程。

- Map 端的 Shuffle 过程

在图 7-32 中，分区（Partition，默认采用 HashPartitioner）是指以 key 进行排序，将相同 key 的值放在一起。合并（Combine）是指两个键值对<"a",1>和<"a",1>进行合并，得到<"a",2>。归并（Merge）是指对两个键值对<"a",1>和<"a",1>进行归并，得到<"a",<1,1>>。

- Reduce 端的 Shuffle 过程

Reduce 任务通过 RPC 向 JobTracker 询问 Map 任务是否已经完成，若完成，则"领取"数据。Reduce 领取数据先放入缓存，然后进行归并，写入磁盘。多个溢写文件归并成一个或多个大文件，文件中的键值对是排序的。当数据很少时，不需要溢写到磁盘，直接在缓存中归并，然后输入给 Reduce 函数进行汇总，过程如图 7-33 所示。

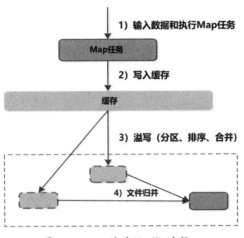

图7-32　Map端的Shuffle过程

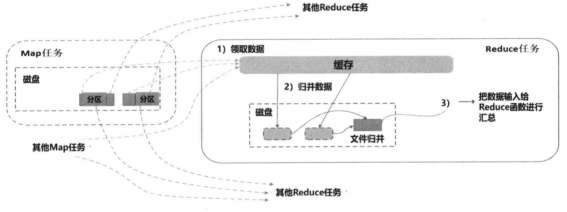

图7-33　Reduce端的Shuffle过程

7.5.4　MapReduce 程序设计实例

实例 1：单词计数（WordCount）

实例 1 的思路和输入/输出分别如表 7-5 和表 7-6 所示。

表 7–5　实例 1 的思路

程序	WordCount
输入	一个包含大量单词的文本文件
输出	文件中的每个单词及其出现次数（频数），并按照单词字母顺序排序，每个单词和其频数占一行，单词和频数之间有间隔

表 7-6   实例 1 的输入/输出

输入	输出
Hello World Hello Hadoop Hello MapReduce	Hadoop 1 Hello 3 MapReduce 1 World 1

WordCount 程序的设计思路如图 7-34 所示。

图7-34   WordCount程序的设计思路

单词计数问题非常适合采用 MapReduce 模型解决,因为:1)数据可分拆;2)各个数据计数程序间彼此不需要通信。Map 过程如图 7-35 所示。

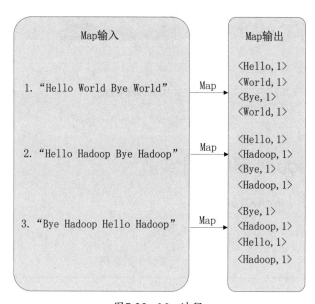

图7-35   Map过程

这里输入数据较少,被示意性地分成了三部分,由三个 Map 过程分别处理。

在没有用户定义 Combine 的情况下,Map 的输出经过 Shuffle 过程被送给 Reduce 过程进行结果的汇总和计算,如图 7-36 所示。

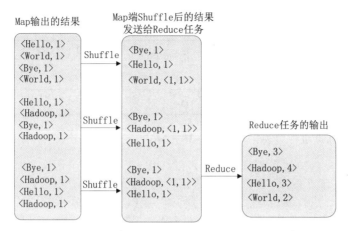

图7-36　用户没有定义Combine时的Reduce过程示意图

如果用户定义了 Combine 过程，那么会执行对中间结果的合并，Reduce 过程如图 7-37 所示。

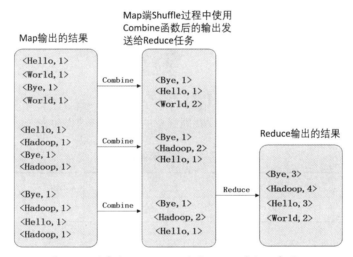

图7-37　用户定义Combine时的Reduce过程示意图

实例2：好友推荐

好友推荐的基本思路是：通过查找两个非好友之间的共同好友情况，对共同好友的数量进行统计，然后据此进行推荐。好友数据可以使用表 7-7 进行存储。

表 7-7　好友推荐存储表

User	Friends
A	B C D
B	A C
C	A B D

User	Friends
D	A C E
E	D

对表 7-7 中的数据进行可视化，如图 7-38 所示。

图7-38　好友关系图

对于上面的数据示例，经分析可知，共同好友的数据统计结果如表 7-8 所示。

表 7-8　数据统计结果

User1	User2	Count
A	E	1（D）
B	D	2（A,C）
C	E	1（D）

那么，我们可能会把 B 推荐给 D，同时把 D 推荐给 B。

下面我们分别使用图的形式给出 Map 过程和 Reduce 过程，Map 过程如图 7-39 所示，Reduce 过程如图 7-40 所示。

在 Map 过程中，key 是一对用户，value 是这对用户共同好友的数量，如果两者已经是好友了，则 value 的值为 0。Map 过程的逻辑代码如图 7-41 所示。

在 Combine 过程（如图 7-42 所示）中，对中间结果共同好友的数量进行了合并，这样做可以有效减少 Shuffle 过程中的通信量。

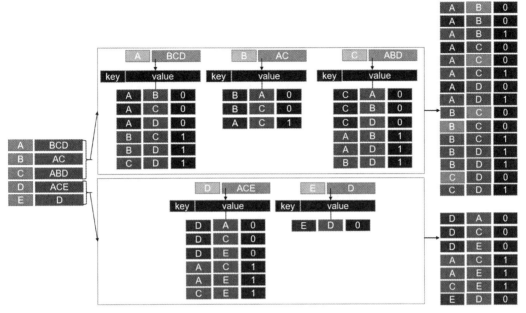

图7-39　Map过程

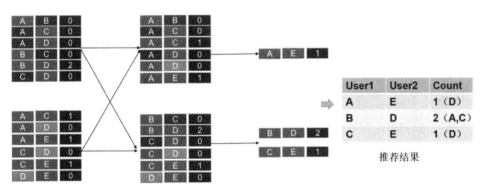

图7-40　Reduce过程

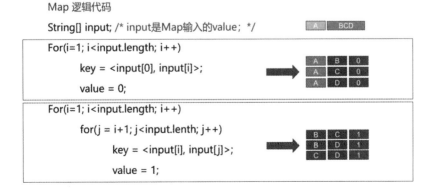

图7-41　Map过程的逻辑代码

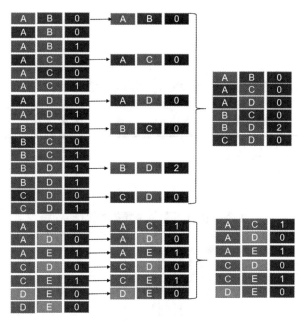

图7-42　Combine过程

Reduce 接收 Map 过程的中间结果，对共同好友的数据进行汇总计算。

7.5.5　Eclipse 开发环境搭建和程序调试

MapReduce 编程支持多种编程语言，本书推荐使用 Java 语言在 Eclipse 环境下编写程序，这里简要描述 Eclipse 开发环境搭建和程序调试过程。

（1）安装 Hadoop

软件版本：hadoop-2.6.0-cdh5.4.5.tar.gz。

（2）安装 Eclipse

软件版本：eclipse-java-juno-SR2-linux-gtk-x86_64.tar.gz。

（3）安装开发插件

软件版本：hadoop-eclipse-plugin-2.6.0.jar。安装完成之后，需要测试插件功能。如果可以通过 MapReduce Prospective 界面浏览和创建 hdfs 目录，说明开发插件安装成功。

（4）创建 java 项目

创建Java项目进行 MapReduce 程序开发的基本过程为：1）添加项目依赖（hadoop2lib.tar.gz）。2）编写代码。3）创建 HDFS 文件输入。4）利用输入数据对程序进行测试。5）在 Hadoop 上执行 jar 文件。

7.6　YARN

7.6.1　从 Hadoop 1.0 到 2.0

Hadoop 1.0 的核心组件（仅指 MapReduce 和 HDFS，不包括 Hadoop 生态系统内的 Hive、HBase 等其他组件）主要存在以下不足：

- 抽象层次低，需人工编码。
- 表达能力有限。
- 开发者自己管理作业（Job）之间的依赖关系。
- 难以看到程序的整体逻辑。
- 执行迭代操作效率低。
- 资源浪费（Map 和 Reduce 分两个阶段执行）。
- 实时性差（适合批处理，不支持实时交互）。

针对上述问题，Hadoop 版本从 1.0 发展为 2.0，核心组件增加了 YARN。Hadoop 的优化与发展主要体现在两个方面：

一方面是 Hadoop 自身两大核心组件 MapReduce 和 HDFS 的架构设计改进，如表 7-9 所示。

表 7-9　Hadoop 1.0 和 2.0 与对比

组件	Hadoop 1.0 的问题	Hadoop 2.0 的改进
HDFS	单一名称节点，存在单点失效问题	设计了 HDFS HA，提供名称节点热备机制
HDFS	单一命名空间，无法实现资源隔离	设计了 HDFS Federation，管理多个命名空间
MapReduce	资源管理效率低	设计了新的资源管理框架 YARN

另一方面是 Hadoop 生态系统其他组件的不断丰富，加入了 Hive、Spark、Oozie、Tez 和 Kafka 等新组件，如表 7-10 所示。

表 7-10　Hadoop 生态系统组件

组件	功能	解决 Hadoop 中存在的问题
Hive	处理大规模数据脚本语言 HiveQL，自动转换为 MapReduce	抽象层次低，需要手工编写大量代码
Spark	基于内存的分布式并行编程框架，具有较高的实时性，并且可较好地支持迭代计算	延迟高，而且不适合执行迭代计算

组件	功能	解决 Hadoop 中存在的问题
Oozie	工作流和协作服务引擎，协调 Hadoop 上运行的不同任务	没有提供作业之间依赖关系的管理机制，需要用户自己处理作业之间的依赖关系
Tez	支持 DAG 作业的计算框架，对作业的操作进行重新分解和组合，形成一个大的 DAG 作业，减少不必要操作	不同的 MapReduce 任务之间存在重复操作，降低了效率
Kafka	分布式发布订阅消息系统，一般作为企业大数据分析平台的数据交换枢纽，不同类型的分布式系统可以统一接入到 Kafka，实现不同类型数据的实时高效交换	Hadoop 生态系统中各个组件和其他产品之间缺乏统一的、高效的数据交换中介

为什么 Hadoop2.0 中新增了 YARN 组件呢？

一个企业当中经常同时存在各种不同的大数据业务应用场景，需要采用不同的计算框架：

- 使用 MapReduce 实现离线批处理。
- 使用 Storm 实现流式数据实时分析。
- 使用 Impala 实现实时交互式查询分析。
- 使用 Spark 实现迭代计算。

这些产品通常来自不同的开发团队，具有各自的资源调度管理机制。为了避免不同类型应用之间互相干扰，企业就需要把内部的服务器拆分成多个集群，分别安装运行不同的计算框架，即"一个框架一个集群"，这将导致如下问题：

- 集群资源利用率低。
- 数据无法共享。
- 维护代价高。

YARN 的目标就是实现"一个集群多个框架"，如图 7-43 所示，由 YARN 为这些计算框架提供统一的资源调度管理服务，并根据各种计算框架的负载需求，调整各自占用的资源，实现集群资源共享和资源弹性收缩；同时也可以实现一个集群上的不同应用负载混搭，有效提高集群的利用率；另外，不同计算框架可以共享底层存储，避免了数据集跨集群移动。

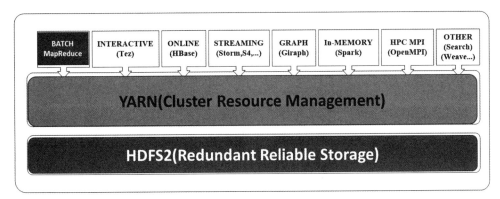

图7-43　一个集群多个框架

7.6.2　YARN 架构

在介绍 YARN 架构之前，我们先谈一下 MapReduce 1.0 的技术缺陷，因为 YARN 的功能就是从 MapReduce 中分离出来的。

MapReduce 1.0 的缺陷主要体现在：

- 存在单点故障。
- JobTracker "大包大揽"，导致任务过重（任务多时内存开销大，上限为 4000 节点）。
- 容易出现内存溢出（分配资源只考虑 MapReduce 任务数，不考虑 CPU、内存）。
- 资源划分不合理（强制划分为 Slot，包括 Map Slot 和 Reduce Slot）。

MapReduce 1.0 既是一个计算框架，也是一个资源管理调度框架，如图 7-44 所示。

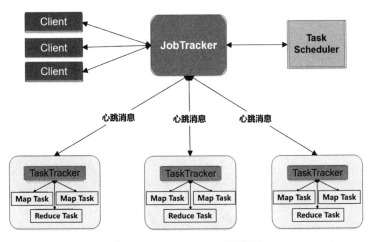

图7-44　MapReduce 1.0的架构

到了 Hadoop 2.0 以后，MapReduce 1.0 中的资源管理调度功能被单独分离出来形成了 YARN，它是一个纯粹的资源管理调度框架，而不是一个计算框架。被剥离了资源管理调度功能的

MapReduce 框架就变成了 MapReduce 2.0，它是运行在 YARN 之上的一个纯粹的计算框架，不再自己负责资源管理调度，而是由 YARN 为其提供资源管理调度服务，如图 7-45 所示。

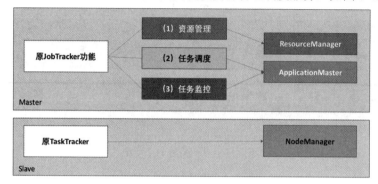

图7-45　MapReduce的功能分解

YARN 的设计思路是将 JobTracker 的三大功能（资源管理、任务调度和任务监控）进行分拆，资源管理单独形成 ResourceManager，任务调度和任务监控则赋予 ApplicationMaster 去完成。

YARN 主要包括 4 个功能组件：ResourceManager、ApplicationMaster、Container 和 NodeManager，如图 7-46 所示。

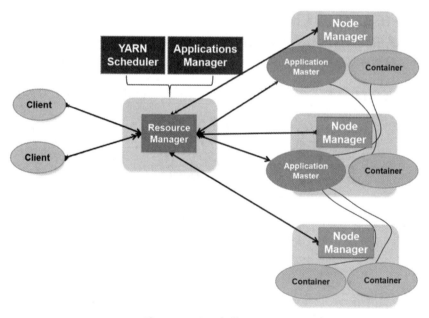

图7-46　YARN架构

（1）ResourceManager

ResourceManager 是一个全局的资源管理器，负责整个系统的资源管理和分配。ResourceManager 接收用户（Client）提交的作业，按照作业的上下文信息以及从 NodeManager 收集来的 Container

（容器）状态信息，启动调度过程，为用户作业启动一个 ApplicationMaster。

ResourceManager 主要包括两个组件：YARN Scheduler（YARN 调度器）和 Applications Manager（应用程序管理器）。YARN Scheduler 接收来自 ApplicationMaster 的应用程序资源请求，把集群中的资源以 Container 的形式分配给提出申请的应用程序，通常会考虑应用程序所要处理的数据的位置就近选择 Container，从而实现"计算向数据靠拢"。YARN Scheduler 被设计成是一个可插拔的组件，YARN 不仅自身提供了许多种直接可用的调度器，也允许用户根据自己的需求重新设计调度器。

Applications Manager 负责系统中所有应用程序的管理工作，主要包括应用程序提交、与调度器协商资源以启动 ApplicationMaster、监控 ApplicationMaster 运行状态并在失败时重新启动等。

（2）ApplicationMaster

ApplicationMaster 负责单个作业的资源管理和任务监控，为作业申请资源，分配给内部任务，并实现任务调度、监控与容错。ApplicationMaster 与作业是 1∶1 的关系，1 个 ApplicationMaster 负责一个作业。

ApplicationMaster 的主要功能包括：

- 当用户作业提交时，ApplicationMaster 与 ResourceManager 协商获取资源（也就是之前介绍的 ApplicationMaster 向 YARN Scheduler 请求资源），ResourceManager 会以 Container 的形式为 ApplicationMaster 分配资源。
- ApplicationMaster 把获得的资源进一步分配给内部的各个任务（Map 任务或 Reduce 任务），实现资源的"二次分配"。
- 与 NodeManager 保持交互通信，进行应用程序的启动、运行、监控和停止，监控申请到的资源的使用情况，对所有任务的执行进度和状态进行监控，并在任务失败时执行失败恢复（即重新申请资源重启任务、容错）。
- 定时向 ResourceManager 发送"心跳"消息，报告资源的使用情况和应用的进度信息。
- 当作业完成时，ApplicationMaster 向 ResourceManager 注销 Container，执行周期完成。

（3）Container

作为动态资源分配单位，每个 Container 中都封装了一定数量的 CPU、内存、磁盘等资源，从而限定每个应用程序可以使用的资源量。

（4）NodeManager

NodeManager 主要负责单个节点上的资源管理，并管理本地 Container。NodeManager 还需要处理来自 ResourceManager 和 ApplicationMaster 的命令。NodeManager 是驻留在 YARN 集群

中每个节点上的代理，主要负责：

- Container 生命周期管理。

- 监控每个 Container 的资源（CPU、内存等）使用情况。

- 跟踪节点健康状况。

- 以"心跳"的方式与 ResourceManager 保持通信。

- 向 ResourceManager 汇报作业的资源使用情况和每个 Container 的运行状态。

- 接收来自 ApplicationMaster 的启动/停止 Container 的各种请求。

需要说明的是，NodeManager 主要负责管理抽象的 Container，只处理与 Container 相关的事情，而不具体负责每个任务（Map 任务或 Reduce 任务）自身状态的管理，因为这些管理工作是由 ApplicationMaster 完成的，ApplicationMaster 会通过不断与 NodeManager 通信来掌握各个任务的执行状态。

YARN 的部署架构如图 7-47 所示。

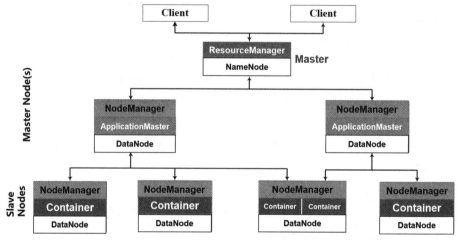

图7-47　YARN的部署架构

由图 7-47 可知，YARN 的各个组件是和 Hadoop 集群中的其他组件进行统一部署的。

最后介绍一下 YARN 的工作流程，如图 7-48 所示。

步骤 1：用户编写客户端应用程序，向 YARN 提交应用程序，提交的内容包括 ApplicationMaster 程序、启动 ApplicationMaster 的命令、用户程序等。

步骤 2：YARN 中的 ResourceManager 负责接收和处理来自客户端的请求，并通知 NodeManager 为应用程序分配一个 Container，在该 Container 中启动一个 ApplicationMaster。

步骤 3：ApplicationMaster 被创建后，向 ResourceManager 进行注册。

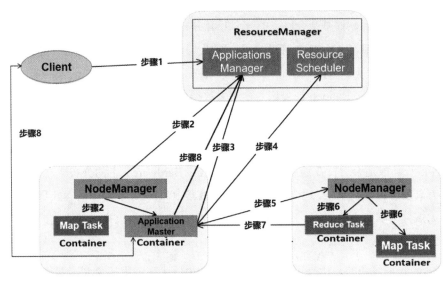

图7-48 YARN的工作流程

步骤 4：ApplicationMaster 采用轮询的方式向 ResourceManager 申请资源。

步骤 5：ResourceManager 以 Container 的形式向提出申请的 ApplicationMaster 分配资源，由 NodeManager 执行操作。

步骤 6：在 Container 中启动任务（运行环境、脚本），包括 Map 任务和 Reduce 任务。

步骤 7：各个任务向 ApplicationMaster 汇报自己的状态和进度。

步骤 8：应用程序运行完成后，ApplicationMaster 向 Client 传送计算结果，并向 Resource-Manager 的 Applications Manager 注销和关闭自己。

从 MapReduce 1.0 框架发展到 YARN 框架，客户端并没有发生变化，其大部分调用 API 及接口都保持兼容，因此，原来针对 Hadoop 1.0 开发的代码不用做大的改动，就可以直接放到 Hadoop 2.0 平台上运行。总体而言，YARN 相对于 MapReduce 1.0 来说，大大减少了承担中心服务功能的 ResourceManager 的资源消耗；由 ApplicationMaster 来完成需要大量资源消耗的任务调度和监控；多个作业对应多个 ApplicationMaster，实现了监控分布化；YARN 中的资源管理比 MapReduce 1.0 更加高效，以 Container 为单位，而不是以 Slot 为单位。

7.7 本章小结

面对大规模用户、高并发访问等应用场景，分布式系统已经成为首选架构。本章首先介绍了分布式架构的基本思想：分拆、缓存、在线计算/离线计算（同步/异步）、全量计算/增量计算、Pull/Push、CAP 定理等。

Hadoop 是 Apache 软件基金会旗下的一个开源分布式计算平台，为用户提供了系统底层细节透明的分布式基础架构；Hadoop 基于 Java 开发，具有很好的跨平台特性，并且可以部署在廉价的计算机集群中；Hadoop 的核心是分布式文件系统 HDFS、分布式计算框架 MapReduce 和资源调度框架 YARN；Hadoop 被公认为行业大数据标准开源软件，在分布式环境下提供海量数据的处理能力；几乎所有主流厂商都围绕 Hadoop 提供开发工具、开源软件、商业化工具和技术服务。

HDFS 被设计成适合运行在通用硬件（Commodity Hardware）上的分布式文件系统。HDFS 是一个具有高度容错性的系统，适合部署在廉价的机器上。HDFS 能提供高吞吐量的数据访问，非常适合大规模数据集上的应用。HDFS 放宽了一部分 POSIX 约束来实现流式读取文件系统数据的目的。

MapReduce 将复杂的、运行于大规模集群上的并行计算过程抽象到了两个函数：Map 和 Reduce；该模型编程容易，不需要掌握分布式并行编程细节，也可以很容易地把自己的程序运行在分布式系统上，完成海量数据的计算。该模型采用"分而治之"策略，一个存储在分布式文件系统中的大规模数据集会被切分成许多独立的分片（Split），这些分片可以被多个 Map 任务并行处理。MapReduce 的设计理念是"计算向数据靠拢"，而不是"数据向计算靠拢"，因为移动数据需要大量的网络传输开销。

YARN 的目标就是实现"一个集群多个框架"。YARN 为这些计算框架提供统一的资源管理调度服务，并且能够根据各种计算框架的负载需求调整各自占用的资源，实现集群资源共享和资源弹性收缩；同时也可以实现一个集群上的不同应用负载混搭，有效提高了集群的利用率；不同计算框架可以共享底层存储，避免了数据集跨集群移动。

7.8 习题

（1）简述在线计算和离线计算的区别。

（2）什么是 CAP 定理？

（3）Hadoop 是什么？

（4）请简述 Hadoop 1.0 和 Hadoop 2.0 在架构和组件构成上的不同之处。

（5）请简述 Hadoop 的部署模式。

（6）请简述 HDFS 系统的架构和组件功能。

（7）简述 HDFS 设计上的局限性。

（8）简述 HDFS 中 Secondary NameNode 的主要作用。

（9）简述 MapReduce 并行编程的基本思想。

（10）在 MapReduce 运行模型中，Map 任务和 Reduce 任务的具体数量是多少？如何确定？

（11）什么是 Shuffle 过程？

（12）简述 YARN 的主要作用。

第 8 章　云原生

本章主要介绍云原生的相关内容，包括云原生架构、微服务、DevOps、容器技术等。

8.1　云原生概述

8.1.1　云原生起源及发展

2010 年，Paul Fremantle 首次提出了 Cloud Native 的概念，即云原生。2015 年，Matt Stine 在自己的书中定义了云原生架构的一些特征。

2015 年，Cloud Native Computing Foundation（CNCF，云原生计算基金会）成立。CNCF 是 Linux 基金会旗下的基金会，目的是推动云原生计算可持续发展，帮助云原生技术开发人员快速地构建出色的产品。CNCF 通过建立社区、管理众多开源项目等手段来推动技术和生态系统发展。源于谷歌的 Kubernetes（容器编排引擎，简称 K8s）开源项目、源于华为的 KubeEdge（边缘计算平台）开源项目都被吸收到 CNCF 中。CNCF 生态图如图 8-1 所示。

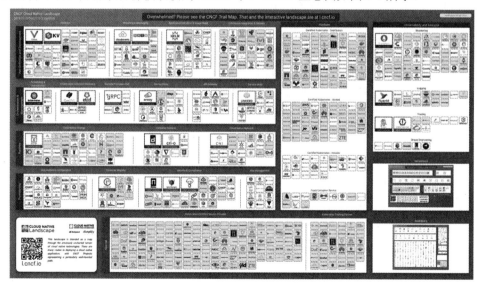

图8-1　CNCF生态图

2019 年，VMware Tanzu 官网给出了云原生的最新定义：云原生是一种利用云计算交付模型的优势来构建和运行应用程序的方法论。当企业使用云原生架构开发和运维应用程序时，它们能更快速地响应客户需求，将新想法推向市场。云原生开发融合了 DevOps、连续交付、微服务和容器。

8.1.2 云平台与传统平台的区别

云计算不仅仅是一种使用 IT 资源的方式，它已经演变成一个生态系统，不仅会改变软件开发人员的开发过程，更重要的是将对软件架构设计产生深远的影响。云计算和软件架构设计的结合还将提高整个产品的在线程度和速度。云计算消除了开发人员关注硬件资源的需要，从而加快了交付速度。

传统的开发人员需要在本地完成产品开发或测试后重新上传到服务器端环境，然后安装、编程和调试，上线后可能回到上一阶段，非常烦琐，容易出错。测试人员的操作环境与开发人员的环境不完全一致，容易导致很多问题。在开发人员完成产品开发和测试后，产品上线。上线的过程通常包括资源应用、系统安装和环境配置，还包括容量规划等需要进行审批的流程。如果上线还涉及具体的服务器等硬件的购置，那么还要经过业务需求、采购批准、机器安装和软件安装等流程，耗时很长。

而在云坏境中创建虚拟机，启动业务耗时以小时计算。基于云的开发过程只需要确定服务需求、软件编码和部署应用程序等步骤，而且，通过容器等工具确保了开发、测试、部署等软件环境的一致性，降低了系统依赖的风险。

在开发人员或架构师完成应用程序开发测试后，还需要编写相应的文档向操作和维护人员描述系统的部署架构，但开发人员和运维人员对技术、业务需求等的理解是不一样的。运维人员不可能重新学习业务并了解整个行业服务的体系结构，无法理解整个产品的需求和开发过程，也无法理解开发人员。所以，应用程序开发公司希望从开发到测试再到发布和监控反馈的整个过程都是自动化的。

随着科技的发展，很多创新型企业的发展速度越来越快，很多企业可以在相对较短的时间内运营到数千万用户。在快速发展的过程中，如果从一开始就没有好的技术，那么技术架构将导致越来越沉重的技术债务，严重影响业务发展。而云应用程序架构设计意味着高可用、高扩展、高速迭代、全程需求满足。

在互联网+业务中,除了满足业务的基本功能要求,系统架构设计还必须确保业务始终在线,也就是高可用性,这是云应用程序的一个特征。而根据业务流程和系统压力进行智能化的扩充和压缩,即弹性计算,也是云应用的一个突出特点。在面临流量突发或紧急情况时,弹性计算还可以确保业务的可用性。而且,越来越多的企业希望将传统产业与互联网相结合,追求新的商业模式，所以在不断的产品研发和创新中，对于这样的企业来说，时间是非常重要的。软件开发人员需要加快迭代速度并一致地交付软件，需要提高软件开发效率，也需要在整个软件生命周期中提高效率。

8.1.3 云原生架构

云原生是为"云"设计的应用程序，因此该技术部分依赖于传统的云计算概念，包括 IaaS、PaaS 和 SaaS。云原生包括微服务、敏捷基础设施、持续交付、DevOps 等。它不仅包括方法论和原则，还涉及具体的操作工具。使用基于云原生的技术和管理方法，业务可以更好地在云中诞生，或者迁移到云平台，以享受云计算高效、持续的服务功能。敏捷基础设施交付类似于 IaaS；有些应用程序本身是通过平台服务来组织的，即 SaaS。用户直接面对的是基于云服务架构设计的原生应用程序，这对技术人员提出了更高要求。技术人员除了考虑业务场景之外，还需要考虑非功能需求，如故障隔离、容错和自动恢复。云服务提供的很多功能，如灵活的资源需求、高可用性、高可靠性和其他功能，使得开发人员可以简单地选择相应的服务，而不需要考虑自建机房引发的一系列问题。而且，如果架构本身被设计为支持云架构，可用性将得到进一步改善。

（1）微服务

随着企业业务的发展，传统的业务体系结构面临着许多问题。首先，随着需求的增加，单一架构无法跟上变化，这使得开发人员越来越难以对大量的代码进行良好的风险评估，因此代码生成缓慢。系统经常因为业务瓶颈而导致整个业务瘫痪，架构无法扩展，木桶效应严重，不能满足业务的可用性要求。而资源存在大量的浪费。随着大量开源技术的成熟和云计算的发展，不同的架构设计风格出现在面向服务的应用中，即从单一架构转移到微型服务化。微服务是一种能够独立发布应用服务的基本服务，从而可以作为一个独立的组件升级重用等，对整个大服务的应用也没有什么影响。每个服务都可以由专门的开发人员单独完成，而且可以根据不同业务的技术特点选择不同的服务。例如，对于计算密集型应用程序、I/O 密集型应用程序，可以选择不同的语言编程模型来进行开发。微服务还可以在高压下提供更多容错或流量限制服务。微服务架构也存在技术挑战，如性能延迟、分布式事务处理、集成测试、故障诊断等。

（2）敏捷基础设施

产品需求可以通过业务代码来实现，快速的业务变更也可以通过版本管理来保证，基于云计算的开发模式也需要考虑如何保证基础资源的提供能够根据代码自动满足需求，并实现变更的记录，以保证环境的一致性。使用软件工程的原则、实践和工具来提供基础设施资源的生命周期管理意味着可以更经常地构建更受控制或更稳定的基础设施，而开发人员可以在任何时候拉动基础设施来服务于开发、测试、调优等工作。同时，业务开发需要有良好的体系结构设计，不需要依赖本地数据进行持久化。所有资源都可以在任何时间、任何地点发布，同时以 API 的方式提供弹性、随需应变的计算、存储能力。技术人员通过代码来自动化地完成部署服务器、管理服务器模板、更新服务器和定义基础设施模型等工作。基础设施通过代码进行改变和测试，确保稳定的基础设施服务在自动化过程中得到维护，并在每次改变之后执行测试。

（3）持续交付

软件开发涉及从需求制定到设计开发和测试。持续交付又分为持续集成、持续部署和持续发布阶段，以确保代码能够快速、安全地部署到生产环境中。持续集成意味着每次开发人员提交更改时，它会立即构建并自动化测试，以确保业务应用程序和服务满足预期，从而确定新代码和原始代码是否正确集成。持续交付是一组软件发布的能力，在完成了持续集成之后，提供给预发布系统。持续部署是指使用全自动化的过程，自动提交每个测试环境的变化，然后将其安全应用于生产环境中。通过开发、测试、生产各个环节，自动持续递增地交付产品也是大量产品追求的最终目标。

（4）DevOps

DevOps，字面意思是 Dev（开发人员）+ Ops（操作），是一组过程、方法和系统的统称。DevOps 的概念由 2009 年发展至今，内容丰富，理论和实践层出不穷，包括组织文化、自动化、精益、反馈和分享等不同范畴。组织结构、企业文化和理念等需要自上而下地设计，以促进开发部门、运行维护部门和质量保证部门之间的沟通、合作和整合，组成一个分层的系统。而且，所有操作都由系统自动完成，不需要人工参与。DevOps 意识到开发和运营必须紧密合作，强调高效组织中的团队与自动化工具进行协作和沟通，以完成软件生命周期管理，并更快、更频繁地交付更稳定的软件。

8.1.4 云原生的 12 要素

传统数据中心的垂直扩展通常是通过向单个物理服务器添加计算资源来实现的。但是在云计算中，通常采用水平扩展，即通过增加虚拟服务器的数量来共享负载。在云计算的发展过程中，人们认识到了云计算中的应用开发与传统应用开发之间的区别，于是考虑使用新的方法来开发更适合云计算的应用程序。这种应用程序方法论的 12 要素是由 Heroku 的工程师根据云应用程序开发的最佳实践总结的，被认为是云原生应用程序的基础。

（1）基准代码

只有一个基准代码副本，但是这个代码可以部署到多个环境中，比如开发、测试和生产环境。在云原生架构中，这个原则可以解释为服务或功能的单一基准代码，每个基准代码都有自己的持续集成和持续部署工作流。

（2）依赖关系

依赖关系的声明和隔离在开发云原生应用程序中很重要。许多问题是由于缺少依赖关系或依赖关系的版本不同造成的，根源在于内部部署环境和云环境之间的差异。目前，容器技术的使用已经大大减少了依赖关系引起的问题，因为依赖关系在 Dockerfiles 中声明并且已经打包到容器中。

（3）环境变量

配置应该放在环境变量里。配置和代码应该严格分开，这样就可以很容易地配置不同的环境。例如，测试环境中有测试配置文件；应用程序部署到生产环境中，替换为生产环境中的配置文件即可。运维团队可以使用 Kubernetes 组态管理或者在云环境中使用托管配置服务。

（4）后端服务

将后端服务作为附加资源使用。后端服务是指程序需要通过网络调用来运行的各种服务。比如云原生中的缓存服务和数据库即服务（DaaS）是后端服务。在访问这些后端服务时，建议通过外部配置系统获取这些服务的配置信息来减少耦合。

（5）构建、发布和运行

严格分离构建和运行阶段。运维团队使用持续集成和持续部署来自动构建和发布应用程序。

（6）使用一个或多个无状态处理器运行应用程序

云中的应用程序应该是无状态的，需要持久化的任何数据都应该存储在外部，这样才能实现云计算的弹性。

（7）数据隔离

每个服务管理自己的数据。这是云原生应用程序的一个通用模式。每个服务管理自己的数据，这些数据只能通过服务 API 获得。这意味着一个服务不能直接访问其他服务中的数据，即使它属于同一个应用程序。

（8）并发

通过流程模型进行扩展。云原生应用程序的两个主要优点是可伸缩性和更有效的资源利用。运维团队通过独立调整个别服务或功能来获得更高的资源利用率。

（9）健壮

云原生应用架构设计要允许系统快速弹性扩展、改变部署及故障恢复。在云环境中，由于不可控的硬件因素、业务的高低峰值等，经常需要应对故障下的发布及扩展过程。

（10）开发环境等于在线环境

开发、预发布和生产环境应尽可能保持一致。利用容器技术将服务所需的依赖性打包，从而减少环境不一致的问题。

（11）将日志看作事件流

日志在分布式系统中很重要。分布式系统中同时运行那么多的服务，而且还是在不同的节点上运行的，如果应用程序出错时没有好的日志记录方法，运维团队就没法解决问题。

（12）将后台管理任务作为一次性进程来管理

将管理任务作为一个短期过程来处理。函数和容器是执行这些任务的好工具。

8.2 微服务

8.2.1 微服务概述

（1）什么是微服务

如今，各行各业都在积极应用互联网，开发相应的应用程序。企业级应用通常被构建成三个主要部分：客户端用户界面、数据库、服务端应用。服务端应用处理 HTTP 请求，执行领域逻辑，检索并更新数据库中的数据，把结果发送给浏览器显示给用户。服务端应用是一个完整且单独的逻辑执行单元，但是却处理着企业中数量庞杂的各项业务。而随着业务的不断发展，应用程序会越来越复杂。为了应对这种情况，大多数企业会将开发完成的应用进行集群部署，并增加负载均衡服务器。另外，还需要增加集群部署的缓存服务器和文件服务器，并将数据库读写分离，以应对用户的增加而带来的高并发访问量。但是面对海量的用户，数据库终将会成为瓶颈，只能对数据库进行分库分表将其变成分布式数据库，并且不断升级服务器的 CPU、内存等硬件。这样一来，应用程序的复杂性不断增加，复杂的业务逻辑必然带来大量的代码，代码的可维护性、可读性大大降低，而维护、修改的成本不断上升。可以将一个大型应用程序分解为许多独立的小型应用程序，每个应用程序处理一项任务。增加新功能，只需要通过新增小型应用程序的方式就可以实现。这就是微服务，其基本结构如图 8-2 所示。

马丁·福勒在 2014 年的论文里对微服务做了详细的描述：微服务架构样式是一种将单个应用程序开发为一组小服务的方法，每个小服务都在自己的进程中运行并与轻量级机制（通常是 HTTP 资源 API）进行通信。这些服务围绕业务功能构建，并且可以由全自动部署机制独立部署。这些服务几乎没有集中管理，可以用不同的编程语言编写并使用不同的数据存储技术。

微服务的基本原理很简单：将一个大的单体应用程序分拆为多个小应用程序，即微服务，每一个服务专注于应对一个任务。这些微服务，每一个都是一个小型应用程序，易于更换，可以独立开发和部署。微服务不需要单独存在，它们是大型系统的组成部分。各种微服务一起工作，以协调完成大型应用程序的所有任务。微服务体系结构的目标是创建一组具有自主和自包含功能的独立应用程序，每个应用程序负责提供某一项功能。单体应用程序和微服务的本质区别是：单体应用程序包含所有功能且只使用一个代码库；微服务只提供某一种功能，与其他微服务一起工作，而这些微服务都提供单一功能。

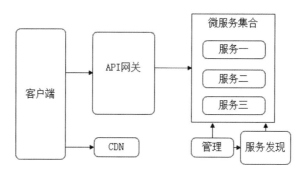

图8-2 微服务的基本结构

微服务必须尽可能简单，否则只是把一个复杂的单体应用程序划分成了几个小的单体应用程序，在开发过程中仍然会遇到前面提到的问题。每个微服务都可以由一个专门的团队来管理，该团队的规模完全取决于该微服务任务的复杂性和工作量。团队需要足够多的开发人员和支持工程师，以便他们能够从容响应开发任务和支持工作。

（2）微服务的优势

- 独立开发：开发团队基于微服务所独有的功能来工作，更独立、更快速。
- 轻松部署：基于微服务所提供的服务，微服务可以被独立地部署到应用中。微服务支持持续集成和持续交付。
- 弹性的错误隔离：即便其中某个服务发生了故障，整个系统还可以继续工作。应用程序在处理总体服务故障时可以通过减少功能来完成，而不是让整个应用程序崩溃。
- 混合技术：可以使用不同的语言和技术来为同一个应用构建不同的服务。
- 按粒度扩展：可以独立扩展各项服务以满足其支持的应用程序功能的需求，而不需要将所有组件全部扩展。
- 代码重用：将软件划分为小型且明确定义的模块，让团队可以将功能用于多种目的。

（3）微服务的特点

- 微服务按服务来进行划分

微服务在商业上是微型的。大企业可以拆分成多个小企业，小企业可以拆分成多个更小的企业。例如，微博最常见的功能是微博内容、关注度和粉丝，而如何将微博这个复杂的程序划分为需要开发的单个服务则是由开发团队决定的。这些按服务功能来划分的微服务单元独立部署，并在独立进程中运行。传统的软件开发团队通常由 UI 团队、服务器团队、数据库团队等组成，因此将这种软件分为 UI 模块、服务器端、数据库操作等。通常，这些开发人员专职专责。如果服务按业务划分为微服务，则每个微服务都需要涉及单独的 UI、服务器和数据库等。因此，面向小企业的微服务需要一个团队进行协作，这显然增加了团队的规模，也增加了沟通和协作的成本。

- 微服务通过 HTTP 相互通信

基于服务的微服务单元独立部署并在其自己的进程中运行。微服务单元之间的通信使用 HTTP 这种简单的通信机制。这种接受请求、处理业务逻辑和返回数据的 HTTP 模式非常高效，并且与平台和语言无关。

例如，用 Java 编写的微服务可以使用用 Python 编写的微服务，Go 的微服务可以使用用 Ruby 编写的微服务。微服务之间 HTTP 通信，还可以通过轻量级消息总线相互通信，以及通过发送消息或订阅来发送信件消息以达到通信的目的。微服务之间通信的数据格式是 JSON 和 XML，这两种数据格式独立于语言、平台和通信协议。一般来说，JSON 格式的数据比 XML 更易于阅读。

- 微服务的数据库独立性

在单体应用程序体系结构中，所有企业共享一个数据库。随着服务量的增加，数据库中的表数量也会增加，越来越多的数据难以管理和维护，导致查询速度越来越慢。

微服务的独特之处在于它是按服务划分的，服务之间没有融合，甚至数据库都是独立的。这使得每个微服务都有自己的独立数据库，数据库之间没有任何连接。这样做的好处是：随着业务的增长，微服务到微服务不需要提供数据库集成，而只需要提供 API 接口互相调用；还有一个好处是：数据库独立，单业务数据量少，易于维护，数据库性能有很大提高，数据库迁移也非常方便。此外，随着存储技术的发展，数据库的存储模式已不再仅仅是关系型数据库，非关系型数据库的应用也非常广泛。它们具有良好的读取性能，因此越来越流行。

- 微服务的自动化部署

在微服务体系结构中，系统被分成几个微服务，每个微服务都是一个单独的应用程序。单体应用程序只需部署一次，而微服务体系结构中随着微服务数量的增加，部署次数增加。业务粒度分工越细，微服务的数量就越多，需要更稳定的部署机制。特别是随着容器技术、自动化部署工具的出现，自动化部署变得越来越容易。自动部署提高了部署效率，减少了手动控制，并降低了部署过程中出错的概率。

- 集中式微服务管理

微服务的数量越多，管理就越复杂。因此，微服务必须实行集中管理。流行的微服务框架（如 Spring Cloud）使用 Eureka 注册服务和发现服务。

- 微服务故障传播的处理

微服务体系结构本质上是一种分布式体系结构。分布式系统是由多台计算机组成的集群系统，可以处理大量用户请求。分布式系统中的节点通过网络协议进行通信。分布式系统中的服务业务通信依赖于网络，网络不好，必然会对分布式系统带来很大的影响。在高并发情况下，如果每个微服务都有故障或网络延迟，则服务间的相互依赖性可能会导致线程阻塞。短时间内，服务的线程资源将耗尽，最终使服务无法使用。为了解决这个问题，微服务体系结构引入了熔断器机制。当某个微服务出现故障时，失败的请求数超过预先设定好的阈值后，将断开该微服务。之后，该微服务不执行任何服务逻辑操作，并返回指示请求失败的消息。系统中该服务和依赖于该服务的某些微服务均不可用，但是其他功能正常。微服务系统中会提供一系列对微服务的监控，例如当前服务是否可用、熔断器是否打开、网络延迟状态监控等，便于开发人员和运维人员实时了解服务状态。

- 动态伸缩

多个相同的微服务可以做负载均衡，提高性能和可靠性。相同微服务可以有多个不同实例，可以让服务按需动态伸缩，在高峰期启动更多相同的微服务实例为更多用户服务，以此提高响应速度。同时，这种机制也提供了高可靠性，在某个微服务出现故障后，其他相同的微服务可以接替其工作，对外表现为某个设备故障后业务不中断。

- 统一入口

微服务可以独立部署和对外提供服务，微服务的业务上线和下线是动态的。当一个新的微服务上线时，需要有一个统一的入口，新的服务可以动态注册到这个入口上，用户每次访问时可以从这个入口获取系统所有服务的访问地址，这样用户就能够访问到这种新的服务。

（4）微服务的不足

单个微服务代码量小，易修改和维护。但是，系统复杂度的总量是不变的，每个服务的代码少了，服务的个数肯定就多了。一个系统被分拆成零碎的微服务，最后要集成为一个完整的系统，其复杂度肯定比大块的功能集成要高很多。

单个微服务数据独立，可独立部署和运行。当微服务的数量达到一定量级的时候，如何提供一个高效的集群通信机制将成为一个问题。

在使用微服务架构时，故障传播、服务划分、分布式中的一致性等，都是运维团队遇到的难题。

8.2.2 微服务框架

对于中大型架构系统来说，微服务更加便捷。微服务已成为很多企业架构重构的方向，同时也对架构师提出了更高的挑战。目前有很多常用于微服务构建的框架，对于构建微服务架构能够带来一些帮助。

（1）Java 语言相关微服务框架

- Spring Boot

Spring Boot 的设计目的是简化新 Spring 应用的初始搭建以及开发过程，2017 年，有 64.4% 的受访者决定使用 Spring Boot。它可以说是最受欢迎的微服务开发框架之一。利用 Spring Boot，可简化分布式系统基础设施的开发，在配置中心、注册、负载均衡等方面都可以做到一键启动和一键部署。

- Spring Cloud

Spring Cloud 是一系列框架的整合，基于 HTTP 的 REST 服务构建服务体系，能够帮助架构师构建一整套完整的微服务架构技术生态链。

- Dubbo

Dubbo 是由阿里开源的分布式服务化治理框架，通过 RPC 请求方式访问。Dubbo 是在阿里的电商平台中逐渐探索演进所形成的，经历过复杂业务的高并发挑战，比 Spring Cloud 的开源时间还要早。目前，阿里巴巴、京东、当当、携程、去哪儿等企业都在使用 Dubbo。

- Dropwizard

Dropwizard 将 Java 生态系统中各个问题域里最好的组建集成于一身，能够快速打造一个 REST 风格的后台，还可以整合 Dropwizard 核心以外的项目。与 Spring Boot 相比，Dropwizard 在轻量化上更有优势。

- Akka

Akka 是一个用 Scala 编写的库，用于简化编写容错的、高可伸缩性的 Java 和 Scala 的 Actor 模型应用。使用 Akka 能够实现微服务集群。

- Vert.x/Lagom/ReactiveX/Spring 5

这 4 种框架主要用于响应式微服务开发。响应式本身和微服务没有关系，更多用于提升性能，但是和微服务相结合也可以提升性能。

（2）.Net 相关微服务框架

- .NET Core

.NET Core 是专门针对模块化微服务架构设计的，是跨平台应用程序开发框架，是微软开发的第一个官方版本。

- Service Fabric

Service Fabric 是微软开发的一个微服务框架，基于 Service Fabric 构建的很多云服务被用在了 Azure 上。

- Surging

Surging 是基于 RPC 协议的分布式微服务技术框架。

- Microdot Framework

Microdot Framework 用于编写定义服务逻辑代码，不需要解决开发分布式系统的挑战，能够很方便地进行 MicrosoftOrleans 集成。

（3）Node.js 相关微服务框架

- Seneca

Seneca 是 Node.js 的微服务框架开发工具，用于编写可用于产品环境的代码。

- Hapi/Restify/LoopBack

这三种框架的分工不同，前两种更适合开发简单的微服务后端系统，第三种更适合用于大型复杂应用开发，还可以用于现有微服务上的构建。

（4）Go 相关微服务框架

- Go-Kit/Goa/Dubbogo

Go-Kit 是分布式开发的工具合集，适用于在大型业务场景下构建微服务；Goa 是用 Go 语言构建的微服务框架；Dubbogo 是与阿里巴巴开源的 Dubbo 兼容的 Golang 微服务框架。

（5）Python 相关微服务框架

Python 相关的微服务框架有 Nameko。Nameko 让实现微服务变得更简单，同时也提供了很丰富的功能，比如支持负载均衡、服务发现，还支持依赖自动注入等，使用起来很方便，但是有限速、超时和权限机制不完善等缺点。

8.2.3 微服务划分及架构

一般来说，微服务体系结构更适合未来具有一定扩展复杂性的应用。另外，规模大、业务复杂、需要长期跟踪的项目，也可以考虑使用微服务体系结构。在决定使用微服务体系结构之后，面临的一个问题是如何将系统划分为微服务。

微服务本质上是由多个模块组成的，每个模块分配给特定的开发团队负责人。团队可以通过模块公开的服务来协调模块的分解，还可以确定团队协作的方式。单体应用程序可以被分割为多个微服务。每个服务模块负责提供自己独立的服务接口，通过网络调用方法将各个服务模块组织起来，形成一个完整的微服务系统。

模块分拆是分布式微服务实现中的难点之一。它将直接影响系统的复杂性、团队协作、代码维护难度、硬件资源分配等。模块分析得越细，硬件资源的分配就越灵活，团队协调就越方便，但也会增加系统的复杂性和代码维护的难度。

在分拆模块时，需要根据具体的业务需求和系统请求压力的分布进行权衡。而业务的复杂性决定了分拆模块之间必须有一定程度的差异。模块分拆得越细，生成的模块和依赖项就越多。随着模块的细分，整个系统的复杂性将不可避免地增加。但是业务的丰富本身就会使系统变得越来越复杂，应该采用规范、约定、框架等尽量使结构和代码清晰和整齐。

微服务可以解决单体应用中复杂业务逻辑耦合在一起的难以维护问题，但对模块进行尽可能精细的分拆并不是最好的方法。过多的模块会增加工作量和代码维护的难度。每个模块处理自己的业务逻辑，它们提供服务并维护与其他模块的依赖关系。如果服务提供者的返回结果发生了变化，那么每个调用者都必须修改自己的代码。这导致了在实际开发中，跨模块调试不可避免。调试过程中涉及的模块越多，整个调试过程就越麻烦。

按照软件构造的最佳实践，为了设计一个低耦合和高内聚的系统，需要保证每个模块都有一定的独立性，每个模块只完成自己负责的业务功能，模块之间连接最少，接口简单。复杂的业务功能需要依赖于多个模块提供的功能。

分拆模块时，需要提前对业务的模块进行整理，分解业务功能并定义业务功能对应的服务，即在决定将项目分成多少个子项目时，需要按照对应业务进行分拆，避免业务过多交叉，接口实现复杂。每个服务的业务特点各不相同，可以独立维护，也可以再次按需扩展。每个模块从上到下是分层的，每个模块提供的服务具有一定的服务级别。基于原子性、独立性和不重叠性，可以抽象出较为独立的模块作为基本模块，为更复杂的业务逻辑做好准备，并提高可重用性和可伸缩性。

在服务设计上，每一个服务的职责尽可能单一。这样可以保证服务的模块化协作，即多个服务可以互相搭配完成一个整体功能。在采用微服务架构对项目分拆后，会出现很多小的模块，而这些模块需要单独部署。为了减少沟通成本，采用微服务架构的模块一般由其开发团队直接对开发、维护、部署进行负责。

微服务系统由多个服务单元组成，每个服务单元都有多个实例。由于系统的服务粒度小，服务数量多，服务之间的相互依赖关系是网络化的，因此系统需要服务注册中心统一管理微服务实例，检查每个微服务实例的健康状态。

服务注册中心可以通知服务使用者它想要使用的服务的实例信息（如服务名称、地址等）。服务使用者通常使用 HTTP 协议或消息组件作为通信机制。服务注册中心将提供服务的健康检查，查看注册的服务是否可用。通常，服务实例注册后，会定期向服务注册中心发送"心跳"表示其仍然处于可用状态。当服务实例停止向服务注册中心发送"心跳"一段时间后，服务实例在服务注册中心将被认为不可用，并被从服务注册列表中删除。如果这个被删除的服务实例在一段时间后继续向服务注册中心发送"心跳"，则服务注册中心将重新将该服务实例添加到服务注册列表中。此外，微服务的服务注册组件应该能提供服务的健康状态查看界面，开发人员或运维人员只需登录相关界面即可了解服务的健康状态。

在微服务框架中，为了保证服务的高可用性，服务单元通常部署在集群中。那么，服务使用者应该调用哪个服务提供者的实例？这涉及服务的负载均衡。服务注册中心保存每个服务的应用程序名称和 IP 地址等信息。同时，每个服务还获取所有服务注册列表信息。服务使用者集成了一个负载均衡组件，该组件将从服务提供者获取服务注册列表信息，并每次刷新该列表。当服务使用者使用服务时，负载均衡组件获取服务提供者的所有实例的注册信息，通过某种负载均衡策略（由开发人员配置）选择服务提供者的一个实例，并使用该实例中的服务。这就实现了负载均衡。

服务注册中心需要定期接收每个服务的心跳，用来检查服务是否可用，每个服务会定期获取服务注册列表信息。当服务实例数量很大时，服务注册中心将承受很大的负载。由于服务注册列表在微服务系统中起着至关重要的作用，因此它必须具有高可用性。一般的方法是对服务注册中心进行集群化，并对每个服务注册中心的数据进行实时同步。

一个网络请求通常需要调用多个服务来完成。如果服务不可用，如出现网络延迟、故障等，将影响其他依赖此不可用服务的服务。一个微服务系统有很多服务，如果某项服务由于某些原因不可用，用户的网络请求需要调用该服务但是没有响应，那么用户的请求便处于阻塞状态。在高并发场景下，短时间内会导致服务器故障，最终服务器线程资源耗尽，导致整个系统瘫痪，这就是雪崩效应。

为了解决分布式系统的雪崩效应，分布式系统引入了一种熔断器机制。当用户某项业务的请求失败次数在一定时间内低于设置的阈值时，业务正常。当服务处理用户请求失败的次数高于设置阈值时，表示服务失败，熔断器打开。此时，所有请求将很快失败。

微服务体系结构中涉及的常见术语如下：

- 服务注册中心：系统中所有服务的注册中心。
- 服务注册：服务提供者将其调用地址注册到服务注册中心，以便服务使用者可以很容易地找到自己。
- 服务发现：服务使用者从服务注册中心找到需要调用服务的地址。
- 负载均衡：服务提供者通常以多实例的形式提供服务。负载均衡使服务使用者能够连接到适当的服务节点。
- 服务容错：采用熔断器等一系列服务保护机制，确保服务使用者在调用异常服务时快速返回结果，避免了大量的同步等待。
- 服务网关：也称为 API 网关，是服务调用的唯一入口点，负责用户认证、动态路由等。

- 分布式配置中心：将本地化的配置信息注册到配置中心，实现包在开发、测试、生产环境中的无差别化，便于包的迁移。

目前微服务框架使用 Spring Cloud 较为常见。它基于 Spring Boot 这个 Web 框架，通过提供一系列开发组件和框架来快速完成微服务系统的搭建。

8.2.4 Spring Boot

Spring Boot 是 Spring 团队提供的框架，可以简化 Spring 应用程序的初始构建过程和开发过程。该框架让开发者不再需要定义样板配置。通过使用特定的配置方式，只需要很少的配置就可以快速开发基于 Spring 的应用。Spring Boot 框架可以快速搭建独立的 Spring 应用，创建独立的 jar 包。Spring Boot 项目无须单独安装容器，不需要将 WAR 包部署到 Tomcat、Jetty 等 Servlet 容器中，而是在启动时自启动一个内嵌的 Tomcat。Spring Boot 与其他主流框架集成时，只需在 pom.xml 中添加相应的依赖即可直接使用。Spring Boot 会根据 classpath 中的类和 jar 包中的类自动配置 Bean，无须手动配置，大大减少了开发者的工作量，从而提高开发和部署的效率。Spring Boot 只有一个 application.properties profile，没有其他的 XML profile，不需要 XML 配置，更适合全新的 Spring 项目。下面将介绍 IDEA 使用 Spring Boot 开发项目的基本操作。

（1）创建并初始化。

（2）单击 Create New Project 选项，选择 Spring Initializr 选项，并单击 Next 按钮，如图 8-3 所示。

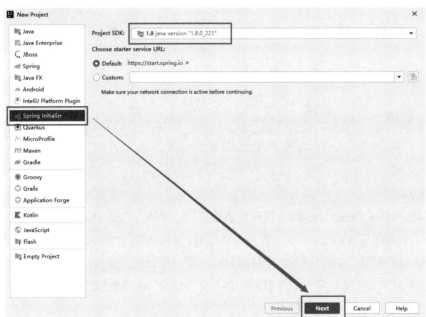

图8-3 创建Spring Boot开发项目

（3）输入项目的一些信息。

- Group 是项目组织的唯一标识符，实际对应 Java 的包的结构，是 main 目录里 Java 的目录结构。
- Artifact 是项目的唯一标识符，实际对应项目的名称，即项目根目录的名称。

例如，项目是 com.sample.web，那么对应的 Group 是 com.sample，对应的 Artifact 是 web。

需要注意的是，在底部 Package 默认填充的名称是 com.sample.web，即 Group+Artifact，建议去掉 Artifact，因为在后面多模块下这样的包名不利于包扫描。单击 Next 按钮。

（4）选择项目的类型。

当前需要新建的是 Web 项目，选择 Web 下的 Web 项目并单击 Next 按钮，然后单击 Finish 按钮。

（5）项目概览。

创建之后，可以看到如图 8-4 所示的项目总结构。

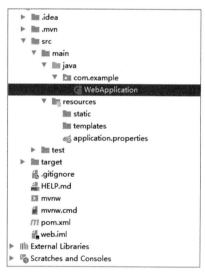

图8-4 项目总结构

- POM

POM 是 Project Object Model（项目对象模型）的简称，它是 Maven 项目中的文件，使用 XML 表示，名称叫作 pom.xml。该文件用于管理源代码、配置文件、开发者的信息和角色、问题追踪系统、组织信息、项目授权、项目的 URL、项目的依赖关系等。事实上，在 Maven 世界中，项目可以什么都没有，甚至没有代码，但是必须包含 pom.xml 文件。

- SpringBootApplication

在 src.main.java 的包下，有一个根据当前 Group+Application 生成的类文件。这个类是

SpringBoot 的启动器，运行这个类可以启动当前项目。

- SpringBootApplicationTests

一个空的 Junit 测试，它加载了一个使用 Spring Boot 字典配置功能的 Spring 应用程序上下文。

- application.properties

一个空的 properties 文件，可以根据需要添加配置属性。

（6）创建一个测试的 controller。

在主程序包下新建一个 controller 包，然后新建一个 HelloController 类，基础代码如图 8-5 所示。

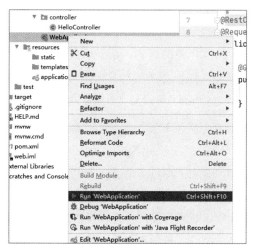

图8-5　基础代码

添加基础代码后，可以如图 8-6 所示来启动项目。

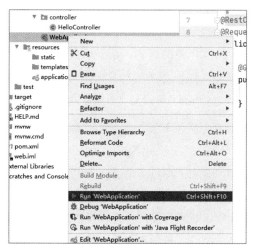

图8-6　启动项目

项目启动成功后的输出如图 8-7 所示。

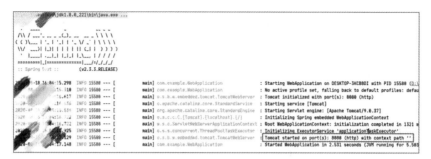

图8-7　项目启动成功后的输出

可以通过在浏览器中输入 http://localhost:8080/hello/say 来查看结果，如图 8-8 所示。

图8-8　查看结果

至此，使用 IDEA 新建基于 SpringBoot 的 Web 项目就成功了。

8.2.5　Spring Cloud

Spring Cloud 专注于为典型用例提供良好的即用体验，并为其他用例提供扩展性机制。它给开发者提供了一套简单易懂、容易部署的分布式系统开发工具包。开发者可以快速启动服务或构建应用，并和云平台资源进行对接。它们可以在任何分布式环境中很好地工作，包括开发人员自己的笔记本电脑、裸机数据中心和托管平台（如 Cloud Foundry）。Spring Cloud 中包括分布式/版本化配置、服务注册和发现、路由、服务到服务呼叫、负载均衡、熔断器、全局锁、领导层选举和集群状态、分布式消息传递等内容。

Spring Cloud 通过 Spring Boot 风格的封装，屏蔽掉了复杂的配置和实现原理。Spring Cloud 是可以独立部署、水平扩展、独立访问（或者有独立的数据库）的微服务的大管家。Spring Cloud 包含很多子项目，下面以 Spring Cloud Alibaba 为例进行介绍。

Spring Cloud Alibaba 为分布式应用开发提供一站式解决方案。它包含开发分布式应用程序所需的所有组件，使开发人员可以轻松使用 Spring Cloud 开发应用程序。有了 Spring Cloud Alibaba，开发人员只需要添加一些注释和少量配置，就能将 Spring Cloud 应用连接到阿里巴巴的分布式解决方案，用阿里巴巴的中间件构建分布式应用系统。Spring Cloud Alibaba 中使用 Alibaba Sentinel 来进行流量控制、断路和系统自适应保护，使用 Alibaba Nacos 来完成实例的注册。客户端可以使用 Spring 管理的 Bean 发现实例，通过 Spring Cloud Netflix 的客户端负载均衡器来支持功能区，分布式配置中使用 Alibaba Nacos 作为数据存储。它支持分布式事务解决方案，用 Seata 保证具有高性能和易用性，并通过 Dubbo RPC 扩展 Apache Dubbo RPC 调用的 Spring

Cloud 中的服务到服务的通信协议。

下面是 Spring Cloud Alibaba 的组件。

（1）商业化组件

- Alibaba Cloud ACM：一款在分布式架构环境中对应用配置进行集中管理和推送的应用配置中心产品。
- Alibaba Cloud OSS：即阿里云对象存储服务（Object Storage Service，简称 OSS），是阿里云提供的海量、安全、低成本、高可靠的云存储服务。开发运维人员可以在任何应用、任何时间、任何地点存储和访问任意类型的数据。
- Alibaba Cloud SchedulerX：阿里巴巴中间件团队开发的一款分布式任务调度产品，提供秒级、精准、高可靠、高可用的定时（基于 Cron 表达式）任务调度服务。
- Alibaba Cloud SMS：提供覆盖全球的短信服务，友好、高效、智能的互联化通信能力，帮助企业迅速搭建客户触达通道。

（2）开源组件

- Nacos：阿里巴巴开源产品，一个更易于构建云原生应用的动态服务发现、配置管理和服务管理平台。
- Sentinel：面向分布式服务架构的轻量级流量控制产品，把流量作为切入点，从流量控制、熔断降级、系统负载保护等多个维度保护服务的稳定性。
- RocketMQ：一款开源的分布式消息系统，基于高可用分布式集群技术，提供低延迟、高可靠的消息发布与订阅服务。
- Dubbo：Apache Dubbo™ 是一款高性能 Java RPC 框架，用于实现服务通信。
- Seata：阿里巴巴开源产品，一个易于使用的高性能微服务分布式事务解决方案。

作为 Spring Cloud 体系下的新实现，Spring Cloud Alibaba 具备了更多的功能。

8.2.6　微服务实践

在微服务架构中，整个系统会按职责能力划分为多个服务，通过服务之间的协作来实现业务目标。这样，在代码中要进行服务间的远程调用，服务的消费者要调用服务的提供者，为了完成一次请求，消费者需要知道服务提供者的网络位置（IP 地址和端口号）。可以通过读取配置文件的方式来确定服务提供者的网络位置。

例如，服务甲是订单服务，服务乙是商品服务。客户在创建订单的时候，需要调用商品信息。从服务间协作的角度看，订单服务会调用商品服务。其中被调用的是服务提供者，调用方为消费者。由于多种原因，如微服务部署在云环境中，一个服务对应有多个实例进行负载均衡，为应对临时访问压力增加新的服务节点等，服务实例的网络位置会动态改变。在这种情况下，服务发现要确保服务彼此能感知到对方，完成服务的管理工作。解决方案如下：

（1）每个服务实例内部包含一个服务发现的客户端。

（2）每个服务启动时会向服务发现中心上报自己的网络位置。服务发现中心内部维护一个服务注册表，服务注册表是服务发现的核心部分，是包含所有服务实例的网络地址的数据库。

（3）服务发现客户端会定期从服务发现中心同步服务注册表，并缓存在客户端。

（4）当需要对某服务进行请求时，服务实例通过该注册表定位目标服务网络地址。若目标服务存在多个网络地址，则使用负载均衡算法从多个服务实例中选择一个，然后发出请求。

Nacos 就是这样一个致力于帮助开发运维人员发现、配置和管理微服务的工具。Nacos 提供了一组简单易用的特性集，帮助开发运维人员快速实现动态服务发现、服务配置、服务元数据及流量管理。

Nacos 帮助开发运维人员更敏捷和容易地构建、交付和管理微服务平台。Nacos 是构建以服务为中心的现代应用架构（例如微服务范式、云原生范式）的服务基础设施。Nacos 支持几乎所有主流类型的服务的发现、配置和管理。

Nacos 的关键特性包括以下几个。

（1）服务发现和服务健康检查

Nacos 支持基于 DNS 和 RPC 的服务发现。服务提供者使用原生 SDK、OpenAPI 或一个独立的 Agent TODO 注册服务后，服务消费者可以使用 DNS TODO 或 HTTP&API 查找和发现服务。

Nacos 提供对服务的实时健康检查，阻止向不健康的主机或服务实例发送请求。Nacos 支持传输层（PING 或 TCP）和应用层（如 HTTP、MySQL、用户自定义）的健康检查。对于复杂的云环境和网络拓扑环境（如 VPC、边缘网络等）中服务的健康检查，Nacos 提供了 Agent 上报模式和服务端主动检测两种健康检查模式。Nacos 还提供了统一的健康检查仪表盘，帮助开发运维人员根据健康状态管理服务的可用性及流量。

（2）动态配置服务

动态配置服务可以让开发运维人员以中心化、外部化和动态化的方式管理所有环境的应用配置和服务配置。

动态配置消除了配置变更时重新部署应用和服务的需要，让配置管理变得更加高效和敏捷。

配置中心化管理让实现无状态服务变得更简单，让服务按需弹性扩展变得更容易。

Nacos 提供了一个简洁易用的 UI，帮助开发运维人员管理所有的服务和应用的配置。Nacos 还提供包括配置版本跟踪、灰度发布、一键回滚配置以及客户端配置更新状态跟踪在内的一系列开箱即用的配置管理特性，帮助开发运维人员更安全地在生产环境中管理配置变更和降低配置变更带来的风险。

（3）动态 DNS 服务

动态 DNS 服务支持权重路由，让开发运维人员更容易地实现中间层负载均衡、更灵活的路由策略、流量控制以及数据中心内网的简单 DNS 解析服务。动态 DNS 服务还能让开发运维人员更容易地实现以 DNS 协议为基础的服务发现，以帮助开发运维人员消除耦合到厂商私有服务发现 API 上的风险。

（4）服务及其元数据管理

Nacos 能让开发运维人员从微服务平台建设的视角管理数据中心的所有服务及元数据，包括管理服务的描述、生命周期、服务的静态依赖分析、服务的健康状态、服务的流量管理、路由及安全策略、服务的 SLA 以及最首要的 metrics 统计数据。Nacos 基本生态示意图如图 8-9 所示。

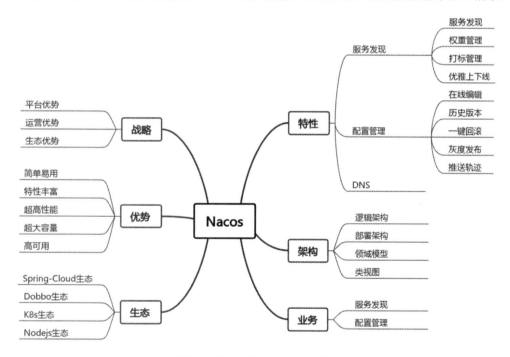

图8-9　Nacos基本生态示意图

Linux 类系统下，下载 nacos-server-$version.zip，解压安装后执行启动命令（standalone 代表着单机模式运行，非集群模式）：

```
sh startup.sh -m standalone
```

启动 Nacos。服务注册、服务发现和配置管理命令如下。

（1）服务注册

```
curl -X POST
'http://127.0.0.1:8848/nacos/v1/ns/instance?serviceName=nacos.naming.serviceName&ip=2
0.18.7.10&port=8080'
```

（2）服务发现

```
curl -X GET
'http://127.0.0.1:8848/nacos/v1/ns/instance/list?serviceName=nacos.naming.serviceName'
```

（3）发布配置

```
curl -X POST
"http://127.0.0.1:8848/nacos/v1/cs/configs?dataId=nacos.cfg.dataId&group=test&content
=HelloWorld"
```

（4）获取配置

```
curl -X GET
"http://127.0.0.1:8848/nacos/v1/cs/configs?dataId=nacos.cfg.dataId&group=test"
```

（5）启动配置管理

启动 Nacos Server 后，开发运维人员可以参考以下示例代码，为 Spring Cloud 应用启动 Nacos 配置管理服务。

1）添加依赖：

```
<dependency>
<groupId>com.alibaba.cloud</groupId>
<artifactId>spring-cloud-starter-alibaba-nacos-config</artifactId>
<version>${latest.version}</version>
</dependency>
```

2）在 bootstrap.properties 中配置 Nacos Server 的地址和应用名：

```
spring.cloud.nacos.config.server-addr=127.0.0.1:8848
spring.application.name=example
```

说明

之所以需要配置 spring.application.name，是因为它是构成 Nacos 配置管理 dataId 字段的一部分。

3）通过 Spring Cloud 原生注解@RefreshScope 实现配置自动更新：

```
@RestController
@RequestMapping("/config")
@RefreshScope
```

```
public class ConfigController {

    @Value("${useLocalCache:false}")
    private boolean useLocalCache;

    @RequestMapping("/get")
    public boolean get() {
        return useLocalCache;
    }
}
```

4）通过调用 Nacos Open API 向 Nacos Server 发布配置——dataId 为 example.properties，content 为 useLocalCache=true：

```
curl -X POST
"http://127.0.0.1:8848/nacos/v1/cs/configs?dataId=example.properties&group=DEFAULT_GR
OUP&content=useLocalCache=true"
```

5）运行 NacosConfigApplication，调用 curl http://localhost:8080/config/get，返回内容是 true。

6）再次调用 Nacos Open API 向 Nacos Server 发布配置——dataId 为 example.properties，content 为 useLocalCache=false：

```
curl -X POST
"http://127.0.0.1:8848/nacos/v1/cs/configs?dataId=example.properties&group=DEFAULT_GR
OUP&content=useLocalCache=false"
```

7）再次访问 http://localhost:8080/config/get，此时返回内容为 false，说明程序中的 useLocalCache 值已经被动态更新了。

（6）启动服务发现

接下来通过实现一个简单的 echo 服务演示如何在开发运维人员的 Spring Cloud 项目中启用 Nacos 的服务发现功能，如图 8-10 示。

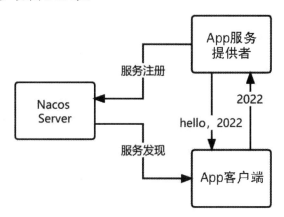

图8-10　echo服务的基本结构图

1）首先添加依赖：

```
<dependency>
<groupId>com.alibaba.cloud</groupId>
<artifactId>spring-cloud-starter-alibaba-nacos-discovery</artifactId>
<version>${latest.version}</version>
</dependency>
```

2）配置服务提供者，以便服务提供者可以通过 Nacos 的服务注册发现功能将其服务注册到 Nacos Server 上。

- 在 application.properties 中配置 Nacos Server 的地址：

```
server.port=8070
spring.application.name=service-provider

spring.cloud.nacos.discovery.server-addr=127.0.0.1:8848
```

- 通过 Spring Cloud 原生注解@EnableDiscoveryClient 开启服务注册发现功能：

```
@SpringBootApplication
@EnableDiscoveryClient
public class NacosProviderApplication {

    public static void main(String[] args) {
        SpringApplication.run(NacosProviderApplication.class, args);
    }

    @RestController
    class EchoController {
        @RequestMapping(value = "/echo/{string}", method = RequestMethod.GET)
        public String echo(@PathVariable String string) {
            return "Hello Nacos Discovery " + string;
        }
    }
}
```

3）配置服务消费者，以便服务消费者可以通过 Nacos 的服务注册发现功能从 Nacos Server 上获取它要调用的服务。

- 在 application.properties 中配置 Nacos Server 的地址：

```
server.port=8080
spring.application.name=service-consumer

spring.cloud.nacos.discovery.server-addr=127.0.0.1:8848
```

- 通过 Spring Cloud 原生注解@EnableDiscoveryClient 开启服务注册发现功能，给 RestTemplate 实例添加@LoadBalanced 注解，开启@LoadBalanced 与 Ribbon 的集成：

```
@SpringBootApplication
@EnableDiscoveryClient
public class NacosConsumerApplication {

    @LoadBalanced
    @Bean
    public RestTemplate restTemplate() {
        return new RestTemplate();
    }

    public static void main(String[] args) {
        SpringApplication.run(NacosConsumerApplication.class, args);
    }

    @RestController
    public class TestController {

        private final RestTemplate restTemplate;

        @Autowired
        public TestController(RestTemplate restTemplate) {this.restTemplate = restTemplate;}

        @RequestMapping(value = "/echo/{str}", method = RequestMethod.GET)
        public String echo(@PathVariable String str) {
            return restTemplate.getForObject("http://service-provider/echo/" + str,
String.class);
        }
    }
}
```

4）启动 ProviderApplication 和 ConsumerApplication，调用 http://localhost:8080/echo/2022，返回内容为 Hello Nacos Discovery 2022。

8.3　服务网格

服务网格（Service Mesh）是用于监控微服务应用中的内部服务到服务流量的软件基础结构层。它通常采用与应用程序代码一起部署的网络代理的"数据平面"以及与这些代理交互的"控制平面"的形式。开发人员（"服务所有者"）完全意识不到服务网格的存在，而运营商（"平台工程师"）则被授予一套新的工具来确保可靠性、安全性和可见性。

Docker 和 Kubernetes 已经解决了应用部署、调度和更新的问题。但是微服务应用作为一种分布式系统，运行时的很多问题都需要应用去处理，比如服务发现、故障熔断和负载均衡等。为了解决这些问题，业界逐渐发展出了微服务治理框架。初期的微服务治理都是基于开发框架的，如 Spring Cloud 和 Dubbo。这些开发框架很好地解决了微服务运行时的问题，但是存在开发语言锁定、对应用存在侵入性、开发运维职责不清等弊端。服务网格就是在这种环境下出现的。

使用 Docker 和 Kubernetes 之类的技术可以为企业大大减少部署大量应用或服务时的操作负担。使用 Docker 和 Kubernetes 部署 100 个应用程序或服务的工作量，不再是部署单个应用程序的 100 倍。这是向前迈出的历史性的一步，对于许多企业来说，它可以极大地降低采用微服务的成本。这可能不仅仅是因为 Docker 和 Kubernetes 在所有正确的级别提供了强大的抽象，更是因为它们标准化了整个组织的打包和部署模式。

但是，一旦应用程序运行之后呢？毕竟，部署不是生产的最后一步；部署完之后，应用程序还必须运行。如此一来，问题就变成了：像使用 Docker 和 Kubernete 进行标准化部署一样，还能以同样的方式将应用程序的运行时操作也标准化吗？

为了解决这个问题，服务网格应运而生。从本质上讲，服务网格提供统一的全局方式来控制和测量应用程序或服务之间的所有请求流量（在数据中心的说法中，即"东西向"流量）。对于采用微服务的企业而言，此请求流量在运行时行为中起着至关重要的作用。由于服务通过响应传入请求和发出传出请求来工作，因此请求流量成为应用程序在运行时的行为方式的关键决定因素。因此，将流量管理标准化则成为将应用程序运行时标准化的工具。

通过提供 API 来分析和操作此流量，服务网格为整个组织的运行时操作提供了标准化机制——包括确保可靠性、安全性和可见性的方法。和任何优秀的基础设施层一样，服务网格（在理想情况下）的工作方式与服务的构建方式无关。

服务网格对于业务开发人员是透明的，而平台运维人员也可以在不关心业务的情况下，有效地运维应用，确保应用的可靠性、安全性和可见性。而且，服务网格对业务应用开发过程的侵入性降到最低，对所有语言友好。这样一来，和业务无关的管理功能和运维工作尽量下沉到基础设施中，应用可以聚焦在业务能力的开发和运营上。这个趋势演化的过程影响了云计算的发展方向，从一开始的虚拟化到 IaaS 和 PaaS 都将应用系统的部分运维职责交给平台。

PaaS 为云应用提供了运行容器，解决了应用部署问题和运行时管理问题，但是应用仍然有大量的运维工作，特别是对于微服务应用，需要解决诸多问题，如服务的发布和感知、多实例应用的负载均衡、服务故障检测和隔离等。这些问题在 PaaS 层面是无法解决的，通常由开发框架——微服务治理框架解决。

服务网格出现后，业务应用本身的生命周期还是需要应用来运维保障的。这就逐步演化出了 Serverless 的概念，Serverless 并非没有 Server，而是对于开发团队来说根本不在意 Server 是什么样的。开发团队只需要提交业务代码，就可以得到需要的运行实例。对应用开发团队来说，Server 是不存在的。

从目前业界的技术趋势来看，服务网格的概念已经被大部分的大型云上企业接受，服务网格被诟病的性能问题也在逐步解决中，可以预测将有更多的微服务应用采用这一基础能力。Serverless 目前发展得还比较初期，包括全托管服务和 FaaS（函数即服务）。全托管服务在公有云上已经逐步成熟，随着混合云的普及，全托管服务会逐步发展；FaaS 由于涉及开发模式的转变，要取代现有的开发模式还需要假以时日，不过在适合的应用场景中应该会有越来越多的应用。

服务网格这一概念出现的时间其实并不长，已经有相当数量的不同方法来解决服务网格的问题，如管理微服务通信。目前，确定了三种服务网格创建的通信层可能存在的位置：每个微服务导入的 Library、在特定节点提供服务给所有容器的节点 Agent、与应用程序容器一起运行的 Sidecar 容器。

基于 Sidecar 的模式目前是服务网格最受欢迎的模式之一，其基本架构如图 8-11 所示。

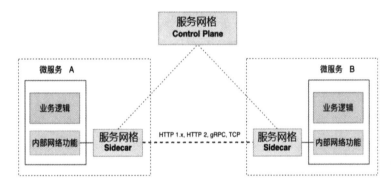

图8-11　基于Sidecar的服务网格基本架构

（1）Sidecar

在这类服务网格中，每个微服务容器都有另一个 Proxy 容器与之相对应。所有服务间通信需求都会被抽象出微服务之外并且放入 Sidecar。这种设计模式对于简化分布式应用程序至关重要。通过将所有的网络和通信代码放到单独的容器中，将其作为基础架构的一部分，并使开发人员无须将其作为应用程序的一部分实现。这是一个聚焦于业务逻辑的微服务。这个微服务不需要知道如何在其运行的环境中与所有其他服务进行通信，只需要知道如何与 Sidecar 进行通信即可，剩下的将由 Sidecar 完成。

（2）服务网格的整体集成解决方案

服务网格主要解决的是微服务之间的网络通信交互，随着业务服务的增加，整个服务网格会变得庞大和复杂，这个时候需要将服务网格的管理功能抽象出来，从而满足丰富的微服务运营需求。大部分的服务网格只是开源项目，应用于具体项目需要通过一定的操作步骤才能实现，现在比较知名的两款服务网格开源软件 Istio 和 Linkerd 都可以直接在 Kubernetes 中集成，其中

Linkerd 已经成为 CNCF 成员。

- Linkerd

Linkerd 于 2016 年发布，是从 Twitter 开发的 Library 中分离出来的。Linkerd 是一个用于云原生应用的开源、可扩展的服务网格。同时，Linkerd 也是 CNCF（云原生计算基金会）的组件之一。Linkerd 的出现是为了解决像 Twitter、谷歌这类超大规模生产系统的复杂性问题。Linkerd 不是通过控制服务之间的通信机制，而是通过在服务实例之上添加一个抽象层来解决这个问题的。

Linkerd 负责跨服务通信中最困难、易出错的部分，包括延迟感知、负载均衡、连接池、TLS、仪表盘、请求路由等，这些都会影响应用程序的伸缩性、性能和弹性。

Linkerd 作为独立代理运行，无须特定的语言和库支持。应用程序通常会在已知位置运行 Linkerd 实例，然后通过这些实例代理服务进行调用。Linkerd 应用路由规则与现有服务发现机制通信，对目标实例做负载均衡，同时调整通信并报告指标。

通过延迟调用 Linkerd 的机制，应用程序代码与以下内容解耦：生产拓扑、服务发现机制、负载均衡和连接管理逻辑。应用程序也将从一致的全局流量控制系统中受益。这对于多语言应用程序尤其重要，因为通过库来实现这种一致性是非常困难的。

Linkerd 实例可以作为 Sidecar 来运行，此时要为每个应用实体或每个主机部署一个实例。由于 Linkerd 实例是无状态和独立的，因此它们可以轻松适应现有的部署拓扑。Linkerd 实例可以与各种配置的应用程序代码一起部署，并且基本不需要协调。

- Istio

Istio 作为服务网格的另一种实现，原理与 Linkerd 基本类似。Istio 由谷歌、IBM、Lyft Envoy 联手开发，一开始就定位于实现服务网格模式的微服务框架，于 2017 年 5 月发布 0.1 版本，然后在 10 月发布 0.2 版本。

Istio 基于 Kubernetes 环境提供的一个完整的解决方案来满足微服务应用程序的各种需求。通过 Kubernetes 的 Pod，Istio 为每一个微服务实例注入一个 Sidecar，代理（Proxy）业务实例的所有外部流量，从而实现微服务治理框架所需要的行为洞察和操作控制能力，如服务注册发现、配置管理、熔断和链路追踪等。Istio 还可以提供灵活的灰度发布策略配置。

Istio 可以在不修改微服务源代码的情况下，轻松为其加上负载均衡、身份验证等功能，它可以通过控制 Envoy 等代理服务来控制所有的流量。此外，Istio 提供容错、部署、A/B 测试、监控等功能，并且支持自定义的组件和集成。

Rancher 2.3 Preview2 版本开始支持 Istio，用户可以直接在 UI 界面中启动 Istio，并为每个命名空间注入自动 Sidecar。Rancher 内置了一个支持 Kiali 的仪表盘，可简化 Istio 的安装和配置。

这一切让部署和管理 Istio 变得简单而快速。

Istio 服务网格在逻辑上可以分成两大区块：

- 数据区（Data Plane）：由通信代理组件（Envoy/Linkerd 等）和组件之间的网络通信组成。
- 控制区（Control Plane）：负责对通信代理组件进行管理和配置。

8.4 云原生系统的安全性

在云原生系统中，可以将现有成熟的安全能力如隔离、访问控制、入侵检测、应用安全等应用到云原生环境中，构建安全的云原生系统。

云原生的新特性，如基础设施轻而稳定、服务安排灵活、开发和运营整合等，具有许多优势，可以将这些特性赋予传统的安全产品，通过软件定义安全架构，构建本地的安全架构，从而提供按需弹性的、云端和本地安全能力，提高效率，适用于 5G、边缘计算等场景。

云原生场景非常复杂，很难有统一的业务安全模型。考虑云原生应用的生命周期，安全要覆盖开发、编译、持续集成/持续部署（CI/CD）、运行。

在云原生安全的早期阶段，攻击者关注代码、第三方库、镜像等长期存在的资产，而防御者关注安全编码、开源软件漏洞管理和仓库漏洞评估、安全基线验证。如果防御者能够做好长寿命资产的持续风险、漏洞评估和缓解工作，攻击者下一步将在运行时利用自动攻击方法攻击微服务、非服务和容器。运行时安全性比开发安全性更难保障。运行时安全保护可分为面向容器的安全保护和面向微服务/服务网格的安全保护。容器工作负载的行为分析、容器网络的入侵检测、服务网格的 API 安全和业务安全将成为维护者的新关注点。在容器层面，由于容器的生命周期非常短，攻击者和防御者都无法在短期内应用现有的攻击或安全机制，此时主要关注的是容器所建立的网络中是否存在入侵，如容器及其开放服务的检测和水平移动。安全人员可以为容器的正常行为建立基线。运行微服务的容器中进程数量很有限，而且这些进程的行为也是可预测的。因此，建立基线可以很好地描述相关容器的行为，以便及时发现偏离基线的可疑行为。网络入侵检测组件可以采用特权容器的方式部署，实现微隔离、访问控制、网络流量监控、入侵检测和保护等功能。在微服务/服务网格级别，将安全功能部署到服务网格中每个微服最近的一侧。云原生场景非常复杂，很难有统一的业务安全模型。在微服务/服务网格的场景中，大部分服务都是通过 API 调用来实现的，所以 API 安全性非常重要。

8.5　本章小结

LXC 容器技术是一种内核轻量级的操作系统层虚拟化技术，它的诞生解决了"操作系统和环境的共享和复用"问题。Docker 底层使用了 LXC 来实现，是基于 LXC 技术的发展及创新。作为一个开源的应用容器引擎，Docker 让开发者可以将应用以及依赖包打包到一个可移植的容器中，然后发布到某个操作系统中。

本章主要介绍了容器技术和 Docker 的基本概念、基本原理，详细介绍了 Docker 的安装流程、常用编排工具，并给出了 Docker 安装运行 Nginx 的实践案例。

8.6　习题

（1）什么是云原生？

（2）云原生的代表技术有哪些？

（3）微服务架构和单体架构的主要区别有哪些？

（4）服务网格的特点是什么？

（5）服务网格的作用是什么？

（6）使用 Spring Boot 快速搭建一个 Web 项目——"Hello Spring Boot"。

第9章　DevOps

DevOps（Development 和 Operations 的组合词）是一组过程、方法与系统的统称，用于促进开发（应用程序/软件工程）、技术运营和质量保障（QA）部门之间的沟通、协作与整合。它是一种重视"软件开发人员（Dev）"和"IT 运维技术人员（Ops）"之间沟通合作的文化、运动或惯例。通过自动化"软件交付"和"架构变更"的流程，使得构建、测试、发布软件更加快捷、频繁和可靠。

DevOps 始于比利时的独立 IT 顾问帕特里克·德布瓦。2007 年，帕特里克参加了比利时一个政府部门的大型数据中心迁移项目。在这个项目中，他负责测试和验证，不仅要与开发团队（Dev）一起工作，还要与运维团队（Ops）一起工作。他意识到开发团队和运维团队在工作和思维方式上存在着很大的差异，有着各自的利益诉求，所以存在着冲突。

2008 年 8 月，在加拿大多伦多举行的敏捷大会上，Andrew Shafer 提交了一个名为"敏捷基础设施"的临时主题。帕特里克在这次会议上分享了他如何在运营和维护中应用 Scrum 和其他敏捷实践。

2009 年 6 月，美国圣何塞的第二次敏捷大会上的最大亮点是一个名为《每天 10+部署：Flickr 上的开发和 Ops 合作》的演讲。这个演讲可以作为 DevOps 萌芽的标志，提出了 DevOps 的核心内容——关注业务敏捷性，构建适合快速软件发布的工具和文化。

2010 年，DevOps 被越来越多的人所熟知，并很快被大多数人所认可。人们认为这是 IT 部门正确的运营模式。DevOps 已经成为一个促进开发、运维合作的活动并产生了许多工具和实践。然而，每个人对 DevOps 有不同的理解，争论是不可避免的。于是，2010 年，敏捷管理博客发表了文章《什么是 DevOps》，给出了 DevOps 的详细定义，并根据敏捷系统构建了 DevOps 的体系，包括一系列的价值观、原则、方法、实践和相应工具。该文章还梳理了 DevOps 的历史等。

9.1　DevOps 概述

DevOps 出现的背景是：软件开发从传统的瀑布流方式转变为敏捷开发，创新型的应用不断涌现，研发过程中多采用小步快跑、快速试错的方式，这些探索性工作要求运维能够具备一天发布多次的能力，需要企业完成由稳态到敏态的转变；软件开发活动在企业经营活动中占比的不断增加；业务发展对软件由轻度依赖、中度依赖发展到目前的重度依赖；软件开发活动中存在着许多浪费，企业管理上必然存在着识别并消除浪费的需求。

软件行业日益清晰地认识到：为了按时交付软件产品和服务，开发和运维工作必须紧密合作。

在采用了 DevOps 的企业里面，产品经理、开发人员、QA 人员、IT 运维人员、信息安全人员相互帮助、共同努力，使整个企业的业绩蒸蒸日上。他们朝着一个共同的目标努力，建立了从产品规划到功能发布的端到端快速服务交付管道（例如，每天执行数十、数百甚至数千次代码部署），在系统稳定性、可靠性、可用性和安全性方面达到了世界一流水平。跨职能团队严格地测试了他们的假设，找出了那些最能取悦用户并促进企业目标实现的功能。跨职能团队不仅关心用户特征的实现，而且积极确保交付能够顺利、频繁地贯穿整个交付价值链。同时，IT 运维部门和其他内外客户的系统也不会出现混乱和中断。QA 人员、IT 运维人员、信息安全人员也将参与到团队文化的建设中，努力营造一个让开发人员更高效、更有生产力的工作环境。通过将 QA 人员、IT 运维人员、信息安全人员等专业人员整合到交付团队中，构建了一个自动化的自助服务工具和平台，所有团队在日常工作中可以随时使用他人的专业技能，而无须依赖等待。

随着 DevOps 的出现以及硬件、软件和公共云的不断商业化，任何新功能的开发都可以在几周内完成并在几个小时或几分钟内部署到生产环境，部署最终演变成日常的低风险工作。通过使用 DevOps，企业可以测试商业理念，为客户和整个企业找到最有价值的理念，然后实施开发，并快速安全地将其部署到生产环境中。现在，大多数采用 DevOps 原则和实践的企业每天可以完成数百甚至数千次代码更改的部署。对比敏捷竞争对手，DevOps 可以提高企业的业绩，实现开发人员、QA 人员、IT 运维人员、信息安全人员等各种功能技术角色的目标，同时改善人们的处境。

DevOps 可以在很短时间内激发开发人员的兴奋和热情。在使用 DevOps 的理想情况下，小型团队开发人员能独立地实现功能，在类生产环境中验证它们的正确性，然后快速、安全、可靠地将代码部署到生产环境中。代码部署是常规的和可预测的。这些部署可能都不会吸引客户的注意。由于代码部署是在工作时间进行的，所以运维人员可以在正常工作时间工作。通过在流程的每个步骤创建一个快速反馈循环，每个人都可以立即看到工作成果。只要将代码变更提交给版本控制系统，就会在类生产环境中快速自动测试，这将持续确保代码和环境满足设计期望，并始终处于安全且可部署的状态。自动化测试可以帮助开发人员快速发现错误，并对其进行快速修复。

如果有必要，还可以动员整个企业去处理问题，因为整体目标高于局部目标。在使用 DevOps

的代码和生产环境中，确保了问题被快速发现和纠正，一切都可以按照预定的方式进行，客户可以从团队创建的软件中获得价值。在这样的场景中，每个人都感觉很有生产力。这种架构使小团队能够安全工作，并与其他团队的工作分离。这些团队独立而高效地处理少量的工作，并快速而频繁地为客户提供新的价值，而不是每个人都在等待并面临大量的延迟和紧急的返工。

按照这种思路，软件开发企业可以将所有功能的代码部署到生产环境中，并对内部员工和内测用户可见。这样可以测试和改进它的功能，直到达到预期的业务目标再进行发布，对更大的客户群可见，并且在出现错误时自动回滚。这样一来，发布新功能变得可控、可预测、可逆转，而且压力更小。除了新功能的顺利发布外，内测的时候可以发现各种问题并进行修复，成本低。通过修复问题，可以防止问题再次发生，并在以后更快地发现和修复类似的问题。

DevOps 说明有了正确的架构、技术实践和文化规范，小型开发团队可以快速、安全、独立地开发、集成、测试和部署变更到生产环境中。在一般的项目团队中，开发人员是分散的，并且在每个软件发布后被重新分配，没有机会从工作中得到反馈；使用 DevOps 后，可以保持团队的完整性，让团队得到迭代和改进，利用团队成员学习到的经验更好地实现目标。这对于为外部客户解决问题的产品团队和帮助其他团队提高生产率、可靠性和安全性的内部平台团队同样重要。软件开发企业的团队文化体现的是高度的信任与合作。因为需要对工作质量负全责，所以开发人员在日常工作中创建自动化测试，并使用同行评审来确保问题在影响到客户之前就能得到解决。与自上而下授权审批的方式相反，上述流程降低了风险，使软件开发企业能够快速、可靠、安全地交付价值。如果出现问题，软件开发企业会进行复盘分析，以便更好地了解事故发生的原因以及如何防止事故再次发生。这种方法加强了软件开发企业的学习文化。软件开发企业还举办内部技术研讨会来提高员工的技能，并确保每个人都参与其中。因为关注质量，软件开发企业甚至故意将错误注入到生产环境中，以了解系统如何以预期的方式失败。软件开发企业按计划进行大规模故障演练，在生产环境中随机结束进程，中断正在运行的服务器，并注入网络延迟等恶意因素，以确保系统的可靠性。这种方式为软件开发企业的系统带来了更高的可靠性，并为整个企业提供了更好的学习和改进机会。

近年的数据指出，使用 DevOps 的企业在以下方面远优于低档次的同行：代码变更和部署、生产环境部署、平均服务恢复时间、生产率、市场份额和业务目标、市场价值。

9.2　DevOps 定义的发展

从最初诞生开始，DevOps 的定义一直在不断发展。2009 年 10 月，帕特里克·德布瓦给出的定义如下：

DevOps（英文 Development 和 Operations 的组合）是一组过程、方法与系统的统称，用于促进开发（应用程序/软件工程）、技术运营和质量保障（QA）部门之间的沟通、协作与整合。

它的出现是由于软件行业日益清晰地认识到：为了按时交付软件产品和服务，开发和运营工作必须紧密合作。其生命周期如图9-1所示。

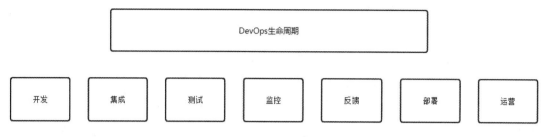

图9-1　DevOps生命周期

2010年，DevOps的定义如下：

DevOps是一组流程、方法和沟通系统的统称，用于开发（应用程序/软件工程）、技术操作和质量保证（QA）部门之间的集成协作。它涉及新兴的管理思想的发展和业务相互依赖的关系，以满足企业及时生产软件产品和服务的目标。

2012年，DevOps的定义如下：

DevOps是一种多用途的开发和操作方法，强调沟通、协作、集成软件开发和操作。它可以快速响应业务和客户的需求，改善IT部门间的沟通，加快IT组织交付生产软件和服务。DevOps是一种文化、运动或实践，它强调软件开发人员和其他信息技术人员的协作和沟通，同时强调自动化软件交付和基础设施变更的过程。它的目标是建立一种文化和环境，通过构建、测试和发布软件等方法，快速、频繁、可靠地发布软件。

2015年，DevOps的定义如下：

DevOps是一个软件工程实践，旨在统一软件开发（Dev）和软件操作（Ops）。DevOps的主要特点是在软件构建、集成、测试、发布、部署和基础设施管理中大力提倡自动化和监控。DevOps的目标是缩短开发周期、增加部署频率、更可靠地发布，与业务目标紧密结合。

2017—2020年，DevOps的定义如下：

DevOps是一种软件工程文化和实践（Practices），旨在整合软件开发和软件运维。DevOps的主要特点是强烈倡导对构建软件的所有环节（从集成、测试、发布到部署和基础架构管理）进行全面的自动化和监控。DevOps的目标是缩短开发周期、提高部署频率和更可靠地发布，与业务目标保持一致。

2021年，DevOps的定义如下：

DevOps是一系列整合软件开发和软件运维活动的实践（Practices），目标是缩短软件开发生命周期并使用持续交付提供高质量的软件。

在中文维基百科中，DevOps 的定义为：

DevOps（Development 和 Operations 的组合词）是一种重视软件开发人员（Dev）和 IT 运维技术人员（Ops）之间沟通合作的文化、运动或惯例。通过自动化软件交付和架构变更的流程，使得构建、测试、发布软件更加快捷、频繁和可靠。

9.3　DevOps 流程

DevOps 的基础原则为三步工作法，并由此衍生出了 DevOps 的行为和模式。

9.3.1　三步工作法

第一步，实现开发到运维工作的快速流动。为了最大限度地优化工作流，需要将工作可视化，减小每批次大小，缩短等待间隔，杜绝向下游传递缺陷，并持续地优化全局目标。通过加快技术价值流的流速，缩短满足内部或者外部客户需求所需的前置时间，尤其是缩短代码部署到生产环境所需的时间，有效地提高工作质量和产量，并使企业具有更强的外部竞争力。相关的实践包括持续构建、集成、测试和部署，按需进行环境搭建，限制在制品数量，构建能够安全地实施变更的系统和组织。

第二步，在开发到运维的每个阶段中，应用持续、快速的工作反馈机制。该方法通过放大反馈环防止问题复发，缩短问题检测周期，实现快速修复。通过这种方法，运维团队能从源头控制质量，并在流程中嵌入相关的知识。这样不仅能创造出更安全的工作系统，还可以在灾难性事故发生前就检测到并解决它。及时发现并控制问题，直到拥有有效的对策，持续地缩短反馈周期和放大反馈环，是所有现代流程优化方法的一个核心原则，能够创造出组织学习与改进的机会。

第三步，支持动态的、严格的、科学的试验。通过主动地承担风险，不但能从成功中学习，也能从失败中学习。通过持续地缩短反馈周期和放大反馈环，不仅能创造更安全的工作系统，也能承担更多的风险，并通过试验帮助自己比竞争对手改进得更快，从而在市场竞争中战胜对手，让工作系统事半功倍，将局部优化转化为全局优化。

9.3.2　流动原则

在技术价值流中，工作通常从开发人员流向运维人员，即业务和客户之间的所有职能部门。因此，首先要建立一个快速、顺畅的工作流程，从开发到运维，为客户交付价值。主要的优化应该针对这一全局目标进行，而不是着眼于一系列局部目标，如功能开发的完成情况、测试中问题的发现率和正确率、运维的可用性等。

通过不断加强工作内容的可视化，减少每个批次的内容，缩短等待间隔，防止构建缺陷传递到下游，从而增强流动性。通过加速技术价值流的流动，运维团队可以缩短交付时间，满足内部和外部客户的需求，进一步提高工作质量，使运维团队比竞争对手更敏捷、更有竞争力。运维团队的目标是提高服务的质量和可靠性，同时缩短对生产环境进行代码更改所需的时间。一方面，技术产业的工作内容是不可见的，在技术价值流中很难找到工作过程的阻塞点，例如在哪里被阻塞、在哪个环节有积压。另一方面，技术工作的流程可以通过点击来完成，例如将工作订单重新分配给另一个团队。因为点击操作太简单，不同的团队可能会因为信息不完整而把工作"踢来踢去"，存在的问题也会被转移到下游流程中，完全不被察觉，直到产品不能按时交付给客户。应用程序在生产环境中也可能存在问题。为了确定工作流程、队列或停滞的位置，有必要尽可能地将工作可视化。只有当应用程序成功地在生产环境中运行并开始为客户提供价值时，它才可以被视为"完成"。通过将每个工作中心的所有工作可视化地显示，涉及的人员可以更容易地从总体目标中确定每个工作的优先级。这样，每个工作中心就可以采用单任务处理的方法，从优先级最高的任务开始，依次完成所有的工作，从而增加工作中心的吞吐量。

限制内容规模。技术工作通常是动态的——特别是当存在共享服务时，团队必须同时满足许多相关人员的需求，这会导致临时安排控制日常工作。紧急工作可能来自各种渠道，如工作单系统、停机警报、电子邮件、电话、即时消息或由管理确定的事件。技术人员很容易被打断，因为这种中断的后果似乎对每个人来说都是无形的，即使它对生产率的影响比制造业更大。例如，如果一个工程师同时被分配到多个项目中，那么他必须在多个任务、认知规则和目标之间来回切换，这种多任务处理会导致更长的处理时间。通过限制正在进行的工作内容的数量，更容易发现工作中的障碍。

此外，对于技术价值流来说，大规模生产的副作用是很严重的。运维团队制定了软件发布的年度计划，将全年的开发结果一次性发布到生产环境中。这次大规模的新闻发布会导致了突发的、大量的工作在进行中，导致了下游各工作中心的大规模混乱，流动性和质量都很差。这与运维团队的经验相似，即生产环境的变化越大，定位和修复问题就越困难，修复时间也就越长。

减少交接次数。在技术价值流中，如果部署的前置时间是几个月，那么通常是因为将版本控制系统中的代码部署到生产环境中需要数百甚至数千个操作。实际上，在价值流中，需要不同部门的配合来完成相关任务，包括功能测试、集成测试、环境建设、服务器配置、存储管理、网络、负载均衡、信息安全加固等。当一项工作在团队之间交接时，需要大量的沟通——请求、委派、通知、协调，通常还需要确定优先级、安排日程、解决冲突、测试和验证。这些工作也可能需要使用不同的工作单系统或项目管理系统，准备技术规范文件，并以会议、电子邮件或电话的形式进行沟通。它们还可能涉及文件共享服务器、FTP 服务器的使用。事实上，上述过程中的每个环节都有其潜在的队列。当依赖不同价值流共享的资源时，会出现工作等待。这些请求的前置时间通常很长，导致本应按期完成的工作持续拖延。即使在最好的情况下，一些信息或知识也会不可避免地在交接过程中丢失。在多次交接之后，问题的上下文和所支持的组织目标可能会完全丢失。例如，服务器管理员可能收到关于创建用户账户的新工作命令，但他不知道哪个应用程序或服务将使用该账户，为什么需要创建新账户，其他依赖关系是什么，或者这是否是重复的工作。为了减少此类问题的发生，要么努力减少交接的数量，要么以自动化的方式执行大部分的操作，要么重新调整组织结构，使团队能够独立地为客户提供价值，而不依赖其他人。

不断识别和改进约束点。为了缩短交付期、提高吞吐量，运维团队需要不断识别系统中的约束点，提高工作能力。在 DevOps 转换过程中，如果想要将交付时间从一个月或一个季度缩短到几分钟，通常需要依次优化以下约束点。

- 环境构建：如果生产或测试环境的构建总是需要数周或数月的时间，则无法实现按需部署。解决方案是根据需要建立一个完全自服务的环境，以确保团队可以在需要时自动创建环境。
- 代码部署：如果代码部署需要数周以上的时间，则无法按需部署。解决方案是尽可能地自动化部署过程，这样任何开发人员都可以根据需要自动部署。
- 测试准备和执行：如果每次代码部署都需要两周的时间来完成测试环境的准备和数据集的配置，又需要另外四周的时间来手动执行所有回归测试，则无法实现按需部署。解决方案是实现自动测试，使测试的速度能够跟上代码开发的速度，同时安全并行地执行部署。
- 紧耦合体系结构：如果体系结构是紧耦合的，那么按需部署就无法实现，因为工程师每次想要更改代码时，都必须从变更评审委员会获得实现更改的许可。解决方案是创建一个松散耦合的体系结构，这样开发人员就可以安全地、自主地进行更改，并提高生产率。

如果上述限制可以被打破，那么下一个限制可能是开发部门或产品经理。因为运维团队的目标是使小型开发团队能够独立、快速、可靠地开发、测试和部署，并继续为客户创造价值，这些环节应该是约束的焦点。

运维团队可以总结一些导致软件开发过程中交付延迟的主要因素，例如需求文档或未被评审的变更订单、等待 QA 评审或服务器管理员评审的工作订单、交付过程中内置的那些对组织或客户完全不必要的功能等。在将人员分配到多个项目和价值流之后，他们需要切换当前任务内容并管理工作之间的依赖关系，这会在价值流中消耗额外的工作负载和时间。由于信息、材料或产品出现错误、畸形或歧义，需要进行一定的确认工作。缺陷产生到检测的时间间隔越长，解决问题的难度越大。运维团队的目标是将这些浪费和困境形象化，系统地改善、减少或消除这些问题，从而达到快速流动的目标。提高技术价值流的流动性对 DevOps 的实施非常重要。因此，运维团队需要将工作可视化，限制正在进行的工作数量，减少批量，减少交接数量，不断识别和改进约束点，消除日常工作中的困难。

第二步工作方法中所描述的原理使得从开发到运维的每个阶段都可以快速、连续地获得工作反馈。运维团队的目标是建立一个安全可靠的工作系统。这对于复杂系统尤为重要。在这种情况下，发现和纠正错误的最早时间通常是发生灾难性事件的时候。在科技行业，运维团队的大多数工作都发生在复杂的系统中，有可能带来灾难性的后果。这些问题只有在出现重大故障时才会被发现，例如由于安全漏洞导致的大规模用户服务中断或客户数据泄露等。通过在整个价值流和组织中建立一个快速、频繁、高质量的信息流，包括反馈和前馈循环，可以使系统更加安全。这样可以在规模小、修复成本低的情况下发现并修复问题，在灾难发生前消除问题。

复杂系统中的组件通常是紧密耦合、密切相关的，不能仅仅根据组件的行为来解释系统的行为。即使实现了有价值的静态检查和最佳实践，反馈原则的实践还不足以防止灾难的发生。

在信息技术行业，必须设计一个安全的工作系统，确保错误能够在灾难性后果（如产品缺陷或对客户的负面影响）发生之前迅速被发现。通过在安全的软件运行环境中不断地验证设计和假设，尽可能早、尽可能快地以尽可能低的成本从尽可能多的维度增加系统的信息流，并尽可能清楚地确定问题的原因和后果。反馈和前馈循环可以增强或取消系统中组件之间的关系。

在技术价值流中，由于缺乏快速反馈机制，常常导致工作效果不佳。例如，在瀑布式软件项目中，代码开发可能需要一整年的时间，在开始测试之前（甚至在将软件发布给客户之前），运维团队不会得到任何质量反馈。

当反馈缺乏且滞后时，很难达到预期的效果。相反，运维团队的目标应该是在技术价值流的每个阶段（包括产品管理、开发、QA、信息安全和运维）的所有工作的执行过程中建立一个快速反馈和前馈循环。这包括创建自动化的构建、集成和测试过程，以尽早地检测可能导致缺陷的代码变更。运维团队还需要建立完善的监控系统，监控生产环境中业务组件的运行状态，以便快速发现异常的业务状况。监控系统还可以帮助运维团队衡量是否偏离了预期的目标，并将监控结果辐射到整个价值流中，这样运维团队就可以看到行动如何影响系统的其他部分。反馈回路不仅可以使问题的快速检测和修复成为可能，还可以告诉运维团队如何防止问题的再次发生。这提高了工作体系的质量和安全性，还可以防止问题被带入下游加工环节，否则不仅维修成本和工作量会成倍增加，而且还会欠技术债。在复杂系统中，人、过程、产品、地点和情境之间存在着许多意想不到的、特殊的交互作用，这些交互作用会导致许多问题。随着时间的推移，没有人能够准确地重现问题发生时的场景。只有通过群策群力，在初期解决小问题，才能在萌芽中消除灾难性事故。当有人提交导致持续构建或测试过程失败的代码更改时，运维团队停止任何新的工作，聚集起来解决问题，直到问题解决。这为价值流中的每个人（特别是引起系统故障的人）提供了快速的反馈，因此运维团队可以快速隔离和定位问题，避免更复杂的情况模糊问题的因果关系。阻止新工作有助于持续的集成和部署，这是技术价值流中的整体流程。所有能够通过持续构建和集成测试的更改都可以部署到生产环境中。任何导致测试失败的变化都会让开发人员聚在一起解决问题。

在复杂系统中，增加更多的检查步骤和批准过程实际上增加了故障的可能性。决策场所一般远离实施场所，导致审批过程有效性下降。这不仅降低了决策的质量，还延长了决策周期，削弱了因果关系之间的反馈强度，降低了从成功和失败中学习的能力。在日常工作中，运维团队需要价值流中的每个人在他们的控制范围内发现和解决问题。这样，质量控制、安全责任和决策就可以放在工作现场，而不是依靠外围高级经理的批准。在同行评审的基础上评估提议的变更，以确保它们将根据设计进行操作。通常由 QA 和信息安全人员进行的质量检查应尽可能采用自动化方式进行。自动化测试是按需执行的，而不需要开发人员请求或从测试团队发起。通过这种方式，开发人员可以快速测试他们自己的代码，甚至可以将代码更改部署到生产环境中。这样，运维团队真的让每个人都对质量负责，而不是一个部门。可用性不是运维部门的专属工作，开发人员也要对系统质量负责，这样不仅可以提高系统的质量，还可以加快学习。这对于开发人员来说尤其重要，因为他们通常是团队中离客户最远的。在技术价值流中，运维团队通过为运维而设计来为下游工作中心做优化，包括运维的非功能性需求（如架构、性能、稳定性、可测试性、可配置性和安全性）与用户功能同样重要。这样，运维团队就在源头保障了质量，并形成了一套非功能性需求，可以主动地将它们集成到构建的所有服务中。

技术价值流的核心是建立高度信任的文化。它强调每个人都是一个持续的学习者，必须在日常工作中承担风险，科学改进流程和开发产品，从成功和失败中积累经验，发现潜在的问题，摒弃无用的思想。此外，所有本地经验将迅速转化为整体改进，从而帮助整个组织尝试和实践新技术。

当在复杂系统中工作时，准确预测结果是不现实的。几乎所有的技术工作都是在复杂的系统中进行的。这就意味着小心谨慎并不一定就能避免事故。管理层对事故责任人的处罚不仅会引起恐慌，还会导致问题和错误被隐瞒，直到下一次灾难性事故发生。

在技术价值流中，运维团队可以通过努力构建安全的工作体系来建立活力文化的基础。在发生事故和失败的情况下，重点是如何重新设计系统，以防止事故的再次发生，而不是追究责任。例如，可以在每次事故发生后进行非责备性的审查，客观地解释事故发生的原因和过程，并就优化系统的最佳措施达成一致。理想情况下，这不仅可以防止问题再次发生，还可以帮助实现更快的故障定位与恢复。

对于开发人员，通过指定预留时间改进日常工作，包括预留时间来偿还技术债务、修复缺陷、重构和优化代码及环境。可以在每个开发周期的间隔中留出一段时间，或者安排进行快速改善，进一步促进和保证学习。

通过以上措施，每个人都可以在日常工作中发现并解决可控范围内的问题。在解决了困扰团队几个月甚至几年的主要问题之后，就可以消除系统中的其他潜在问题了。尽早识别出这些潜在的问题，不仅可以降低解决问题的成本，还可以降低系统承担的风险。此外，当一个团队或个人获得独特的专业知识或经验时，运维团队的目标是整合这些知识或经验，从而帮助他人吸收，并在实践中应用。通过建立持续、动态的学习机制，帮助团队快速、自动地适应不断变化的环境，进而帮助企业在市场竞争中脱颖而出。

9.4 DevOps 实践

阿里云认为DevOps的实施构建在云原生的基础设施之上，并以一站式的DevOps工具平台为支撑。通过 DevOps 实施，构建以下两个能力：第一，持续、顺畅地高质量交付有效价值。持续优化协作模式和工程体系，消除业务需求交付过程中的一切阻碍和等待，让交付节奏跟上业务发展的需要，同时保障交付的质量和交付效能的可持续性。第二，极致弹性和韧性的系统运行。IT 系统必须满足业务运营的要求，具备极致的弹性和韧性。弹性是指它随业务负载自动、实时地扩缩容，以精准的弹性和合理的成本满足业务需求；韧性是指确保系统安全、合规和稳定运行，实现系统运行的连续可用性和安全稳定。

为了构建这两个能力，阿里云明确提出了 DevOps 实施的价值主张。它们分别是：业务驱动的协作模式、产品导向的交付模式、特性为核心的持续交付、应用为核心的运维。接下来将分别进行介绍。

（1）业务驱动的协作模式

IT 系统的交付是一个协作过程，涉及交付链路上的不同职能，如业务、产品、开发、测试和运维等；涉及不同功能团队，如前端、后端、中台的不同产品、基础技术组件等。

如何让协作更高效，从而更快地响应和交付业务需求？阿里云实施 DevOps 的第一个价值主张就是：业务驱动的协作模式。它要求：通过业务需求拉通端到端的交付过程，包括业务、产品、开发、测试、运维等职能的工作；通过业务需求对齐各个功能开发的工作，如前端、后端、中台的交付节奏等。业务驱动的协作模式寻求系统优化，确保各个局部的工作转化为业务可见的交付效能。

（2）产品导向的交付模式

业务需求的满足最终必须落地到产品上才能够交付。产品交付模式有两种，分别是产品导向的交付模式和项目导向的交付模式。项目导向的交付模式关注短期的交付，而产品导向的交付模式关注的是长期的价值。阿里云主张产品导向的交付模式，这是为了长期的效率和业务的价值。产品导向的交付模式把技术交付团队看成利润中心（而非成本中心），面向产品和业务建设跨功能和相对稳定的产品交付团队，以业务价值和业务响应来衡量和激励产品交付团队。团队面向业务价值，持续地迭代和学习，并积累软件资产、工程和技术资产，提升自己的响应和交付能力。

（3）特性为核心的持续交付

业务驱动的协作模式以及产品导向的交付模式两者都离不开工程能力的支持，尤其是持续交付工程能力。阿里云将持续交付能力分解为持续部署和持续发布两个能力。其中，部署（Deployment）是技术概念，指的是将软件安装到一个特定的环境；发布（Release）是业务概念，指的是让一个或一组需求对用户可用。建设持续交付能力，首先要做到两个解耦。首先是需求之间的解耦，让各个需求的开发和发布能够独立进行；然后是部署和发布之间的解耦，让部署的动作更加灵活，让发布能够随需进行。单应用部署、单需求发布是持续交付的最理想状态。这两个解耦要达成的是单应用持续变更和单需求持续发布的能力。这是响应业务最敏捷的方式，也是阿里云对持续交付能力的追求。一个业务需求经过拆解，对应多个应用的变更，每个应用独立开发、测试和部署，当该需求涉及的所有变更部署完成时，这个需求就可以自动发布，或通过特性开关按业务需要发布。为了做到单应用的持续部署和单需求的按需发布，需要一系列机制、能力和工具体系的支持，如环境的管理，持续交付流水线的构建、开发联调的手段、质量的保障体系。

（4）应用为核心的运维

运维的目标是在快速响应业务的同时，保障业务系统运行的弹性和韧性。弹性指的是随业务的规模自动和精准伸缩的能力；韧性指的是系统运行的稳定、安全，并保障业务的连续性。应用视角是连接系统和业务的必然选择，也是连接开发和运维的必然选择。以电商系统为例，购物车、商品详情、下单系统都是独立应用。众多应用构成了淘宝、天猫、支付宝等业务系统。阿里巴巴 DevOps 的开发、交付、运维工作都是围绕应用展开的。每个应用有独立的负责人，对应独立的代码库，有自己独立的资源集、预算，故障定责是以应用为维度展开的。阿里巴巴运维体系是构建在应用这个基础单元之上的。基于应用，阿里云可以进行各种精细化管理，推动完成技术升级、资源成本优化，以及各种稳定性治理工作，实现监、管、控一体化的运维。

（5）一站式的 DevOps 工具体系和 DevOps 能力提升模型

DevOps 的实施离不开工具的支持。好的工具能够沉淀原则和方法，贯彻正确的价值主张，让 DevOps 的实施事半功倍。在研发协作、交付过程以及 DevOps 的实施过程中，阿里云面临诸多挑战，例如，工作流程自动化、标准化问题——如何让业务、产品、技术三种角色高效和有效地协同；资产管理问题——如何有效地管理代码、文档、应用、资源等关键资产；透明化与数字化问题——如何通过全局的信息透明促进协同，并通过数据洞察为团队改进指明方向。为了应对这些挑战，阿里巴巴逐渐形成了具有自己特色的 DevOps 实践，并将这些实践落地到一套完整的 DevOps 工具体系中，以适应业务研发的诉求。它可以一站搞定需求、开发、测试、部署、运维的所有诉求，并且松管控、强卡点，在工具设计上弱化人为管控，把操作权限下放到一线研发，同时又提供了全局和特定范围内的卡点能力（如安全检测），保证发布的质量符合要求。而且，可定制、可复用、可扩展，允许开发者根据应用特征和开发习惯定制自己的使用方式以及扩展组件，同时又能方便地复用他人的优秀成果。

9.5　持续交付 CI/CD

9.5.1　持续交付概述

持续交付 CI/CD 是一种软件开发方法，它利用自动化来加快新代码的发布，包括 CI（Continuous Integration，持续集成）、CD（Continuous Deployment，持续部署）、CD（Continuous Delivery，持续交付）这些术语。在持续交付流程中，开发人员对应用所做的更改可自动化地被推送至代码存储库或容器镜像仓库。持续交付是 CI/CD 的一部分，通过对应用开发的某些阶段自动化来更频繁地交付软件。

（1）持续集成

CI/CD 中的 CI 指持续集成。借助持续集成，运维团队可以定期对应用代码的更新进行构建、测试，然后将其合并到共享存储库中。这种方法可以解决在一次开发中有太多应用分支，从而导致相互冲突的问题。

（2）持续交付和持续部署

CI/CD 中的 CD 指持续部署或持续交付，指的是自动化管理后续阶段的方法。持续交付和持续部署是两个紧密相关的概念，但它们有时也会单独使用，表明自动化的不同程度。持续交付通常是指开发团队对应用的更改会自动进行错误测试并上传到存储库（如 GitHub 或容器镜像仓库），然后由运维团队将其部署到实时生产环境中，旨在解决开发团队和运维团队之间可见性及沟通较差的问题。因此，持续交付的目的就是尽可能减少部署新代码时的工作量。持续部署则涵盖了新软件发布过程中的一些额外步骤，通常指的是自动将开发人员的变更内容从存储库发布到生产环境，以供用户使用。它主要是为了解决因手动流程降低应用交付速度，从而使运维团队超负荷的问题。持续部署以持续交付的优势为根基，实现了管道后续阶段的自动化。

9.5.2　CI/CD 与 DevOps 的关联

DevOps 将"开发"和"运维"合二为一，对企业文化、业务自动化和平台设计等方面进行全方位变革，从而实现迅捷、优质的服务交付，提升企业价值和响应能力。持续交付通常与 DevOps 结合使用。DevOps 方法中可能会创建持续交付管道。

DevOps 旨在实现既快又稳的工作流程，使每个想法（比如一个新的软件功能、一个功能增强请求或者一个 Bug 修复）在从开发到生产环境部署的整个流程中都能不断地为用户带来价值。借助 DevOps，通常在标准开发环境中编写代码的开发人员也可与测试人员和 IT 运维团队紧密合作，加速软件构建、代码提交、单元测试和发布，同时保障开发成果的稳定可靠。实施 DevOps 的一大重要成果就是由开发和运维团队利用敏捷方法共同支持的 CI/CD 管道。

9.5.3　CI/CD 的作用

CI/CD 是一种通过在应用开发阶段引入自动化来频繁向客户交付应用的方法。CI/CD 的核心概念是持续集成、持续交付和持续部署。作为一个面向开发和运维团队的解决方案，CI/CD 主要针对在集成新代码时所引发的问题。

具体而言，CI/CD 可让持续自动化和持续监控贯穿于应用的整个生命周期（从集成和测试阶段到交付和部署阶段）。这些关联的事务通常被统称为"CI/CD 管道"，由开发和运维团队以敏捷方式协同支持。

CI/CD 既可以仅指持续集成和持续交付构成的关联环节，也可以指持续集成、持续交付和持续部署这三项构成的关联环节。更为复杂的是，有时"持续交付"也包含了持续部署流程。

归根结底，CI/CD 其实就是一个流程（通常形象地表述为"管道"），用于实现应用开发中的高度持续自动化和持续监控。因案例而异，该术语的具体含义取决于 CI/CD 管道的自动化程度。许多企业最开始先添加持续集成，然后逐步实现交付和部署的自动化（例如作为云原生应用的一部分）。

现代应用开发的目标是让多个开发人员同时处理同一应用的不同功能。但是，如果企业安排在一天内将所有分支源代码合并在一起，可能导致工作烦琐、耗时，而且需要手动完成。这是因为当一个独立工作的开发人员对应用进行更改时，有可能会与其他开发人员同时进行的更改发生冲突。如果每个开发人员都自定义自己的本地集成开发环境（IDE），而不是让团队就一个基于云的 IDE 达成一致，那么就会让问题更加雪上加霜。

持续集成可以帮助开发人员更加频繁地（有时甚至是每天）将代码更改合并到共享分支或"主干"中。一旦开发人员对应用所做的更改被合并，系统就会通过自动构建应用并运行不同级别的自动化测试（通常是单元测试和集成测试）来验证这些更改，确保这些更改没有对应用造成破坏。这意味着测试内容涵盖了从类和函数到构成整个应用的不同模块。如果自动化测试发现新代码和现有代码之间存在冲突，持续集成可以更加轻松地快速修复这些错误。

完成持续集成中构建及单元测试和集成测试的自动化流程后，持续交付可自动将已验证的代码发布到存储库。为了实现高效的持续交付流程，务必要确保持续集成已内置于开发管道。持续交付的目标是拥有一个可随时部署到生产环境的代码库。

在持续交付中，从代码更改的合并到生产就绪型构建版本的交付，各个阶段都涉及测试自动化和代码发布自动化。在流程结束时，运维团队可以快速、轻松地将应用部署到生产环境中。

对于一个成熟的 CI/CD 管道来说，最后的阶段是持续部署。作为持续交付（自动将生产就绪型构建版本发布到代码存储库）的延伸，持续部署可以自动将应用发布到生产环境。由于在生产之前的管道阶段没有手动门控，因此持续部署在很大程度上都得依赖精心设计的测试自动化。

假设开发人员对应用的更改通过了自动化测试，那么这次更改几分钟内就能生效，这就是持续部署的好处。这更加便于持续接收和整合用户反馈。总而言之，所有这些 CI/CD 的关联步骤都有助于降低应用的部署风险，因此更便于以小件的方式（而非一次性）发布对应用的更改。不过，由于还需要编写自动化测试以适应 CI/CD 管道中的各种测试和发布阶段，因此前期投资会很大。

9.6 自动化测试

持续集成和持续测试是一个在迭代中构建、测试产品并修复 Bug 的过程。它有助于团队在开发阶段的初期发现缺陷，这时的缺陷通常相对不那么复杂，并且更容易被解决。通过持续集成和持续测试，企业可以尽早地将错误风险降至最低，并加快交付更高质量的软件。

9.6.1 DevOps 中持续测试的作用

持续测试对产品开发的作用如下。

- 定期风险分析：开发团队将拥有一个经历了所有测试阶段的构建版本，因为持续测试会标注出每个阶段的潜在风险。
- 改善用户体验：持续测试适应用户的动态需求，团队可以根据反馈不断进行更新，让产品更稳健、更灵活、更可靠。
- 增强产品安全性：通过创建支持系统，可确保应用程序免受威胁和恶意软件的影响。
- 计划反馈：评估交付管道的所有架构层，并与团队共享可执行的反馈。

- 更高的资源利用率：及早发现 Bug 可以节省资金和资源。可以利用持续测试和缺陷预防策略的最佳实践，并将有价值的资源重新部署到其他战略开发计划中。

持续测试在 DevOps 中的作用如下：

在 DevOps 过程中，持续测试提供了持续的反馈机制，在整个产品交付管道中充当催化剂。每个阶段的自动反馈确保缺陷在开发过程的早期就能被解决。

这种可操作的反馈决定着能否启动交付链中的下一个流程。例如，如果反馈可以向前推进，则流程将继续；如果反馈显示存在问题，那么流程需要被暂停并采取纠正措施。

由专业的测试团队进行的持续测试可以实时评估与软件相关的业务风险。此外，它还提供基于风险的反馈，有助于帮助团队做出更好的权衡决策。

9.6.2　DevOps 中持续测试的实践

传统测试主要集中在软件开发周期的最后，产品发布之前。为了迎合不断加快的交付频率，越来越多团队的测试活动开始向开发周期左右两侧移动。一般问题修复成本较高和面向企业收费的软件，一旦生产环境中出现了问题会造成比较大的损失，通常采取测试左移的方式；具有展示功能的软件产品，更容易在生产环境中发现问题，通常采取测试右移的方式。

测试左移，是指测试人员更早地参与到软件项目前期的各项活动中，在功能开发之前定义好相关的测试用例，提前发现质量问题。早期引入测试过程有助于防止缺陷，并为开发人员提供在整个开发阶段应用动态变更的灵活性。

测试右移，就是直接在生产环境中监控，并且实时获取用户反馈。在这种方法中，从用户侧收集反馈，根据用户反馈持续改进产品的用户体验满意度，提高产品质量。测试右移有助于更好地响应意外情况。

理想的 DevOps 周期是从代码开发到生产环境运行的一键部署。显然，DevOps 非常重视构建、测试和部署的自动化，持续集成成了持续测试的基础。实现持续测试的重要一步是创建全面的自动化测试套件，以便在持续集成构建中使用，代码提交后会立刻经过这套自动化测试套件验证。常见的自动化测试套件由单元测试、组件检测和验收测试组成，其中每种测试的代码或功能覆盖率至少要达到 80%以上，只有这样才能保证不引入回归问题。

DevOps 的实践要求提高代码覆盖率，增加低层级可用性的覆盖率，以便在部署到更高级的可用性时不会出现与代码覆盖率有关的问题。

如果默认"每次运行所有的测试"来保证代码覆盖率，既浪费了资源，又延长了测试周期，而且没有真正保证代码覆盖率。所以，可以仅测试那些需要测试的部分，以节省时间、金钱和资源。测试时采用可视化模型，可以让各种路径被探索优化，这样只用少量的测试用例就能提供最大的覆盖率。测试人员可以借助 Rally、HP ALM 和禅道 ZTF 等工具导入测试用例、移除重复用例、分发优化过的用例。

DevOps 中质量保证不再是测试人员的专属责任，而是全体成员都要为之努力的方向。持续测试的成功实施离不开团队内、团队间及跨团队的协作。测试人员需提前介入开发工作中，与开发人员一起制定测试计划；开发人员可以参与配置部署；运维人员可以向自动化测试用例库填写测试用例；测试人员可以随时将自动化测试用例配置到持续交付链中，所有成员的共同目的都是交付高效、高质量的产品。

在 DevOps 时代的频繁发布测试场景下，自动化测试的价值得到了充分展现。要不要做自动化测试的问题如今已经不会造成困扰，因为当下业内已经形成了一致的认识：自动化测试是持续测试的基础，是 DevOps 时代不可或缺的实践。自动化测试的执行效率很高，体现出来的时间成本优势更明显，甚至比成本优势更能戳中这个快速发布时代的痛点：因为不这样做的话，运维团队会越来越难以应对短周期发布所需要的快速有效验证。

自动化测试必须有策略地开展。测试体系建设需要分层策略指引，接口测试往往最优先。

为了达成自动化的目标，进行自动化测试体系的建设是需要投入资源和人力的。因而，在具体落地过程中，运维团队需要充分考虑投入产出比/投资回报率，设计符合实际情况的目标达成路径。自动化测试确实有很大价值，但不代表运维团队应该无节制地投入到各种类型的自动化测试当中。自动化测试是为了验证既定逻辑是否符合预期，在需求变更频繁的场景下，自动化代码的维护成本不可小觑。所以，运维团队需要制定合适的策略，来指引自动化测试的实施——金字塔模型。

不少人对金字塔模型的第一印象是其给出的三种测试的投入占比建议：单元测试最多、接口测试居中、UI 测试最少，比如 70%、20%、10%。但更为重要的是，Mike Cohn 提出了对测试进行分层的理念，给出了每个层级的测试优缺点：越接近用户使用界面的高层次测试，粒度越粗，效率越低；反之，越接近底层代码的测试，粒度越细，效率越高，应该写得更多、执行得更频繁。

而在实践当中，每个企业面临的场景不同，投入情况也不一样。比如，现实情况可能并不是金字塔而是纺锤形状的，中间的接口测试占比最高。种种实践表明：在自动化测试建设的初期，接口测试往往是团队开展自动化测试的首选。这是因为接口测试兼备执行效率和体现业务价值两方面的优点，在这个领域进行资源投入较为容易被技术团队和业务团队共同接受。而且，由于接口定义的稳定性也较高，其维护成本也是可控的。所以，相对单元测试和 UI 测试来说，接口测试的投入产出比可以说是最高的。

接口测试以接口定义管理为基础，通过调用接口来达成测试验证的目标，既包括系统与系统之间的接口，又包括同一系统内部各个子模块之间的接口。接口测试的重点是检查系统/模块之间的逻辑依赖关系，以及进行交互的数据传递的准确性。接口测试是黑盒测试的一种，却是最接近白盒测试的黑盒测试，故而在较早发现缺陷和执行效率上也接近于单元测试，往往被称为"灰盒测试"。

接口测试的用例一般包括单接口用例和基于业务场景把不同接口集成到一起的多接口用例。单接口用例是基础，而且也是开发调试过程所需的。业内比较流行的是用 Swagger 进行接口文档管理。Swagger 预定义了主流编程语言相关的代码注解，可以在接口实现代码变动之后获取接口文档的更新，自动反映接口变更的功能对自动化用例的维护来说非常重要。

多接口用例则是测试人员根据对需求功能的理解所设计出来的，这部分用例充分展示了自动化测试的业务价值。由于这部分用例相对复杂，团队需要为之准备基础框架，甚至打造框架来提高编写效率。在实现上一般会包括接口规范定义、接口间调用的代码管理、测试数据的存储管理、执行调度平台、结构化统计报告这几个部分的能力。于是，在业内也出现了不少这个领域的效率工具，比如 Postman、ReadyAPI！、Robot Framework，以及"低代码"的平台 Apifox、Eolinker 等。

有了接口的契约定义，就可以对未上线的接口设置测试虚拟对象。这样就可以不用依赖于具体的开发实现而构建场景测试用例，有利于测试开发之间或者不同开发者之间的并行协作。现在，设置测试虚拟对象已经有了很成熟的框架，比如 Mockito、EasyMock 等，或者平台型工具 Postman、Apifox 也能够很方便地设置测试虚拟对象服务器。

总的来说，有了可以遵循的接口定义规范，加上接口变更的信息同步，以及提供对接口的设置测试虚拟对象服务，在团队中就可以基于 API-first 的方式实现并行开发、调试和测试了。

现今系统的功能越来越强大，也越来越复杂，写好自动化测试用例不是简单的事情。

系统的接口往往错综复杂，要做好接口测试，既需要对业务层面的系统/模块之间的逻辑关系有深刻理解，又需要掌握好技术层面的各种测试框架和相关编码技术。可以说，接口测试自动化的建设仍然面临着较大挑战，人们自然会寻求高效的方式进行实施，相应地就出现了对自动化用例低代码平台的需求。于是，出于对测试人员技术能力的现实考虑，研发团队负责人往往会以负责任的态度寻求低代码平台。

低代码平台的优势是什么？那就是通过降低自动化编写的技术门槛，让编码能力较弱的人员也能参与进来，从而较快地从零开始提升自动化覆盖率。低代码平台一般都是基于接口测试自动化的数据和代码分离的原则而进行设计的：先把常用的接口操作方法（在 Robot Framework 中称为关键字）抽象出来，并封装好，然后通过在界面上拖拽组件组合成一个逻辑流程，再加上数据传递驱动形成一个完整的业务场景。所以，使用低代码平台给人的体验就是通过表格、表单的操作实现自动化用例，感觉上不需要编程能力。

然而，在实践中使用低代码平台进行复杂业务测试时，对数据字典、操作的抽象（关键字）、设计能力的要求还是很高的，不然碰到相对底层逻辑的变更时就需要改动非常多的用例。从不少团队的实践来看，低代码平台在中长期维护上对多变业务场景会显得难以为继：缺乏技术抽象思维的、非工程背景的业务（或者业务测试）成员很难持续"重构"现有的用例。而为了保证用例的准确性和整体运行效率，对自动化用例的重构是不可避免的。面对一系列的"表格式"文档，工程师普遍认为这种方式是脆弱和低效的，从而不愿意接手。

因此，是否使用低代码平台取决于运维团队对业务发展的预期：对于非核心业务，如果预期模块是相对固化而不需要演进的，那么不妨大胆利用低代码平台开展快速覆盖的自动化测试。低代码平台确实缓解了团队管理者的"自动化建设焦虑"，帮助团队迈出自动化测试的第一步；而对于核心业务、注定要跟随业务发展而进行技术演进的模块，那么就需要充分考虑中长期达到提升自动化编写效率的目的。原则上，运维团队应当承认，自动化测试用例的编写事实上存在着"工程门槛"，也确实是需要"工程门槛"的。哪怕使用低代码平台，也需要拥有"工程师思维"，考虑关键字和数据结构的封装和维护。总的来说，应该通过增加可视化、减少重复性工作的方式，让工程师更加高效地编写自动化用例；而不是"无限制地降低门槛"，以期望未经训练就可以写出健壮的、高质量的自动化测试用例。

关于接口测试，现实中还存在一种情况，那就是对现有系统缺失的接口测试进行"补锅"，需要对已存在的众多接口场景进行测试用例的补充覆盖。如果采用传统的测试方式，则要从接口定义开始，手动梳理系统接口文档、对照着录入测试用例、写好逻辑断言，然后还要在深入理解接口后，构造相应的测试数据，这是常规的方式，耗时较长。当运维团队需要在较短时间内完成一轮补充时，可以自动采集真实的流量并形成接口测试用例。

流量"录制"指的是对线上的流量请求和返回进行拦截录制，然后记录下来形成测试用例；而"回放"指的是把线上录制下来的请求和返回复制到一个准生产环境服务中，测试新功能和服务是否满足要求。真实（数据）和高效，是流量录制回放方式的两大优点，而其主要的应用场景包括：

- 出现线上故障时，录制的真实流量可以回放到开发/测试环境来进行调试分析，这是用到"真实"的场景，也是流量录制回放功能的基础价值。
- 对录制好的真实流量进行复制放大，并应用到预发布环境中作为测试用例，这也是用到"真实"的场景，真实流量对测试来说是个很好的补充。

实现流量录制的主流方式包括：Nginx 的镜像复制、GoReplay 直接监听网络接口捕获 HTTP 流量、基于日志解析，以及针对应用业务自研复制引流功能。常用工具有 GoReplay 和 TCPCopy，其中 GoReplay 尤其简单易用，而且无代码入侵，对线上应用的影响可以忽略不计。

那么，是不是有了流量录制回放的功能，就不再需要手工编写自动化用例了呢？当然不是，运维团队还需要踏踏实实编写自动化用例。首先，流量录制回放是后置的"补锅行为"，没有人希望等到接口上线之后才去测试，所以往往是一次性的工作；其次，流量录制需要较长时间才能达到较高的用例覆盖，重要的场景仍然需要人工去设计；再次，对于构建复杂的多接口组合的场景用例来说，流量录制的方式还难以做到：对录制下来的流量进行二次加工，可能还不如动一下脑筋去人工实现。

UI 测试的方式非常直观，也很容易看到业务价值，但是 UI 界面的快速迭代特征导致测试用例的有效生命周期很短，维护成本极高。所以，相比单元测试和接口测试而言，脆弱、复杂以及投入产出比低下的 UI 自动化测试，不应该成为运维团队的主要投入领域，一般用于覆盖关键且 UI 处于稳定状况的业务。

UI 自动化用例还可以通过录制方式来快速生成，提供录制方式的自动化测试工具包括：面向桌面程序的 QTP、Ranorex，面向 Web 页面的 Selenium IDE、Chrome DevTools-Recorder、阿里的 UI Recorder，面向移动端程序的星海"鲸鸿"、WeTest UITrace 等。

尽管录制得到的 UI 自动化用例基本上不具备可维护性，但是很多人还是希望采用录制方式实现自动化，原因是测试人员对 UI 测试的期望值跟一般自动化测试不一样：承认 UI 界面的易变性导致自动化用例维护成本很高的事实，从而干脆当作"短暂"的、"用完即弃"的回归测试用例——只要录制足够简单快速，大不了过一段时间（下一版本）就废弃重新录制。

从长远来看，运维团队还是更希望从相对稳定的层级（比如组件级别）去覆盖 UI 的测试，也就是说前移到单元测试环节。毕竟现在前端框架已经很成熟了，完全可以基于框架对 UI 进行细粒度的单元测试。而对于端到端的 UI 测试，还是应该谨慎投入。

写好用例代码是自动化测试的第一步，但是只有执行了才能让其价值得到展示，而且自动化测试用例执行次数越多越好。在实践当中，当运维团队不能每次执行全量回归用例集时，就需要考虑测试范围和效率之间的平衡，有策略地执行自动化用例。下面两点是关于自动化价值的核心原则，需要在自动化测试体系建设中牢记。

- 原则 1：自动化测试价值的根源在于业务，应该基于业务驱动自动化测试，始终关注优先级最高的需求所对应的测试。
- 原则 2：自动化测试价值的放大器是测试执行频率，只有跑的次数多了，才能够赚回成本；而只有单轮次执行得够快，才能保障较高的执行频率。

从瀑布模式时代开始，传统的自动化测试执行方式是：设置任务在每天下班后执行全量回归用例，第二天拿到结果后再去处理执行失败的用例。这是因为自动化用例累积到一定数量之后，需要好几个小时才能执行完一轮。然而，在 DevOps 时代并不会有如此"宽裕"的时间留给回归测试，而是期望把自动化测试嵌入到 CI/CD 流水线之中，提供及时的质量反馈。

自动化测试嵌入 CI 中，也就是每次把新特性的代码合并到主干分支之后，除了需要执行一次全量单元测试外，往往还要执行一次冒烟测试用例集；自动化测试嵌入 CD 中，在每次执行生产环境部署动作之前，确认在预发布环境上执行一次全量回归测试用例集，部署完成后还会在生产环节执行一次冒烟测试用例集；在团队能够实现迭代内及时编写好自动化用例的情况下，CI 过程中还需要执行已完成特性所对应的用例，确保代码变更之间相互兼容；甚至在迭代内，团队中的成员可以自由创建 CI 来执行任意一个选定的自动化用例集。

一般来说，CI/CD 对运行时间是非常敏感的，所以在流水线中的集成测试部分不能耗时过长。如果不加控制地扩大测试用例集，那么运行时长必然不受控制。

要执行得更快，可以并行执行，把用例分发到分布式的机器环境中。需要设定规则保证用例之间相互独立，并做好测试数据的管理，让每次用例执行改动后的数据都能复原。只是这样做会让复杂度大大增加，而且问题出现后也难以排查。同时，由于每次执行的都是全量用例，中间夹杂着大量无效执行的用例，因此得到的笼统的通过率意义不大，除非设定简单的标准，就是要全部通过，但是现实中因为网络抖动导致的延迟、复杂的数据更新等原因，都会导致零零星星的失败。

此外，还可以做精准测试，就是通过建立变更和测试的对应关系，执行自动化测试用例时，可以根据变更来确定用例范围，而不是每次执行都覆盖全量用例，从而更有效地验证变更，减少不必要的全局回归。精准测试从实现上大致上包括两种：基于代码变更确定用例集和基于需求变更确定用例集。基于代码变更来自动确定用例集，是将测试用例与程序代码之间的逻辑映射关系建立起来，反映的是代码的测试覆盖率。

下面，我们以 KubeSphere DevOps 为例来说明自动化测试的应用。

KubeSphere 针对容器与 Kubernetes 的应用场景，基于 Jenkins 提供了一站式 DevOps 系统，包括丰富的 CI/CD 流水线构建与插件管理功能，还提供 Binary-to-Image（B2I）、Source-to-Image（S2I），为流水线、S2I、B2I 提供代码依赖缓存支持，以及代码质量管理与流水线日志等功能。

KubeSphere 内置的 DevOps 系统将应用的开发和自动发布与容器平台进行了很好的结合，还支持对接第三方的私有镜像仓库和代码仓库，形成完善的私有场景下的 CI/CD，提供了端到端的用户体验。

KubeSphere DevOps 用来搭建自动化测试系统，给自动化的单元测试、API 测试和 UI 测试带来了极大的便利性，提高了测试人员的工作效率。KubeSphere DevOps 自动化测试的基本流程如图 9-2 所示。

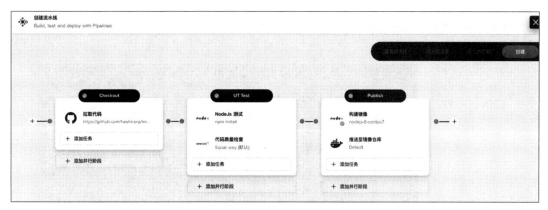

图9-2　KubeSphere DevOps自动化测试的基本流程

（1）单元测试

KubeSphere DevOps 单元测试的运行频率非常高，每次提交代码都应该触发一次。单元测试的依赖少，通常只需要一个容器运行环境即可。

下面是一个使用 golang:latest 执行单元测试的例子。基本代码如下：

```
pipeline {
  agent {
    node {
      label 'go'
    }
  }
  stages {
    stage('testing') {
      steps {
        container('go') {
          sh '''
          git clone https://github.com/etcd-io/etcd.git
          cd etcd
          make test
          '''
        }

      }
    }
  }
}
```

执行日志如图 9-3 所示。

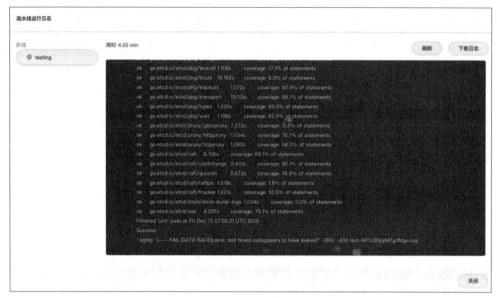

图9-3 执行日志

针对其他语言、框架，单元测试通过安装一些包、Mock 相关服务，也能够便捷地运行在 Kubernetes 上。

（2）API 测试

如果团队的自动化测试刚起步，KubeSphere DevOps 的 API 自动化测试是非常好的切入点。

单元测试主要由研发人员负责编写。在快速迭代的过程中，有经验的研发人员也不会忘记编写单元测试。重构、变更越快，测试越不会成为负担，反而更重要。没有编写单元测试，只能说其不被重视。推动一件不被执行者重视、管理者很难看到收益的事情是非常难的。

而 UI 自动化测试常常又被人工测试替代。同时，维护 UI 自动化测试成本较高，在快速迭代的过程中，不应该过多地进行 UI 自动化测试。

API 测试的优势在于：在前后端分离的架构下，API 相关的文档和资料相对完善，团队成员对 API 相对熟悉，有利于进行测试。

下面是一个使用 Postman 进行 API 自动化测试的例子：

```
pipeline {
  agent {
    Kubernetes {
      label 'apitest'
      yaml '''apiVersion: v1
kind: Pod
spec:
```

```
containers:
- name: newman
  image: postman/newman_alpine33
  command: [\'cat\']
  tty: true
  volumeMounts:
  - name: Dockersock
    mountPath: /var/run/Docker.sock
  - name: Dockerbin
    mountPath: /usr/bin/Docker
volumes:
- name: Dockersock
  hostPath:
    path: /var/run/Docker.sock
- name: Dockerbin
  hostPath:
    path: /usr/bin/Docker
    '''
    defaultContainer 'newman'
  }
}

parameters {
  string(name: 'HOST', defaultValue: '10.10.10.10', description: '')
  string(name: 'PORT', defaultValue: '8000', description: '')
  string(name: 'USERNAME', defaultValue: 'admin', description: '')
  string(name: 'PASSWORD', defaultValue: 'password', description: '')

}

stages {
  stage('testing') {
    steps {
      sh '''
      apk add --no-cache bash git openssh
      git clone https://yourdomain.com/ns/ks-api-test.git

      cd ks-api-test

      sed -i "s/__HOST__/$HOST/g" postman_environment.json
      sed -i "s/__PORT__/$PORT/g" postman_environment.json
      sed -i "s/__USERNAME__/$USERNAME/g" postman_environment.json
      sed -i "s/__PASSWORD__/$PASSWORD/g" postman_environment.json
```

```
        npm install -g newman-reporter-htmlextra
        newman run iam/postman_collection.json -e postman_environment.json -r htmlextra
        '''
    }
  }
}
post {
  always {
      archiveArtifacts 'ks-api-test/newman/*'
  }
 }
}
```

执行 API 自动化测试后的归档日志如图 9-4 所示。

图9-4　执行API自动化测试后的归档日志

下载归档的构件，解压后查看测试报告，如 9-5 所示。

API 自动化测试的框架很容易实现，实现以下几个功能即可：

- 接口请求
- 响应断言
- 请求编排
- 生成报告

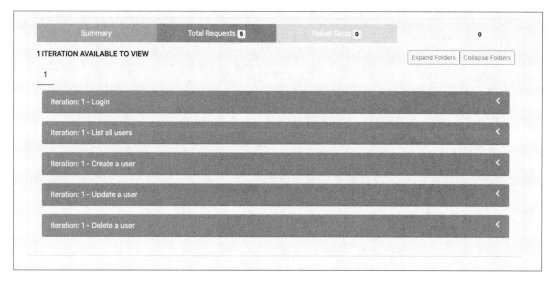

图9-5　测试报告

　　一定要根据团队的 API 测试、交付习惯选择合适的方案。可以自己开发，也可以使用现有的工具。上面选择的是 Postman+Newman 的方案，原因是团队普遍都使用 Postman 进行 API 测试。

　　剩下的就是如何组织测试人员进行测试，可以分别提交文件到一个共同的仓库，也可以使用付费版 Postman 共享数据集中测试。

　　（3）UI 测试

　　常用的 UI 自动化测试成本高有以下几个方面的原因。

- 测试用例难维护：前端样式变化、产品逻辑变化。
- 很难提供稳定的运行环境：各种超时、脏数据会导致失败率很高。

　　KubeSphere DevOps 中的 UI 自动化测试采用的是 Robotframework 框架，使用关键字进行自动化测试。

　　下面是一个使用 Robotframework 进行 UI 自动化测试的例子：

```
pipeline {
  agent {
    Kubernetes {
      label 'robotframework'
      yaml '''apiVersion: v1
kind: Pod
spec:
  containers:
```

```
  - name: robotframework
    image: shaowenchen/Docker-robotframework:latest
    tty: true
    volumeMounts:
    - name: Dockersock
      mountPath: /var/run/Docker.sock
    - name: Dockerbin
      mountPath: /usr/bin/Docker
  volumes:
  - name: Dockersock
    hostPath:
      path: /var/run/Docker.sock
  - name: Dockerbin
    hostPath:
      path: /usr/bin/Docker
      '''
      defaultContainer 'robotframework'
    }
}

parameters {
  string(name: 'HOST', defaultValue: '10.10.10.10', description: '')
  string(name: 'PORT', defaultValue: '8080', description: '')
  string(name: 'USERNAME', defaultValue: 'admin', description: '')
  string(name: 'PASSWORD', defaultValue: 'password', description: '')
}

stages {
  stage('testing') {
    steps {
      sh '''
      curl -s -L
       https://raw.githubusercontent.com/shaowenchen/scripts/master/kubesphere/
preinstall.sh | bash
      git clone https://yourdomain.com/ns/ks-ui-test.git

      cd ks-ui-test

      sed -i "s/__USERNAME__/$USERNAME/g" tests/common.robot
      sed -i "s/__PASSWORD__/$PASSWORD/g" tests/common.robot

      echo "\nTestEnv http://$HOST:$PORT">> tests/api.robot
      echo "\nTestEnv http://$HOST:$PORT">> tests/devops.robot
      ./start.sh'''
```

```
    }
  }
}

post {
  always {
    sh 'tar cvf report-$BUILD_NUMBER.tar ks-ui-test/tests/report'
    archiveArtifacts '*.tar'
  }
}
}
```

执行日志如图 9-6 所示。

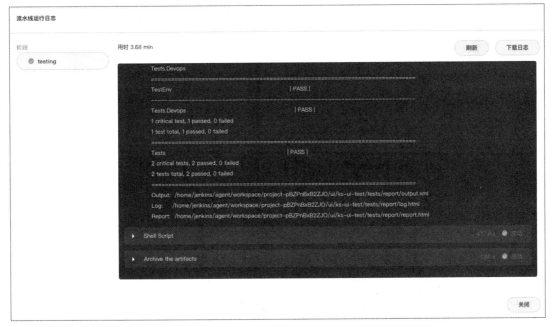

图9-6　执行日志

下载归档的构件，解压后查看测试报告，如图 9-7 所示。

Tests Test Report

Summary Information

Status: All tests passed
Start Time: 20191212 17:08:28.225
End Time: 20191212 17:11:01.606
Elapsed Time: 00:02:33.381
Log File:

Test Statistics

Total Statistics	⇕	Total ⇕	Pass ⇕	Fail ⇕	Elapsed ⇕	Pass / Fail
		2	2	0	00:02:33	
		2	2	0	00:02:33	

Statistics by Tag	⇕	Total ⇕	Pass ⇕	Fail ⇕	Elapsed ⇕	Pass / Fail
No Tags						

Statistics by Suite	⇕	Total ⇕	Pass ⇕	Fail ⇕	Elapsed ⇕	Pass / Fail
		2	2	0	00:02:33	
		1	1	0	00:00:00	
		1	1	0	00:02:33	

Test Details

Totals	Tags	Suites	Search
Type:		Critical Tests	
		All Tests	

图9-7　测试报告

9.7　自动化部署

在软件系统开发的过程中，一个项目工程通常会包含很多代码文件、配置文件、第三方文件、图片、样式文件等，如何将这些文件有效地组装起来，最终形成一个可以流畅使用的应用程序呢？答案是借助构建工具或策略。

9.7.1　自动化部署流程

项目开发过程中，部署的过程包含如下步骤：

（1）将项目代码提交到 SVN 或者代码库中并打上标签。

（2）从 SVN 上下载完整的源代码。

（3）构建应用。

（4）存储构建输出的 war 或者 ear 文件到一个常用的网络位置。

（5）从网络上获取文件并将其部署到生产站点上。

（6）更新文档并更新应用的版本号。

通常情况下，上面提到的开发过程中会涉及多个团队：一个团队负责提交代码，一个团队负责构建，等等。由于涉及人为操作和多团队环境，任何一个步骤都可能出错。比如，较旧的版本没有在网络机器上更新，而部署团队又重新部署了较早的构建版本。如果在构建的过程中依赖手工进行编译，工作起来会很烦琐，于是就有了自动化构建、自动化发布、自动化部署。通过使用程序自动化地完成系列操作，将大大提升工作效率。

开发人员日常接触的通常有前端和后端的开发项目，前端使用的框架有 jQuery、VUE、React 等，后端有 C/C++、Java、Python、Go、Node 等不同编程语言的不同框架项目，每种开发框架使用的构建工具都会有一定的区别。

在 Linux 系统上安装 gcc 或 g++等 C 环境编译器，然后使用 make、makefile，并执行 make，程序就自动按照 makefile 中约定的规则将.c 或.cpp 文件编译成可执行的程序文件，通常执行 make install 将编译好的程序、配置文件放置到指定的目录，完成程序的部署安装。Cmake 不需要编写复杂的 makefile 文件，而是通过 Cmakelist 来自动生成 makefile，相对 makefile 更简约一些。

在构建 Java 类的项目时，通常采用的有 Ant、Maven。Ant、Maven 提供更友好、更有效率的构建流程。Ant 通过编写 build.xml 构建规则进行程序的编译打包，有点类似于 makefile。Maven 采用包依赖的方式进行管理，Maven 的 POM.xml 用 groupId、artifactId、version 组成的 Coordination（坐标）唯一标识一个依赖。Maven 有仓库的概念，用于存放项目依赖的第三方库，这样在制作 war 包时不用把所有依赖的第三方文件都放到里面，而是实际程序启动时根据环境的设置找对应的依赖文件。

在实际开发中，开发人员将代码提交后，经常要由测试人员测试。有时前后端分离，经常会修改接口，然后重新部署。这些情况都会涉及频繁的打包部署。

手动打包的常规步骤如下：

（1）提交代码。

（2）询问同组开发人员有没有要提交的代码。

（3）拉取代码并打包（war 包或者 jar 包）。

（4）上传到 Linux 服务器。

（5）查看当前程序是否在运行。

（6）关闭当前程序。

（7）启动新的 jar 包。

（8）观察日志查看是否启动成功。

将代码提交到 Git 后，自动化部署工具能够自动打包部署。

9.7.2 自动化部署工具

（1）常见的自动化部署工具

- Jenkins

Jenkins 是市场上领先的持续交付和持续集成工具，是一个具有高扩展性和大型用户社区的自动化服务器。

- ElectricFlow

ElectricFlow 是一个发布自动化工具，提供免费的社区版本，可以在 VirtualBox 上运行。ElecticFlow 支持大量插件和基于 Groovy 的 DSL、CLI、API。

- Visual Studio

微软 DevOps 产品的基础之一是 Visual Studio。Visual Studio 允许用户定义版本、自动化运行、跟踪版本等。

- Octopus Deploy

Octopus Deploy 用于.NET 应用的自动化部署，可以在服务器安装或在 Azure 里做实例。

- UrbanCode

UrbanCode 是 IBM 推出的自动化部署工具，可帮助用户将应用程序自动化部署到本地或云环境。

- CodeDeploy

CodeDeploy 是 Amazon 的自动化部署工具。

基于 Java 开发的项目，可以使用 Maven 构建和发布，使用 SubVersion、源码仓库来管理源代码，使用远程仓库管理软件（Jfrog 或者 Nexus）来管理项目二进制文件。Maven 自动化完成某个项目构建后，当有代码更新时，所有依赖它的相关项目也会开始构建过程，以确保这些项目稳定运行。

Maven 的自动化构建主要通过如下两种方案实现。

- 使用 maven-invoker-plugin 插件。Maven 社区提供了 maven-invoker-plugin 插件，该插件能够用来在一组项目上执行构建工作，并检查每个项目是否构建成功。通过它，就可以实现 Maven 的自动化构建。
- 使用持续集成（CI）服务器自动管理构建自动化，例如 Jenkins。Jenkins 可以根据设定持续定期编译、运行相应代码；运行 UT 或集成测试；将运行结果发送至邮件，或展示成报告。它的基本使用流程如图 9-8 所示。

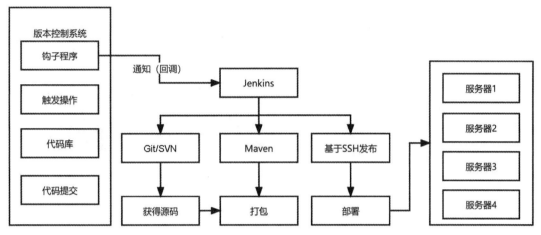

图9-8　Jenkins的基本使用流程

通过自动化来最大限度地提高效率和缩短反馈回路，对于创建和维护竞争优势是至关重要的，它可以让项目保持健康的状态。如果任何检查导致了创建的退出，每个人都会在最短的时间内被通知到，然后修复问题。接下来的开发将建立在一个正确的基础上，顺利进行下去。项目代码每一天都在更新，项目随时可以被传递给用户。这就是持续集成的意义所在。

（2）使用 Jenkins 进行自动化部署

Jenkins 内置的功能提供了极大的便利，无论是新建构建，还是日常使用，开发人员大部分时候需要做的仅仅是在用户界面上点击而已。作为开源项目，Jenkins 有大量的插件。当发现需要一个 Jenkins 本身并不提供的功能时，搜索一下 Jenkins 的插件总会有收获。大量工具都提供 Jenkins 插件。Jenkins 友好的用户界面使学习成本很低，可以让用户在最短的时间内开始工作，是一个非常好的构建工具。

Jenkins 是 Java 语言开发的，因此需要 JDK 环境；也需要 Git/SVN 客户端，因为代码是放在 Git/SVN 服务器上的，开发人员需要拉取代码；也需要 Maven 客户端，因为 Java 程序是 Maven 工程，需要 Maven 打包。以上是 Jenkins 自动化部署 Java 程序需要的基本环境。

安装 Jenkins 需要下载安装包 jenkins.war。在安装包根路径下，运行命令 java -jar jenkins.war --httpPort=8080（Linux 环境、Windows 环境都一样）；打开浏览器进入链接 http://localhost:8080，填写初始密码，激活系统；进入插件安装选择界面，建议选择推荐安装的插件，保证常用的功能可以使用；设置初始用户和密码。然后进入系统，安装就完成了。如果进入不了系统，需要稍等一下或者刷新页面。如果还是进入不了，可重新启动 Jenkins 服务器。

Jenkins 系统的初始化配置如下：

进入系统设置，配置远程服务器地址，即开发人员代码最终运行的服务器地址。也可以配置多台远程 Linux 服务器。配置完成后单击保存即可，为后面开发人员配置自动化部署做准备。

Jenkins 自动化部署（Spring Boot+Maven+GitHub）项目的基本过程如下：

首先，在"General"选项卡中进行基础配置，如图 9-9 所示。

图9-9 "General"（基础配置）选项卡

然后，在"源码管理"页面单击"添加"按钮，添加一组账号和密码，并构建触发器。只要执行这个地址（在浏览器上访问该地址），该项目就会发起一次构建项目，即拉取代码，进行打包部署操作：

```
http://localhost:8080/job/jenkinsSpringBootDemo/build?token=token_demo2
```

在实际中，由 Git 服务器回调该地址。构建后可以进行构建后操作。构建后操作的内容包括：将 jar 打包后发送到设置好的位置，并在发送后去查看、启动 jar 包等。这需要提前在需要部署的服务器上配置好路径，写好启动和停止项目的脚本，并将其设置为可以执行，如图 9-10 所示，其实就是开发人员平时在 Linux 上手动部署项目操作的脚本。

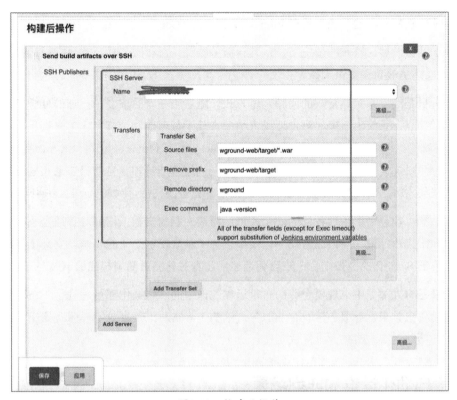

图9-10　构建后操作

至此，Jenkins 服务器配置完成，接下来配置 Linux 服务器和 Git 服务器。完成配置后，修改代码，提交到 Git，然后访问程序看是否生效。在 Jenkins 的控制台查看是否正在构建即可。

9.8　自动化运维

9.8.1　自动化运维概述

自动化运维需要进行完备的资源监控，并对平台的可用性、服务器的性能、各种服务（Web 服务、应用服务、数据库服务）的性能进行监控和分析。自动化运维产品应具备资源性能监控和应用性能监控的功能。

性能监控系统的主流产品代表有开源的 Zabbix、Nagios，小米公司的 OpenFalcon。但这些都只是进行基本的资源监控（服务器、磁盘、网络等）和简单的服务软件性能监控（中间件、数据库等）。而软件性能分析系统主打的功能是应用性能分析，比如精确分析某个应用的 URL 的访问速度快慢、某些 SQL 的执行速度快慢，这些对于开发人员和运维人员快速定位问题还是很有帮助的。比较主流的软件性能分析的商业工具有 New Reclic、Dynatrace、透视宝、Oneapm、听云等。软件性能分析的开源工具有 Pinpoint、Zipkin、Cat 等。

在企业业务发展比较快的情况下，从几台服务器到几百台服务器，需要批量运维工具，如 Puppet、Chef、Ansible、Saltstack。

日志分析是线上系统最常规的问题定位方式。随着服务器的增多，日志的分析定位也成为一个难点和痛点。系统出故障之后，运维人员要去几十甚至数百个节点去上去查日志，工作量很大，工作难度也很大。运维人员可以使用 ELKStack，还有 Flume、Kafka、Storm 结合的体系。轻量级的开源日志集中采集方案可以使用 Sentry，通过改造各种语言的日志采集框架来实现日志的集中采集。各种主流的开发语言的日志框架都有完整的支持，比如 Java 的 Log4j 和 Logpack。

线上系统可能会遭受各种各样的安全攻击。聘请专职的安全工程师对普通企业来说成本过高，所以运维工程师最好能自己借助一些安全扫描工具来发现系统的漏洞。安全工具可以使用乌云网推出的 SaaS 化的漏扫平台——唐朝巡航，它有对外提供漏洞扫描的 API。

上述功能将大部分中小规模企业的日常运维工作中的高频操作都覆盖到了。自动化运维需要利用自动化工具来管理服务器及企业服务。这些工具实质上是批量管理服务器工具，可以在典型场景中帮助运维人员减少重复性工作。

9.8.2　自动化运维的典型场景

自动化运维的典型场景有：代码开始上线，运维人员把代码从代码版本管理器（SVN、Git）里面拉取出来，复制到服务器。针对不同应用，这些基本步骤都是相似的。

当服务器数量较少时，运维人员可以编写 Shell 脚本，在每次应用上线时自动执行，来完成诸如 MySQL 备份、代码发布、服务器初始化、日志管理等运维工作。但随着服务器数量的大幅增加，Shell 脚本不足以应对自动化的运维工作，这时就需要自动化运维工具了。例如，自动化发布可使用 Ansible+Shell+Jenkins+GitLab 完成。自动化部署可利用 Shell、Ansible，编写 Playbook，做一些标准化流程，如服务器初始化、服务初始化（Nginx、MySQL 等）。日志管理可用 Rsyslog 来完成，如果日志量大，可以打包压缩或者通过 NFS 进行保留。监控自动化可利用 Zabbix，它可以监控一些标准化的指标。

大规模服务器管理还涉及资源管理，资源利用率、机器效能的监控和评估、SLA 配置等都需要配置管理数据库（Configuration Management Database，CMDB）。

9.8.3　配置管理数据库

配置管理数据库是自动化运维的基础。它本质上是一个数据库，和计算机术语中的"数据库"的差别在于：配置管理数据库不仅包含真实的数据库，而且隐含了管理者对资源的抽象和建模的逻辑。每个管理者所处环境不同，他所管理的资源的类型、数量和关系也不同。目前尚无一款配置管理数据库产品能够适应大部分场景，因此很多时候需要自己研发配置管理数据库。

现在越来越多的服务器都转到了云上，而主流的公有云、私有云平台都拥有比较完备的资源管理 API，这些 API 是构建一个自动化配置管理数据库的基础。新一代的自动化运维平台可以基于这些 API 来自动维护和管理相关的服务器、存储资源、网络、负载均衡资源。通过 API 对资源的操作都应该被作为操作日志记录下来，以便作为后续操作、审计的基础数据。

配置管理数据库至少需要管理的有主机、IP、端口、应用和域名；如果使用了 Kubernetes 集群，还要关注 Kubernetes 集群资源。如无特殊说明，以下讨论的配置管理数据库都指运维认为的配置管理数据库。

（1）配置管理数据库中资源管理的原则

- 基础性

存储到配置管理数据库中的资源应该是最基础的资源。由于使用配置管理数据库的人员大多隶属于运维或基础设施部门，因此，配置管理数据库中不应该存储抽象程度很高或者很复杂的资源。这些内容会让配置管理数据库的设计过于复杂，数据难以维护。配置管理数据库中可以存储的资源有服务器、人员、应用、域名等。不建议存储的资源有企业组织结构、业务调用逻辑等。另外，配置管理数据库应该提供基础资源服务接口，并被另外的工具所调用，尽量不或者少调用其他基础服务，不能主动调用中、高级服务，避免环形调用中出现调用循环问题。

- 权威性

存储到配置管理数据库中的数据应该是最准确的。建立权威性之后，才会拥有对配置管理数据库的运维推动能力。一旦配置管理数据库中的数据并非是最准确的，那么用户就会考虑通过其他渠道获取数据，甚至自行维护一套数据，这就使配置管理数据库失去了存在的意义。

- 完整性

配置管理数据库中的数据要全面、完整，否则会导致使用的时候出现问题。

（2）配置管理数据库应该具有的功能

- 资源管理

包括资源的增、删、查、改功能，这是必需的基础功能。

- 资源关系梳理

不同资源不是孤立存在的，相互之间存在一定的关系。比如，一条服务器资源数据中有一个字段是其负责人，这个负责人就是人员资源的一条数据。特殊情况下，同一种资源之间也存在关系，例如人员资源可以有上下级关系，如果要维护这个关系，就需要对其关系进行梳理和存储。

- 对外提供数据服务

配置管理数据库建立之初，需要管理员维护数据。当达到权威性和完整性的标准之后，就具备了对外提供服务的能力。可以开发 Web 界面，对真实用户提供服务；也可以开发标准 API 接口，对第三方工具提供服务。

- 发布系统

可以调用其他比较成熟的 DevOps 工具来发布，例如 Jenkins API、GitLab Runner 的 API 等。

- 配置中心

主要管理软件服务中的配置文件和代码中的配置文件，有些成熟的配置中心可以做参考，如 Disconf、Apollo 等。

- 域名管理系统

包括内网域名管理和外网域名管理，内网域名管理主要是指管理 IDC 机房内部或者云内部；外网域名管理即调用第三方接口进行域名更改，例如万网 API、Dnspod 等。

对于中小型的运维团队，在自动化运维中最核心的功能模块只有两个：配置管理数据库（配置平台）和作业平台，把这两部分完成即可满足 80%的业务需求，在此基础上，再根据自身业务需求考虑开发其他高级扩展功能，如 CI/CD、数据分析、业务监控、辅助运营等。

（3）配置管理数据库的应用场景

假设有一个小型企业，业务处于飞速增长的阶段，在短时间内已经发展到将近数十个项目（含各种渠道、平台、分区），业务形态各异，包括页游、手游、站点、App 等。这个企业众多的项目运维管理成本非常高，传统的运维管理方式很难高效率、高质量地管理和把控如此多的产品和项目。随着虚拟化、云、微服务等技术的发展，再加上有众多的云服务提供商（阿里云、腾讯云、UCloud 等），应用程序的底层运行环境愈发多样化，各种运维对象都需要通过一个平台进行统一的操作和管理。

为了应对以上问题并高质量完成运维保障，必须做到：通过平台统一管理所有运维对象，对项目组、运维部门的所有操作进行程序固化；实现所有项目的持续集成、自动化部署、项目组自助操作，以提升发布效率和降低故障率；有一个完善的配置中心，为所有运维自动化提供底层数据和基础配置，驱动所有运维脚本、工具、组件正常运行。

这三个目标正好对应三个运维方面：标准化、流程规范化和配置管理数据库。

- 标准化：对主机名、IP、操作系统、文件目录、脚本等一系列运维对象制定标准，业务部门和运维部门遵守同一套标准，基于这套标准建设统一的平台。
- 流程规范化：主要涉及程序文件打包、开发测试线上环境管理、发布流程等多部门协作的规范，必须落实到程序固化或者文档固化，打造 Dev 和 Ops 之间的标准交付环境。

- 配置管理数据库：这是一切运维自动化体系建设的基石，配置管理、作业执行、资产管理等都需要基于配置管理数据库形成体系，构建完善的运维对象生命周期和操作闭环。

标准化包含的范畴非常多，从最简单的操作系统版本、主机名、IP 段、系统账号密码到软件安装的目录、参数、配置文件等，也许不同的企业有其特习惯和历史遗留，所以这个没有一个全业界的统一模式，需要将企业资产管理的习惯用文档的形式固化下来，再彻底检查生产环境的情况是否满足规范所述，不满足则按规范操作。

流程规范化是在建立了标准化之后，为了规范运维部门内部以及与外部门合作的一系列复杂事件的细节做法而进行的，比如要发布新版本、上线新项目、业务扩容缩容等。需要用文档规范和约束各部门人员的行为，这样才能实现程序化和自动化。

配置管理数据库的设计肯定是运维自动化建设的重中之重，设计好的话，运维平台的开发可以有事半功倍的效果。配置管理数据库是记录所有运维对象信息的数据库。所有运维流程均需要基于配置管理数据库的数据进行操作，形成操作闭环，操作的结果会反馈到配置管理数据库中。此系统提供了一整套接口界面与其他任何需要信息的系统进行对接，这也是设计初衷，将信息从一个统一的、标准的源头输出给各垂直或水平业务功能系统，而运维人员需要做的就是维护配置管理数据库中的基础数据的完整性、准确性。配置管理数据库与各流程系统、垂直功能系统结合之后，可实现信息数据一处变更、处处同步。

例如，一个机器下架的操作如下。

- 传统方式：通过 SSH 登录到该机器，关闭所有业务程序，关机，在控制列表删除该 IP，下架，登录资源管理系统删除该机器信息。
- 自动化方式：在配置管理数据库中编辑其状态，系统自动调用底层工具关闭服务、关机，并自动将机器信息在配置管理数据库中更新状态。

传统方式和自动化方式的区别为：传统方式的各个步骤都具有非原子性，每一步都可能有错漏的问题，如忘记删除控制列表 IP 或者忘记更新资源管理系统信息，运维流程无法实现操作闭环；而真正的自动化方式可实现操作闭环，无须人工干预。

配置管理数据库的设计中，想建立一个大而全的属性表是一个特别大的误区。真正能解决业务问题的配置管理数据库必须回到业务上面来，从核心的三层关系开始组建，这三层从大到小分别是：业务、集群、模块（游戏行业一般叫项目、分区、服务）。设计配置管理数据库时应该考虑：所运维的业务有哪些集群？集群下有哪些模块？模块下有哪些机器？机器有哪些属性？各种属性之间有什么关联？通过这些部分组成配置管理数据库。配置管理数据库的某个对象称为配置项，一个典型的配置项为一台主机、一个域名、一个 IP。

举个例子，对于一台主机，获取其属性有三种方式。

- 通过 Agent 获取：对于 CPU、内存等硬件，用 Python Psutil 模块可以获取大部分所需要的属性。
- 通过云服务商 API 获取：有部分属性不能通过 Agent 获得，如 EIP、Region、Zone 等，如果不是用云主机的，就不需要这一部分。
- 通过手工维护获取：有些属性不能自动获取，只能通过人工录入，不过这类属性还是尽量越少越好。

由点到面可以看出，配置项的属性类别基本可以分为三类。

- 人工录入：自动化系统所需的业务、集群、模块关系，每台主机运行什么服务等。
- 外系统 API：需要通过云服务商 API、Zabbix API、Kubernetes API、其他业务系统 API 等途径获取。
- 自发现：机器内部获得，如通过 Python Psutil、Puppet Fact、Ansible Setup 等途径。

了解属性类别可以帮助运维团队更好、更快地完善配置项的各种属性自动获取机制，尽量避免人工干预。

主机是一个承上启下的核心对象，它有很多属性会被各种功能所使用，所以运维团队要先理清它和其他对象的关联关系。

这里的业务、集群、模块、主机属于物理概念，是机器所在的物理层次关系，因为机器必然伴随着机房、网络、光纤之类的硬件概念 。

而服务是机器的一个业务属性，一个机器可以对应多个服务，作为服务的下一级别是进程，比如，一个 Web 服务会有 Nginx、Tomcat 等若干个进程，定义一个服务则需要与之关联的进程，进程的主要属性有进程名称、启停命令、占用端口等。

（4）带有配置管理数据库的作业平台

配置管理数据库设计完成之后，就可以设计作业平台了。作业是一系列运维操作的抽象定义，任何一个运维操作都可以分解成一步一步的操作步骤和对应的操作对象，不论是发布变更还是告警处理，都是可以分步骤进行的。

一个独立的操作，最简单的如关服、开服、执行某个脚本等，可以定义为命令。把指定的文件分发到目标机器的目标路径称为文件分发。一系列命令、文件分发的有序组合就是作业。

以一个相对复杂的操作过程——更新代码并重启服务为例，步骤如下。

1）对 Web：关闭 Tomcat（/home/tomcat/bin/shutdown.sh）。

2）对 Server：关闭业务主进程（/home/server/bin/stop.sh）。

3）对 Web：分发新的站点文件（scp xxx yyy）。

4）对 Server：分发服务端文件（scp xxx yyy）。

5）对 Web：启动 Tomcat（/home/tomcat/bin/startup.sh）。

6）对 Server：启动业务主进程（/home/server/bin/start.sh）。

可以看出，流程包含了一系列"对象""操作"的有序的命令以及文件分发的集合。"对象"可以是一个组、一个或者多个 IP，在执行命令时候可以在系统的页面动态指定目标对象。

作业定义时有各种增删改查操作，每个执行过的作业都需要记录执行人、执行时间、结束时间、返回值等信息。

作业需要按顺序执行，当一个步骤成功后才能执行下一个步骤，如果执行失败则需要停止执行作业，并保留执行的各种日志。

比如，一个作业定义如下。

- 对 Web 组（3 台机器）：执行 stop tomcat。
- 对 Server 组（4 台机器）：执行 stop server。
- 对 App 组（2 台机器）：执行 stop app。

执行细节是第一步对 Web 组的 3 台机器同时发起"stop tomcat"命令，等待 3 台机器全部返回结果，如果结果返回 0，表示命令执行成功，再继续进行第二步对 Server 组的流程。如果第一步返回结果不为 0，则提示流程执行失败，需要人工检查，终止后面的流程。

作业这个概念的提出，可以将运维工作的各种"变更""发布""故障处理"等零碎操作分解成一个个可复用、可扩展、可执行的独立操作命令，使最终平台化的自动调度将成为可能。

由于每家企业的具体业务形态不同，作业平台必然会有差异化的需求。例如：

- 作业权限系统，不同角色用户可操作不同级别的作业。
- 作业运行前确认，比如某测试同事要启动作业，需要对应主程序或者主策划确认才能启动。
- 等待确认超时时间，比如等待 30 分钟，未确认则取消启动。
- 作业异常返回，报警邮件通知运维组以及对应项目组同事。
- 灰度执行，按作业的设置，先在测试服务器上运行，再到正式服务器上运行。
- 作业配置克隆，快速搭建新的项目的作业配置。

对于差异化需求，可以在作业平台后期慢慢迭代改进。作业平台可以帮助运维人员定制各种线上操作，封装任意能通过脚本完成的功能，供自己或者项目组自助使用，尽可能做到无人值守，最大作用就是为运维部门节约人力，杜绝重复劳动。作业执行作为自动化平台的核心功能，必须挖掘其利用效率，比如根据执行日志统计每天、每周、每月执行次数，执行总耗时等数据，以估算出平台为运维人员节省了多少人力。

以某项运维活动为例，使用平台前：项目同事放下手头工作，通过邮件或者 IM 通知运维同事执行某项操作；运维同事放下手头工作，读邮件或 IM，理解项目同事的操作内容，执行操作；通过邮件或者 IM 反馈给项目同事，运维同事返回原来工作；项目同事放下工作读邮件或 IM，然后再返回原工作。

使用平台后：项目同事操作平台，直接执行某项操作并得到反馈。

这个过程为项目同事和运维同事双方减少了很多沟通、理解、反馈的时间成本。比较常规的普通操作，无须运维同事干预，除非执行异常才需要运维同事介入。作业平台的执行次数越多，越能形成规模化，对人力资源的节省越有利。可以利用 Echarts 根据平台的执行数据制作报表，让运维同事实时查看历史执行次数和预计节约人力。

作业平台可以让运维人员提高效率，但是运维团队也不可能保证每个作业都正常运行，若在执行异常的情况下，运维团队可以为异常打上标签，标签可以根据错误输出关键字匹配自动分类或者人工归类，然后统计各种异常情况的比例，再重点分析并处理异常比例高的情况。异常的分类需要运维团队预先定义并且有足够的区分度。根据作业在一个时间区间内统计出各种异常的比例，再利用饼状图可以方便地找到比例最高的若干项，再着重分析出现这类异常的原因，这样可以降低运维操作故障率。

运维自动化平台的建设本质是运维团队服务化能力的变现过程，它让运维团队从大量重复、无规律的手工操作中解放出来，专注于运维服务质量的提升。运维自动化平台最核心的部分就是配置管理数据库和作业平台。

9.9　持续交付的实践

9.9.1　阿里云的持续交付

阿里巴巴 2008 年对淘宝的巨型服务进行拆分以后，逐步形成了一套适用于服务化、分布式架构的中间件体系，解决了复杂系统性能和稳定性在业务高速扩张中的瓶颈问题。随之而来的是应用数量多、架构依赖复杂、人员数量高速膨胀、技能参差不齐等问题。

应用数量多。微服务架构被广泛应用以后，首先面临的就是应用数量的快速膨胀。原有研发流程也必须从批量发布模式向持续交付模式转型，否则会导致发布软件的风险和回滚的复杂度不可控。另一方面，测试和运维工作量因为应用的膨胀而倍增，变成整个研发团队的效率瓶颈。打破这种瓶颈的方法就是 DevOps 的全面落地，把整个软件交付过程交给开发人员来主导，从而解除瓶颈，提升效率。

架构依赖复杂。微服务架构让应用内依赖变为了应用间依赖，变更过程无法做到原子化，因此需要很好的模块拆分和接口设计。一方面，减少单特性覆盖的应用数量，使变更顺序可控、回滚风险可控；另一方面，单元测试能覆盖的场景需要集成测试来覆盖，导致开发过程对测试环境的使用频度和依赖度变高，需要稳定、可靠的环境来保障所有开发人员都可以并行工作。

测试资源成本高。测试环境受到资源成本和运维成本双重制约。在业务发展初期，可以采用全链路完整部署加上多套环境的方式来满足研发团队的要求。但是随着业务的快速发展和研发团队的快速扩张，不断地增加环境在成本上已经无法负担。因此，需要一套运维高度自动化、高度弹性、随用随取且可以实现局部隔离的测试环境方案来满足多版本部署需求。

研发协同难。研发环节的协同分为开发人员间协同和测试，开发人员、运维人员多角色间协同两种。前者主要解决并行开发、按需上线的问题；后者解决的是在一个交付流程中各司其职、互相约束，确保软件能高质量、安全交付的问题。在 DevOps 场景下，软件交付过程由开发人员主导，而测试和运维角色则需要承担流程守护、门禁卡点、提供自动化工具的责任。为了提升协同的效率，需要一个能够满足以上要求的工具平台来将团队的约定固化下来，确保团队的各个角色都可以高效率地完成工作。

线上风险大。线上的风险来自两方面：一方面，越来越高频的线上迭代意味着出错的概率也在变大；另一方面，随着系统规模变大，传统人防人治的手段已不可能满足风控要求。因此，必须从出错可能性和出错影响面两个方面系统性地去解决问题，前者关注能否在出错之前对风险进行拦截，而后者关注系统变更影响的用户数量和频度。主动和被动防御措施的结合，可以有效地解决风险控制的投入产出比问题，从而达到一个比较优的状态。

为了解决企业规模增长和新技术应用中的以上种种交付痛点，阿里巴巴不断探索和尝试，逐步摸索出一种适合业务发展快、软件迭代快、架构依赖复杂场景的交付方法和实践，运维团队称之为"以特性为核心的持续交付"。

它有三个特点：以特性为核心，以应用为载体，松管控与强卡点。

以特性为核心。特性是一个用户能体验到的产品能力的最小单元，其代码可能涉及多个应用，因此特性也是协同多个开发团队完成一个能力的最小单元。以特性为核心的交付过程管理可以有效地将开发人员、测试人员等角色连接起来并统一推进，比如组织隔离测试环境、运行自动化测试、编写测试用例、做好测试验收，等等。

以应用为载体。应用可以直接对应一个服务，是提供一种业务能力的最小单元，也是软件交付和运维的最小单元。可以通过应用串联代码、流水线、环境、测试和资源，以及外围工具链，比如监控、数据库、运维、中间件等。开发人员可以在工具平台上定义应用及其交付运维过程，比如配置流水线、规划环境、创建资源、设置部署策略等。以独立应用为载体的交付流程可以实现软件交付的原子化，并强迫开发人员降低应用间的耦合性，同时避免系统级集中式交付模式的惯性。

松管控与强卡点。在软件高速迭代的情况下，需要兼顾质量和效率，DevOps 模式需要给开发人员足够的自由度来完成软件的线上变更。阿里巴巴结合自身的业务特点，在实践上采用了松管控和强卡点结合的方式。"松管控"表现在有多种流水线可以供开发人员选择，应用负责人可以完整定义这个应用的各种规则，比如如何部署、如何测试、资源环境如何配置。在技术可控的前提下，还可以开放线上测试，比如全链路压测和全链路灰度。轻发布，重恢复，在每一个应用维度，开发人员可以随时使用流水线来交付代码，不主张过多的人为限制，重点需要思考的是：如果出问题，如何控制影响面，如何快速恢复。"强卡点"是一种软件质量底线思维的体现，比如代码审核和质量红线，规约检查，发布窗口，安全检查，线上灰度卡点等。这些卡点是为了保障集团所有开发人员步调统一，交付合格的产品。

持续交付的核心是快速、高质量地交付价值，给予开发人员最大的自由度，负责开发和运维全部过程。在监控、故障防控工具、功能开关的配合下，可以在保障用户体验和快速交付价值之间找到平衡点。目前，基于云的开发已成为主流，这是效能提升的巨大机会，同时又对工程实践提出了前所未有的要求。比如，云原生基础设施、云原生中间件和新一代的云软件编程方法等，都要求有与之适配的实践和工具。在适配新的技术发展趋势过程中，阿里巴巴形成了以特性为核心的持续交付工程实践，并且将其内建到 DevOps 工具体系中，以保障实践准确、有效地落地。

9.9.2　本地和云端开发

本地开发满足一个需求的产品，需要先进行代码的编写和个人验证，验证功能符合预期之后，再提交代码，并进入到集成环境进行进一步的验证及验收。而这个编码和验证的过程占据了整个产品交付的大部分时间，因此提高这部分工作的效率就显得至关重要。

某系统结构示意图如图 9-11 所示，为了满足某个需求，修改了 A 和 D 这两个应用（这里的应用指的是可提供服务的一组独立进程加上可选的负载均衡，比如一个 Kubernetes 下的服务及其后端的部署）。

本地调试这两个应用，会遇到如下问题。

- 本地难以启动整个系统

运维团队通常都在开发一个复杂系统中的一个应用，这个应用可能在系统的最前端，也可能在系统的中间位置，有时候为了端到端验证整个流程，需要把相关的应用都启动起来。比如图 9-11 中的应用 A 为最前端应用，应用 D 处在中间位置，而框中是为了完整测试这个需求而涉及的应用，如果是 Java 应用，那么本地机上启动这样 5 个进程就已经不堪重负了，而很多时候需要完整启动的应用数量远大于这个数字。

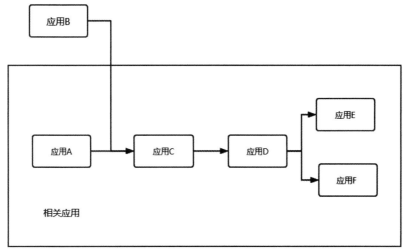

图9-11　某系统结构示意图

- 依赖系统不稳定

既然不能把整个系统都在本地启动起来，那么本地就会一部分依赖于公共测试环境。虽然前面提到应该本地测试符合预期之后再把代码部署到测试环境，但不可避免还是会出现一些 Bug 导致测试环境不可用（这也是测试环境的价值所在，可以尽早发现问题）。一旦依赖系统不可用，就无法正常进行测试。

云原生开发模式下的测试环境的连通性在基于 Kubernetes 的基础设施下，整个系统中大部分的应用通常不需要通过 Ingress 暴露到公网。如果测试环境是独立的 K8s 集群，就意味着无法从本地无法访问到集群内的应用，无法依赖公共测试环境，比如图 9-11 中 A→C、D→E、D→F 的依赖。还有另外一种依赖，即上游应用对本地应用的依赖，比如 C→D 的依赖。但因为 C 是公共测试环境，不可以将所有的 C 对 D 的请求都打到本地来，这就需要某种机制来保证只有符合特定规则的请求会路由到本地的 D 应用。

- 外部依赖系统到开发环境的连通性

有一些测试链路需要接受一些外部依赖系统的回调，比如微信或者支付宝的回调等。而本地应用通常没有公网地址，这也给调试带来了一些困难。

- 中间件的隔离

分布式系统中经常会用到 RocketMQ 等消息中间件，如果使用了公共测试环境，就意味着 MQ 也是共用的，那么 MQ 的消息到底是应该被测试环境消费，还是某个个人的开发环境消费呢？这也是需要解决的问题。

为了进行全流程的高效开发，应该尽量使用反馈比较快的验证方式，并及早发现问题，逐步进行更加集成、更加真实的测试。一般来讲，一个开发过程会经过下面的三个阶段：编码与单元测试，在小的逻辑单元的层面保证正确性；针对单个应用的集成测试，可能需要对依赖的应用进行 HTTP 级别的模拟；结合公共测试环境进行完整的集成测试。基于上面的三个阶段，可以使用以下方式来解决前面提到的几个问题：

- 使用各个语言相应的测试工具（比如 JUnit）来进行单元测试。
- 使用 Moco 等 HTTPMock 工具来解决本地隔离验证的问题，完成单个应用的集成测试。
- 使用 Kt-connect 和 Virtual-environment 等工具来解决云原生基础设施下本地和测试环境的互相连通性问题，以及 HTTP 请求链路的染色和路由。
- 使用 Ngrok 等工具解决外部依赖调用本地应用的问题。
- 使用"主干稳定环境"作为公共测试环境，提高其稳定性。
- 使用中间件的染色隔离能力保证 HTTP 请求之外的其他链路（比如消息）的染色和路由。

接下来就是本地测试和公共测试环境的互访及链路隔离的部分。完成单应用的集成测试之后，可以获得单个应用级别的质量信心，但更大范围的验证还需要和真实的依赖集成在一起进行。如图 9-12 所示，为了能够在本地按需启动应用（A 和 D），并复用测试环境的其他应用（C），就需要解决两个问题：本地如何调用到公共测试环境的应用，即 A 如何调用到 C；公共测试环境如何调用到本地的应用，即 C 如何调用到本地的 D。

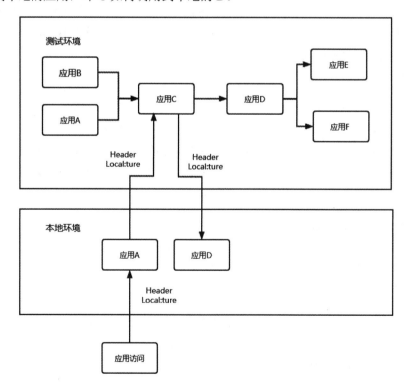

图9-12　本地和公共测试环境的互访示意图

关于第一个问题，如果本地环境和测试环境的网络是直接可达的，则直接修改本地应用 A 的配置项即可。如果使用了云原生的基础设施，那么就需要使用 Kt-connect 之类的工具来进行打通，这里不再展开介绍，有需求的读者可以参看 Kt-connect 的 Connect 部分。关于第二个问题，从测试环境的 A 发起的调用链应该最终访问到测试环境的 D，而从本地环境的 A 发起的调用链应该最终访问到本地环境的 D，互不影响。为了能够对这两种调用进行区分，需要对调用链进行“染色”，这里采用的染色方式是在请求中加入一个额外的 Header。根据这个染色的标志，即“染色标”，进行路由。一个调用链会贯穿多个应用，要保证在调用到不同的应用时，染色标能够自动传递下去。

在传统的开发模式中，企业研发人员通常在本地完成代码的编写和测试，然后把代码推送到远端服务器，通过一系列的构建和集成，最终发布到生产环境，并持续利用线上的运维体系完成线上系统的监控和运维；同时，企业也会采集部分研发过程中的关键数据，用来度量团队及个人的效能。

随着各种软硬件技术逐渐更替，企业规模也越来越大，为了适应这种变化：企业需要不断为研发人员配备合适的本地研发工具（如多核高内存的计算机设备、苹果笔记本电脑），这些设备可能价值不菲，而且需要定期更新换代；新加入的员工，在正式开始开发前，需要配置复杂的本地开发环境，安装特定的软件及插件，并熟悉项目的研发流程及各个线上系统；部分项目因为网络配置等问题，可能第一时间无法在本地启动，还会耽误不少额外的配置及调试时间；企业需要投入较多的资源，才能构建起匹配管理者需求的效能度量系统和安全管控系统，并且因为云端体系天生对开发者本地环境的弱管控性，效果也比较一般。阿里巴巴也不例外，随着近些年各项业务的飞速发展以及人员的快速扩充，解决发展过程中带来的类似问题变得迫在眉睫。而云端开发作为一种新兴的技术形式，其独特的优势恰好可以用来解决上述问题。

云端开发指开发者基于云平台完成编码、测试、发布等研发流程。一个完整的云端开发平台不仅提供了一个云端的编码环境，还提供了一整套研发工具和配套设施，让开发者做到在云端即可完成应用程序的需求、编码、测试和运维的全生命周期管理。

云端开发具备灵活定制、开箱即用的特点，借助好这两个特性，就可以创新性地解决传统本地开发过程中的顽疾。运维团队认为，当前适合云端开发落地的场景可以是：云原生场景中的轻量代码开发，如 Serverless 场景，这类场景中研发人员只需要集中式地编写业务逻辑，大量的框架类代码已被默认隐藏，并且调试、部署方式有别于传统研发过程，更适合云端开发的落地；各类垂直化的场景，这类场景通常需要有针对性的定制，与特定的线上系统进行打通，只要利用好云端开发灵活定制的特性，就有望实现开发阶段 10 倍效能的提升。

9.9.3　代码检测、测试与提交

随着业务演进和团队扩张，软件规模越来越大，调用链路越来越复杂。若没有良好的代码检测机制，只依靠功能性验证，开发团队往往要花费大量的时间和精力发现并修改代码缺陷，最终拖垮迭代进度、协作效率，甚至引发严重的安全问题。通过观察近几年业内暴露出的问题以及总结长期以来阿里巴巴内部的研发经验，我们发现，合理使用代码检测分析工具可以大量减少常见缺陷问题。同时，代码检测工具能够帮助开发人员快速定位并纠正代码缺陷，帮助代码设计人员更专注于分析和解决代码设计缺陷，减少在代码人工检查上花费的时间，提高软件可靠性并节省开发成本。基于这些优势，将代码检测工具集成进持续集成体系，就可以在前置流程中提早暴露代码中隐藏的错误和缺陷。通过设置卡点流程，可以进一步保障项目代码的质量和可维护性。

在日常研发过程中，运维团队通常面临的代码问题主要分为两大类：代码质量问题和代码安全问题。

代码质量问题。代码质量其实是一个老生常谈的话题。一方面，开发人员可能为了使功能及时上线，疏忽了对质量的把控；另一方面，开发人员的编码习惯和程序风格各异。长期下来，代码质量下降通常会自成因果，因为业务压力大而导致代码质量下降，又因此使开发效率降低，进一步加大业务压力，导致恶性循环。在实践过程中，运维团队通过代码评审、集成测试、代码检测、代码规范等一系列手段来保障代码的质量和可维护性，从流程上保障开发团队能高效协作。

代码安全问题。安全问题往往隐藏在缺乏安全意识的编码逻辑和未经检测或维护的开源依赖组件中，难以在日常开发和代码评审中被及时察觉。代码安全问题可以分两个方面进行分析：编码安全问题和依赖安全问题。编码安全问题即安全规范类问题，可通过避免不符合规范的代码进入企业代码库，减少隐私数据泄露、注入类风险、安全策略漏洞的出现来减少。依赖安全问题即开源依赖第三方组件引入的安全漏洞。Synopsys 2020 开源安全报告显示，99%以上的组织使用了开源技术。使用开源组件本身带来的技术交流和站在巨人肩膀上协作、降低开发成本、加快迭代周期、提高软件质量等优势不必赘述，但是，开源软件在带来一系列便利的同时，也暗藏着大量的安全风险。据统计，75%的代码库存在安全漏洞（其中49%包含高危问题），82%的代码库仍在使用超过 4 年的过时组件。因此，对于代码安全问题，一方面需要进行准入性检查，根据业务场景和规范配置安全编码规范检测和卡点；另一方面，需要定期维护，对于新发现的安全漏洞进行及时修复。

在实践过程中，阿里巴巴的各个组织由于历史隔阂和业务风格差异，工程结构差别很大，代码风格迥异，沟通成本高，合作效率低，维护成本高。发展到现在的规模，阿里巴巴需要专业化的技术团队进行迭代式、集约式发展，而不是动辄重复造轮。真正专业化的团队一定会有统一的开发规约，这代表效率、共鸣、情怀、可持续。基于上述背景，阿里巴巴制定了《阿里巴巴 Java 开发手册》作为阿里巴巴内部 Java 工程师所遵循的开发规范，涵盖编程规约、单元测试规约、异常日志规约、MySQL 规约、工程规约、安全规约等。这是近万名阿里巴巴 Java 技术精英的经验总结，并经历了多次大规模一线实战检验及完善。与此同时，在云效代码托管平台 Codeup 中也内置集成了 Java 代码规约检测能力，为开发人员在代码提交和代码评审阶段提供更为方便的快速检查。

近年来，业内发生了多起敏感信息通过某些站点被无意识地泄露出去的事件，给企业带来了安全风险，甚至直接的经济损失。在实践过程中，运维团队也面临着类似的问题，硬编码问题出现得非常高频，而又缺乏有效的识别机制。因此，开发人员和企业管理者急需一套稳定、健全的敏感信息检测方法和系统。通过调研，运维团队了解到，目前已有的敏感信息检测工具大多单纯使用规则匹配或信息熵技术，导致其召回率或准确率难以满足预期。

阿里巴巴采用 Sourcebrella Pinpoint 源伞检测引擎进行源码漏洞检测，主要涉及注入类风险和安全策略类风险检测。源伞检测引擎是香港科技大学 Prism 研究组在过去 10 年时间内的技术研究成果。该引擎吸收了国际上近 10 年的软件验证技术研究成果，并且加以改进和创新，独立设计和实现了一套技术领先的软件验证系统，其主要验证方式是将编程语言翻译成一阶逻辑和线性代数等数学表达，通过形式化验证技术推理缺陷成因。源伞检测引擎能够在活跃度比较高的大型开源项目中发现隐藏超过 10 年的缺陷，以 MySQL 检测为例，这些缺陷都是市面上其他检查工具无法扫描出来的，并且能够在 1.5 小时内完成 200 万行大型开源项目的检测；在保持扫描高效率的同时，还能够将误报率控制在 15%左右。对于复杂且体量庞大的分析项目来说，源伞检测引擎的扫描效率和误报率在业内也处于领先水平。

源伞检测引擎可以精确追踪代码中的数据流向，拥有高深度、高精度的函数调用链分析能力，可以找到跨越多层函数的深度问题；在发现缺陷的同时还能给出问题触发的过程，完整展示相关的控制流以及数据流，这样可以辅助开发人员快速理解和修复问题，在软件开发早期更低成本地提高软件质量，大幅降低生产成本，提高研发效能。

运维团队期望基于开源组件的安全可信程度，为开发人员建立一种有效的检测和管理机制，因此运维团队实现了依赖包漏洞检测服务和依赖包安全问题报表。在实践过程中，开发人员普遍反映依赖包漏洞修复成本高于修复自身编码漏洞，从而不愿意或难于处理此类问题。究其原因，一方面是大部分漏洞并非直接引入，而是依赖的第三方组件又间接依赖了其他组件，另一方面是不确定具体哪个版本是干净可用且兼容的。为了降低开发人员的修复难度，运维团队对依赖项的引用关系进行了进一步识别分析，清晰地标注出直接依赖和间接依赖，并定位到具体的依赖包引入文件，方便开发人员快速找到关键问题位置。同时，通过对漏洞数据的聚合，智能推荐修复漏洞的版本升级建议，因为一个依赖可能对应多个漏洞问题，开发人员可以针对建议评估是否接受采用。通过分析不同版本间的 API 变更和代码调用链路，衡量版本升级成本，为开发人员自动创建修复评审，最大限度地帮助开发人员更高效地维护代码安全。

检测服务的最直接应用便是在代码提交场景中，企业可以根据业务场景和规范，制定和配置不同项目的检查方案。开发人员将代码变更推送至服务端，自动触发当前代码库配置的检测服务，可以为开发人员检查当前版本中的全量问题，帮助开发人员及早发现新增问题，并确认存量问题的解决情况。通过接入上述检测服务，可以从代码规范、代码质量、代码安全等多个维度进行测试左移，在开发人员刚完成编码时就进行快速检测和反馈。

在企业项目协同中，开发人员多以合并请求的方式将特性分支代码合入主干分支，合并请求过程需要项目开发负责人或模块负责人进行代码评审和人工检查。一方面，人工审查代码需要投入较大精力；另一方面，人工审查难以覆盖代码各个维度的潜在问题。因此，通过合理配置检测服务，可以极大地减少人工评审的工作量，加速代码评审的工作过程。同时，通过丰富、筛选、沉淀检测规则集和人工经验，检测服务可以更加贴合企业的业务场景进行卡点，避免不符合规范或存在风险的代码进入企业代码库。

检测服务除了在代码提交和代码评审阶段帮助开发人员及早发现问题并解决问题，还可以帮助管理者进行企业代码质量度量和风险可视化。通过建设企业级报表服务和项目任务管理，可以更为直观地度量项目演进过程中的安全问题和质量问题。

任何业务发展的过程中都会不可避免地面临服务的膨胀、应用复杂度的增加、可持续测试难度的不断增加。一方面，用例集会不断膨胀，一次 CI 验证要数十分钟，用例的维护成本越来越高，开发效率开始降低；另一方面，运维团队花费精力写了很多自动化用例，希望能够提高投入产出比，也就是测试的有效性。

分布式测试的核心思想是通过增加计算资源并发执行测试，并在执行后对测试产生的结构化结果进行解析合并，进而提升单次测试的执行速度。整个测试的执行过程可以分为以下三个阶段：测试用例解析与分发、分组用例的执行、分组测试结果合并。以阿里云某云产品核心团队的某工程为例，该工程拥有 1 万多个单元测试用例，在没有采用分布式测试方案之前，一次 CI 验证时长超过 4 小时，导致问题发现、修复时间过长，影响了日常的迭代速度。该团队后来采用了分布式测试，平均执行时长被优化到了半小时以内。分布式测试的本质就是用执行资源的堆叠去换取更快的执行速度。理论上，运维团队把每一个测试用例拆分到一个容器内执行，可以获得极致的反馈速度。但是，并不是所有场景都适合采用分布式测试，例如用例之间存在依赖，这些用例不能无差别地分布在不同的执行分组。

分布式测试很大程度上解决了测试执行的速度问题。但是如果在任何情况下都无差别地执行全量的用例，会存在一些问题：对计算资源的浪费，引入了大量的无效执行，用例本身稳定性问题导致浪费排查时间。在探索测试有效性的过程中，运维团队引入了精准测试的方案。

在代码发生变更后，会基于代码变更解析出变化的测试用例与变化的业务方法。方法的变化通常是新增、删除、更新。用例的代码变更情况比较简单，所有新增和更新的用例都会纳入回归范围。通过使用精准测试的方案，阿里云某核心云产品中一个迭代了一周左右的代码变更，原先每次 CI 需要全量执行 3700+用例，而现在每次 CI 可以精准执行变更影响的用例范围，速度提升了近一倍，测试范围缩小到不到原先的 1/6。

运维团队希望编写和运行的测试用例能够有效覆盖代码的逻辑，其中重要的一个着手点是测试覆盖率，通过测试覆盖率来暴露问题，并促进问题的解决。测试覆盖率指的是代码的覆盖率，即行覆盖率、分支覆盖率等。一个应用下通常存在多种不同类型的自动化测试集，如单元测试、手工测试、API 测试、Web UI 测试、其他测试等。为了能够准确反映一个应用的完整覆盖率，需要对上述多种自动化测试的结果进行聚合。在阿里巴巴，每一个测试的运行都会关联到相应的应用，从而可以对测试结果进行聚合。为了能够收集所有类型的测试覆盖率，运维团队做了以下创新：

对于单元测试来说，覆盖率数据产生在执行单元测试的机器上，运维团队会根据执行机上的原始代码信息、编译后的 CLASS 信息、单元测试执行后产生的覆盖率数据原始文件以及变更的代码信息，计算出单元测试的覆盖率。

运维团队实现了一个覆盖率采集客户端和一个覆盖率采集/报告计算解析的覆盖率平台。通过运维平台将覆盖率采集客户端部署到应用的集成环境，在应用启动时会挂载一个 JavaAgent 进程。当运维团队在任意测试平台触发任意类型的自动化测试时，会通知覆盖率平台与覆盖率采集客户端进行交互，完成计算覆盖率所需原始数据的采集与解析。另外，在进行发布卡点时，运维团队会合并相应的单元测试覆盖率，形成完整的覆盖率报告。

每个软件都无法离开其依赖的运行环境。从代码的编写、调试、测试到上线、运维，每个步骤都离不开对应环境的支持。对于测试环境争用、各阶段满足不同应用场景、软件质量的保障、成本与效率优化等的诸多诉求，是环境治理和基于环境的变更交付流程规范化的原始需求。软件行业对效率的要求是非常高的，如何能在现有条件下提高开发测试的效率，是一个很有意义的问题。而在这个问题中，环境又是一个避不开的话题。如果每个开发人员都能在自己专属的环境里进行开发调试，不受外部人和物的干扰，自然会比较高效。然而，在微服务大行其道的今天，在一个软件模块多人、多项目并行开发的情况下，为每个开发人员都分配一整套包含所有服务的环境，从硬件成本和维护成本上说，都不是一个明智的选择。有效地对环境进行隔离和编排，可以在保证开发效率的同时，优化硬件成本和维护成本。

应该让运维团队进入到阿里巴巴交付阶段的一些实践中，包括以应用和变更为核心的交付流程、基于变更的检查项和卡点、针对应用特征选择研发模式。应用，是研发活动的载体，包括了代码库、部署环境、配置项、变更管理、发布流水线、运维等一系列要素。整个需求的开发交付过程都可以在应用中完成。应用上可以设置不同的角色，这些角色信息在研发的各个环节中会起到作用。比如，谁能发布线上环境，谁有权限修改测试配置等。变更，作为应用的重要组成部分，是一个抽象的概念。所有对线上行为的修改都可以称之为变更，变更属于某一个应用。变更中可以包含一个或者多个不同类型的变更内容，最常见的变更内容类型就是代码变更。变更有相应的生命周期，一个典型的变更生命周期为：开发中→发布中→完成。当一个应用有多个变更同时在开发和发布时，需要有一定的协调机制，比如，是在一个临时的集成分支上进行集成，还是在一个常驻的开发分支上进行集成。运维团队称这种分支协作模式为"研发模式"。创建变更通常是为了实现需求和修复缺陷。一个需求可能需要修改多个应用，也就是需要在多个应用上创建变更，而简单的缺陷修复可能修改一个应用就可以解决问题，也就是一个变更。所以，工作项和变更是一对多的关系。运维团队从应用部署视角来看，每次应用部署上线会包含一个或者多个该应用的变更，可能涉及多个工作项。运维团队从工作项发布视角来看，一个工作项的发布可能需要多个应用的先后部署。这两个视角是有交叉的。作为平台和工具，如果偏应用，则要完成一个工作项的发布，开发团队需要自行协调多个应用的部署顺序，会产生一定的沟通成本；但如果偏工作项，则会出现一个工作项的一组变更在部署某个验收环境，其他工作项的变更需要等待的情况，影响了整体交付吞吐率。如果想要兼顾这两个视角，则不可避免地需要使用大版本制（或者叫火车制），拉长了单工作项的交付周期。阿里巴巴的DevOps工具选择偏应用的视角，主要保证单个应用的部署上线流程和质量，将部署的节奏交给开发团队灵活安排。比如，一个工作项的发布涉及三个应用的三个变更，这个工作项的开发可以选择在周一部署第一个变更，周二部署第二个变更，而这两个变更不会造成任何线上可见的修改；到了周四，产品希望该功能上线时，再部署第三个变更，需求正式发布。这种将部署应用行为与发布功能行为分离的模式，可以降低集中部署带来的风险。当然，能够这样做的前提是有比较完善的自动化质量保障及卡点机制。

9.9.4　提升构建的效率

构建是将源码变成制品的过程。构建包括编译，但不等同于编译。即使对于不需要编译的解释型语言，也要构建成一个压缩包或Docker镜像再去部署。无论在开发阶段还是CI/CD阶段，都离不开构建过程，构建的质量和效率对持续交付影响很大。影响构建效率的因素，包括源码以及构建的依赖。

在阿里巴巴，Java是被最多人使用的编程语言。在Java的构建工具中，由于迁移成本、生态等原因，Maven一直是服务端应用的最主要构建工具。Maven构建出现性能问题主要有两方面的原因。一是外因，从应用角度看，一些Java应用历史悠久，依赖不断增加，并因为清理有风险导致累积太多，典型应用有3000个jar包依赖，而且这些应用研发人员多且是跨团队的，导致依赖管理成本高，依赖变得复杂混乱。二是内因，从Maven本身来看，它对复杂依赖的处理考虑欠妥。对于外因，需要业务团队建立依赖梳理管理机制。针对内因，运维团队对Maven进行了重新实现，推出了AMaven。另外，阿里巴巴有15%的C/C++应用。C/C++应用与Java的最大区别是：Java应用构建次数频繁，但每次构建时间短；C/C++应用构建次数少，但一次构建时间长，如某些软件的构建长达十多个小时，甚至出现构建失败的情况。原因是现有框架无法保证 C/C++编译和链接的严谨性，导致编译结果不确定，运行时也不稳定。同时，企业内编译框架众多，造成团队之间业务转接成本高、编译问题排查成本高。从平台角度看，也无法触达用户真正的编译逻辑，无法统一性能调优，更无法进一步统一升级底层编译器 GCC，即无法享受新技术红利，所以构建慢。在 C/C++领域，运维团队主要建设上层的编译框架，推出了 Alimake。

Maven 构建带来的性能问题会严重影响持续交付的效率，主要体现在以下几点：

- 在 IDEA 中同步时间长，如典型应用需要 10 分钟左右。
- 单次编译时间长，如典型应用也需要 10 分钟左右。
- 构建步骤多，在一次交付过程中，不同环境都要构建。
- 在同一环境中往往会构建多次。

同时，构建性能问题也影响了开发人员的成就感。构建问题还会影响软件交付效率。从新的 Java 构建工具 AMaven 开始，运维团队也将提效的视角范围从线上研发协同平台延伸到了一线研发本地。基于 Maven 协议，遵循缓存、增量等思想，重新实现了工具：AMaven。同时，在使用 AMaven 过程中，为保证构建结果的准确性，在后台也会使用 ApacheMaven 进行构建，并比较二者的编译结果。基于 Maven 协议，对用户透明，从而做到"无成本，无风险"，主要通过建立依赖树、缓存依赖树、共享依赖树来解决依赖复杂问题。AMaven 还做了 C/S 化，即将部分计算能力移到服务器端。AMaven 还增加了循环依赖检测、动态执行插件等能力，虽不能直接提升构建速度，但加快了开发人员对依赖等构建问题的排查速度。

AMaven 给用户带来的收益与效果非常明显，从线上 CI/CD 平台数据来看：首先，AMaven 实现了 Java 秒级构建，阿里巴巴的 Java 构建中有 44%在 30 秒内完成。其次，从依赖庞大的典型应用来看，提效可达 10 倍。从线下研发本地数据来看：AMaven 无论是在命令行还是在 IDEA 中使用，都能将构建耗时缩短 50%，特别是在 IDEA 中切换分支后刷新工程时，最快能在 10 秒内完成。

同时，阿里巴巴的 Alimake 收益与效果也非常明显。Alimake 从"规范"入手。首先，建立全新的、严格的配置文件 target，所有编译入参必须严格清晰地定义，它会被翻译成严谨的 Makefile，这在一定程度上培养了开发人员严谨自律的习惯。接着，建立一个全新的仓库 Alicpp，它统一存放着原本在编译机器上的依赖，从而保证编译的环境无关性，保障编译结果的强一致性。Alimake 从"效率"入手，即架构思想与 AMaven 类似，也是将部分计算能力移到服务器端。利用服务器端，一来能减轻客户端的资源消耗，解决客户端由于硬件及配置带来的性能瓶颈；二来也能实现资源共享，如依赖缓存、中间产物缓存。Alimake 覆盖阿里巴巴的多个产品，包括钉钉、阿里云存储、OSS、盘古、伏羲、蚂蚁人工智能等，平均提升构建效率 30%，最优情况下可以提效 70%。

9.10　本章小结

DevOps 用于促进"软件开发人员（Dev）"和"IT 运维技术人员（Ops）"之间的沟通、协作与整合。通过自动化"软件交付"和"架构变更"的流程，DevOps 使得构建、测试、发布软件能够更加快捷、频繁和可靠，可以使软件的更新快速部署到生产环境中。通过使用 DevOps，企业可以测试商业理念，为客户和整个企业找到最有价值的理念，然后实施开发，并快速安全地将其部署到生产环境中。

本章主要介绍了 DevOps 的基本概念、基本原理，讲述了持续交付、自动化测试、自动化部署、自动化运维的应用场景和相关技术，并给出了阿里云的持续交付流程及案例。

9.11　习题

（1）什么是 DevOps？DevOps 如何使团队在软件交付方面受益？

（2）什么是持续集成？

（3）什么是持续交付？

（4）什么是持续部署？

（5）持续测试的好处有哪些？

（6）CI/CD 有什么优点？

（7）如何有效实施 DevOps？

（8）请描述持续集成的有效操作流程。

（9）使用 Jenkins 进行持续集成。基本步骤如下：

　　1）在 Windows 平台上安装 Jenkins。

　　2）在 Jenkins 上自动化部署.Net Framework+Git。

　　3）Jenkins 发布.Net 项目到 IIS。

　　4）Jenkins 构建触发器定时任务。

第 10 章 容器技术 Docker

10.1 容器技术概述

在计算机虚拟化技术的发展过程中，硬件抽象层基于 Hypervisor 的虚拟化方式可以最大限度地提供虚拟化管理的灵活性。各种不同操作系统的虚拟机都能通过 Hypervisor（KVM、XEN 等）来衍生、运行、销毁。Hypervisor 中每个虚拟机都需要运行一个完整的操作系统并附带安装好的大量应用程序，通过虚拟机管理程序对主机资源进行虚拟访问，需要消耗更多资源。在实际生产开发环境里，开发人员更关注的是自己部署的应用程序，如果每次部署发布都需要一个完整操作系统和附带的依赖环境，会让任务和性能变得过于复杂。

Linux Container（简称 LXC）容器技术的诞生解决了操作系统和环境的共享和复用问题。LXC 容器技术是一种内核轻量级的操作系统层虚拟化技术。LXC 容器是与系统其他部分隔离开的一个或一组进程。运行这些进程所需的所有文件都由另一个镜像提供，这意味着从开发到测试再到生产的整个过程中，LXC 容器技术都具有可移植性和一致性。因而，相对于依赖重复传统测试环境的开发渠道，使用容器的速度要快得多。容器比较普遍，也易于使用，因此成为 IT 安全方面的重要组成部分。

开发人员的开发环境具有特定的配置。开发人员正在开发的应用不止依赖于当前的配置，还需要某些特定的库、依赖项和文件。与此同时，企业还拥有标准化的开发和生产环境，有自己的配置和一系列支持文件。开发人员希望尽可能多地在本地模拟这些环境，而不产生重新创建服务器环境的开销。因此，开发人员使用 LXC 容器技术确保应用能够在这些环境中运行和通过质量检测，并且在部署过程中不出现问题，无须重新编写代码和进行故障修复。

LXC 容器技术可以确保开发人员的应用拥有必需的库、依赖项和文件，让开发人员可以在生产中自如地迁移这些应用，无须担心出现负面影响。实际上，开发人员可以将容器镜像中的内容视为 Linux 发行版的一个安装实例，因为其中完整包含 RPM 软件包、配置文件等内容，并且安装更加快捷。在要求可移植性、可配置性和隔离的情况下，可以利用 LXC 容器技术解决很多难题。与传统虚拟化技术相比，LXC 容器技术的优势在于：与宿主机使用同一个内核，性能损耗小；不需要指令级模拟；不需要即时（Just-in-time）编译；容器可以在 CPU 核心的本地运行指令，不需要任何专门的解释机制；避免了准虚拟化和系统调用替换中的复杂性；轻量级隔离，在隔离的同时还提供共享机制，以实现容器与宿主机的资源共享。

LXC 容器技术要由 Namespace 和 Cgroup 两大机制来保证实现：Namespace 负责隔离，Cgroup 负责资源管理控制。

在虚拟化的系统中，一台物理计算机会有多个内核，每个内核对应不同的操作系统。Linux Namespace 提供了一种内核级别隔离系统资源的方法：Namespaces 只使用物理计算机上的一个内核，所有全局资源（如 PID、IPC、Network 等）不再是全局性的，而是属于特定的 Namespace。每个 Namespace 里面的资源对其他 Namespace 都是透明的。要创建新的 Namespace，只需要在调用 Clone 时指定相应的 Flag 即可。LXC 就是利用这一特性，通过将系统的全局资源放在不同的 Namespace 中来实现资源隔离的。不同容器内的进程属于不同的 Namespace，彼此透明，互不干扰。

Linux 中提供了多种系统资源的隔离机制，Cgroup 是 Linux 内核提供的一种可以限制、记录、隔离进程组（process groups）所使用的物理资源（如 CPU、内存、I/O 等）的机制。Cgroup 也是 LXC 为实现虚拟化所使用的资源管理手段。Cgroup 适用于多种应用场景，从单个进程的资源控制，到实现操作系统层次的虚拟化。Cgroup 可以限制进程组使用的资源数量。比如，Memory 子系统可以为进程组设定一个内存使用上限，一旦进程组使用的内存达到限额再申请内存，就会提示 OOM（Out Of Memory）。Cgroup 可以进行进程组的优先级控制。比如，可以使用 CPU 子系统为某个进程组分配特定的 CPU。Cgroup 可以记录进程组使用的资源数量。Cgroup 可以进行进程组隔离。比如，使用 NS 子系统可以使不同的进程组使用不同的 Namespace，以达到隔离的目的，不同的进程组有各自的进程、网络、文件系统挂载空间。Cgroup 可以进行进程组控制。比如，使用 Freezer 子系统可以将进程组挂起和恢复。

（1）容器技术的发展历史

1979 年，UNIX v7 系统支持 chroot，为应用构建一个独立的虚拟文件系统视图。

1999 年，FreeBSD 4.0 支持 jail——第一个商用化的 OS 虚拟化技术。

2004 年，Solaris 10 支持 Solaris Zone——第二个商用化的 OS 虚拟化技术。

2005 年，OpenVZ 发布，是非常重要的 Linux OS 虚拟化技术先行者。

2006 年，Google 开源内部使用的 Process Container 技术，后续更名为 Ggroup。

2008 年，Cgroup 进入 Linux 内核主线。

2008 年，LXC 项目具备了 Linux 容器的雏形。

2008 年，Solomon Hykes 和 Kamel Founadi、Sebastien Pahl 共同创立了一家名为 DotCloud

的企业，目标是利用一种叫容器的技术来创建"大规模的创新工具"——任何人都可以使用的编程工具。

2010 年，DotCloud 获得了创业孵化器 Y Combinator 的支持，在接下来的 3 年中内部孵化了一款名为 Docker 的产品。

2013 年 3 月，Solomon Hykes 在 PyCon 大会上的演讲中首次公开介绍了 Docker 这一产品。在 2013 年 PyCon 大会之后，Docker 的创新式镜像格式以及容器运行时迅速成为社区、客户和更广泛行业的实际标准和基石。Docker 的强大之处在于：它通过可移植的形式和易于使用的工具在应用程序和基础设施之间创造了独立性，其结果是 Docker 将容器技术大众化，使容器技术成为主流。

2013 年 3 月 20 日，DotCloud 发布了 Docker 的首个版本，并将 Docker 源码开源。

2013 年 9 月，RedHat 公司成为 Docker 的主要合作伙伴，利用 Docker 来驱动 OpenShift 云业务。随后，Google、亚马逊以及 DigitalOcean 也迅速在其云服务平台提供了对 Docker 的支持。主流云厂商的加入，加速了 Docker 的发展进度。Docker 技术瞬时风靡全球。

2013 年底，DotCloud 公司更名为 Docker，全力主攻 Docker 项目。

2014 年 6 月，Docker 公司在 DockerCon 大会上正式发布了 Docker 1.0 版本。这意味着 Docker 的稳定性和可靠性已经基本满足了生产环境的运行需求。在本次大会上，同时发布了 Docker Image 的镜像仓库 Docker Hub，并指出已经有超过 14000 个 Docker 化的应用存储在 Public Registry 中。同月，基于 Google 内部强大的 Borg 系统而开发出来的 Kubernetes 横空出世，刷新了人们对容器的理解。

2015 年 6 月，由 Docker、IBM、微软、RedHat 及 Google 等厂商所组成的开放容器项目（OCP）联盟成立，该项目旨在建立软件容器的通用标准。

2015 年，CNCF 基金会成立。为了在容器编排地位取得绝对的优势，同 Swarm 和 Mesos 竞争，Google、RedHat 等开源基础设施企业共同发起了一个名为 CNCF 的基金会：希望以 Kubernetes 为基础，建立一个由开源基础设施领域厂商主导、按照独立基础会方式运营的平台社区，来对抗以 Docker 为核心的容器商业生态。简单来说，就是打造一个围绕 Kubernetes 项目的"护城河"。Docker 擅长 Docker 生态的无缝集成，Mesos 擅长大规模集群的调度与管理，Kubernetes 选择 Pod、Sidecar 等功能和模式作为切入点（大多来自 Borg 和 Omega 系统的内部特性）。

目前，容器市场向着优化改进方向发展，最主流的容器技术就是 Docker。Docker 公司专注于底层容器引擎及运行时环境。容器编排方面基本是 Google 的 Kubernetes 一家独大。

Docker 并不是 LXC 的替代品，只是底层使用 LXC 来实现。LXC 将 Linux 进程沙盒化，使得进程之间相互隔离，并且能够控制各进程的资源分配，Docker 本质就是宿主机的一个进程。

在 LXC 的基础之上，Docker 提供了一系列更强大的功能。Docker 通过镜像启动一个容器，一个镜像是一个可执行的包，其中包括运行应用程序所需要的所有内容，包含代码、运行时间、库、环境变量和配置文件。容器是镜像的运行实例，当被运行时有镜像状态和用户进程，可以使用 Docker ps 查看。

（2）Docker 的三个重要概念

- 镜像（Image）

Docker 镜像是一个只读模板。一个包含 CentOS 操作系统的镜像，里面可以仅安装 Apache 或用户需要的某些应用，无须安装无关的应用（如文档处理软件）。镜像可以用来创建 Docker 容器。Docker 提供了简单的机制来创建镜像或者更新现有的镜像，用户甚至可以从第三方下载一个已经做好的镜像直接使用。

- 容器（Container）

Docker 利用容器来运行应用，容器是从镜像创建的运行实例，可以被启动、开始、停止、删除。容器都是互相隔离的。

- 仓库（Repository）

仓库是集中存储镜像文件的，Registry 是仓库注册服务器。实际运行中，注册服务器上存放着多个仓库，每个仓库中又包含多个镜像，每个镜像有不同的标签。仓库分为两种：公有仓库和私有仓库。最大的公有仓库是 Docker Hub，其中存放着数量庞大的镜像供用户下载。

Docker 的总体架构如图 10-1 所示。

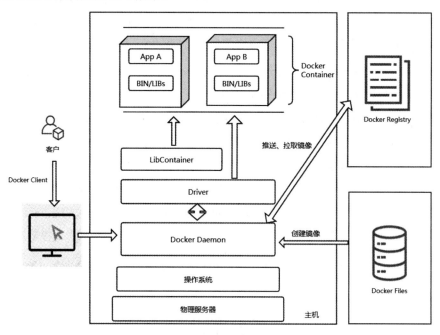

图10-1　Docker的总体架构

　　Registry 负责 Docker 的身份认证、镜像查找、镜像验证以及管理 Registry Mirror 等交互操作。Image 负责与镜像源数据有关的存储、查找，镜像层的索引、查找以及镜像 TAR 包有关的导入、导出操作。用户使用 Docker Client 与 Docker Daemon 建立通信，并发送请求给后者。而 Docker Daemon 作为 Docker 架构中的主体部分，首先提供服务器的功能使其可以接受 Docker Client 的请求；而后执行 Docker 内部的一系列工作，每一项工作都是以一个 Job 的形式存在的。在 Job 的运行过程中，当需要容器镜像时，则从 Docker Registry 中下载镜像，并通过镜像管理驱动将下载镜像以 Graph 的形式存储；当需要为 Docker 创建网络环境时，通过网络管理驱动 Networkdriver 创建并配置 Docker 容器网络环境；当需要限制 Docker 容器运行资源或执行用户指令等操作时，则通过 Execdriver 来完成。

（3）Docker 各个模块的具体功能

　　Docker 的主要模块有 Docker Client、Docker Daemon、Docker Registry、Graph、Driver、Libcontainer 以及 Docker Container。各模块具体功能如下。

- Docker Client

　　Docker Client 是 Docker 架构中用户用来和 Docker Daemon 建立通信的客户端，用户使用的可执行文件为 Docker，通过 Docker 命令行工具可以发起众多管理 Container 的请求。Docker Client 可以通过以下三种方式和 Docker Daemon 建立通信：tcp://host:port、unix:path_to_socket、fd://socketfd。Docker Client 可以通过设置命令行参数的形式设置安全传输层协议（TLS）的有关参数，保证传输的安全性。Docker Client 发送容器管理请求后，由 Docker Daemon 接收并处理请求，当 Docker Client 接收到返回的请求响应并简单处理后，它的一次完整的生命周期就结束了，当需要继续发送容器管理请求时，用户必须再次通过 Docker 可执行文件创建 Docker Client。

- Docker Daemon

　　Docker Daemon 是 Docker 架构中一个常驻在后台的系统进程，其功能是接收处理 Docker Client 发送的请求。该守护进程在后台启动一个 Server，Server 负载接收 Docker Client 发送的请求；接收请求后，Server 通过路由与分发调度找到相应的 Handler 来执行请求。Docker Daemon 启动所使用的可执行文件也为 Docker，与 Docker Client 启动所使用的可执行文件 Docker 相同，在 Docker 命令执行时，通过传入的参数来判别 Docker Daemon 与 Docker Dlient。Docker Daemon 的架构可以分为 Docker Server、Engine、Job。

- Docker Server

　　Docker Server 是 Docker 架构中专门服务于 Docker Client 的服务器，它的功能是接收并调度分发 Docker Client 发送的请求。在 Docker 的启动过程中，通过包 Gorilla/mux（Golang 的类库解析）创建了一个 Mux.Router，提供请求的路由功能。在 Golang 中，Gorilla/mux 是一个强大的 URL 路由器及调度分发器。Mux.Router 中添加了众多的路由项，每一个路由项由 HTTP

请求方法（PUT、POST、GET 或 DELETE）、URL、Handler 三部分组成。若 Docker Client 通过 HTTP 的形式访问 Docker Daemon，创建完 Mux.Router 之后，Docker 将 Docker Server 的监听地址以及 Mux.Router 作为参数，创建 httpSrv=http.Server{}，最终执行 httpSrv.Server()为请求服务。在 Docker Server 的服务过程中，Docker Server 在 Listener 上接收 Docker Client 的访问请求，并创建一个全新的 Goroutine 来服务该请求。在 Goroutine 中，首先读取请求内容，然后做解析工作，接着找到相应的路由项，随后调用相应的 Handler 来处理该请求，最后 Handler 处理完请求之后回复该请求。

- Engine

Engine 是 Docker 架构中的运行引擎，同时也是 Docker 运行的核心模块。它扮演 Docker Container 存储仓库的角色，并且通过执行 Job 的方式来操纵管理这些容器。在 Engine 数据结构的设计与实现过程中，有一个 Handler 对象。该 Handler 对象存储的是关于众多特定 Job 的 Handler 处理访问。举例说明，Engine 的 Handler 对象中有一项为{"create": daemon.ContainerCreate,}，则说明当名为"create"的 Job 在运行时执行的是 daemon. ContainerCreate 的 Handler。

- Job

Job 是 Docker 架构中 Engine 内部最基本的工作执行单元。Docker 可以做的每一项工作，都可以抽象为一个 Job。例如，在容器内部运行一个进程，这是一个 Job；创建一个新的容器，也是一个 Job；从互联网上下载一个文档，还是一个 Job；包括之前在 Docker Server 部分说过的，创建 Server 服务于 HTTP 的 API，也是一个 Job。Job 的设计者把 Job 设计得与 UNIX 进程相仿。Job 有名称，有参数，有环境变量，有标准的输入/输出，有错误处理，有返回状态等。

- Docker Registry

Docker Registry 是一个存储容器镜像的仓库。创建容器时，加载容器镜像，用来初始化容器的文件架构与目录。在 Docker 的运行过程中，Docker Daemon 会与 Docker Registry 通信，并实现搜索镜像、下载镜像、上传镜像三个功能，这三个功能对应的 Job 名称分别为 Search、Pull、Push。在 Docker 架构中，Docker 可以使用公有的 Docker Registry，即 Docker Hub。Docker 获取容器镜像文件时，必须通过互联网访问 Docker Hub。同时，Docker 也允许用户构建本地私有的 Docker Registry，这样可以保证容器镜像的获取在内网完成。

- Graph

Graph 在 Docker 架构中扮演已下载容器镜像的保管者以及已下载容器镜像之间关系的记录者角色。Graph 存储着本地具有版本信息的文件系统镜像，也通过 GraphDB 记录着所有文件系统镜像彼此之间的关系。GraphDB 是一个构建在 SQLite 之上的小型图数据库，实现了节点的命名以及节点之间关联关系的记录。它仅仅实现了大多数图数据库所拥有的一个小的子集，但是提供了简单的接口表示节点之间的关系。在 Graph 的本地目录中，关于每一个容器镜像，具体存储的信息有该容器镜像的元数据、容器镜像的大小信息以及该容器镜像所代表的具体 Rootfs。

- Driver

Driver 是 Docker 架构中的驱动模块。通过 Driver 驱动，Docker 可以实现对 Docker 容器执行环境的定制。在 Docker 运行的生命周期中，用户有一些操作针对的是 Docker 运行信息的获取、Graph 的存储与记录等，于是将 Docker 容器的管理从 Docker Daemon 内部业务逻辑中区分开来，设计了 Driver 层驱动来接管所有这部分请求。Docker Driver 可以分为三类：Graphdriver、Networkdriver 和 Execdriver。

Graphdriver 主要用于完成容器镜像的管理，包括存储与获取。当用户需要下载指定的容器镜像时，Graphdriver 将容器镜像存储在本地的指定目录；当用户需要使用指定的容器镜像来创建容器的 Rootfs 时，Graphdriver 从本地镜像存储目录中获取指定的容器镜像。在 Graphdriver 的初始化过程之前，有 4 种文件系统或类文件系统在其内部注册，它们分别是 Aufs、Btrfs、VFS 和 Devmapper。而 Docker 在初始化时，通过获取系统环境变量 DOCKER_DRIVER 的值来提取所使用 Driver 的指定类型，之后所有的 Graph 操作都使用该 Driver 来执行。

Networkdriver 负责 Docker 容器网络环境的配置，其中包括：Docker 启动时，为 Docker 环境创建网桥；Docker 容器创建时，为其创建专属虚拟网卡设备；为 Docker 容器分配 IP、端口并与宿主机做端口映射，设置容器防火墙策略等。

Execdriver 作为 Docker 容器的执行驱动，负责容器运行命名空间的创建、容器资源使用的统计与限制、容器内部进程的真正运行等。Execdriver 默认使用 Native 驱动，不依赖 LXC，具体体现在 Daemon 启动过程中加载的 ExecDriverflag 参数在配置文件已经被预设为 Native。

- Libcontainer

Libcontainer 是 Docker 架构中一个使用 Go 语言设计实现的库，用于直接访问内核中与容器相关的 API。Docker 可以直接调用 Libcontainer，最终操纵容器的 Namespace、Cgroup、Apparmor、网络设备以及防火墙规则等。这一系列操作都不需要依赖 LXC 或者其他包。另外，Libcontainer 提供了一整套标准的接口来满足上层对容器管理的需求。Libcontainer 屏蔽了 Docker 上层对容器的直接管理。Libcontainer 使用 Go 这种跨平台的语言开发实现，而且可以被上层多种不同的编程语言访问。Libcontainer 有可能会在其他以容器为原型的平台中出现，催生出云计算领域全新的项目。

- Docker Container

Docker Container（Docker 容器）是 Docker 架构中服务交付的最终体现形式。Docker 按照用户的需求与指令定制相应的 Docker 容器：用户通过指定容器镜像，使得 Docker 容器可以自定义 Rootfs 等文件系统；用户通过指定计算资源的配额，使得 Docker 容器使用指定的计算资源；

用户通过配置网络及其安全策略，使得 Docker 容器拥有独立且安全的网络环境；用户通过指定运行的命令，使得 Docker 容器执行指定的工作。

10.2 Docker 的安装

10.2.1 在 CentOS 系统上安装 Docker

CentOS 是 RedHat Linux 社区版本，其特点是稳定，适合作为服务器操作系统使用。

在 CentOS 系统上安装 Docker 的系统需求如下：

安装 Docker CE 需要 CentOS 7 的维护版本，不支持存档版本（没在维护的版本）。必须开启 centos-extras 仓库，默认是打开的，如果被关闭了，则需要重新打开。在软件源内添加 Docker 并且安装，这样安装和升级比较方便。

具体安装步骤如下：

首先，添加源进行安装。首先安装 Docker 的仓库。进行仓库设置，安装依赖包，Yum-utils 提供 Yum-config-manager 工具，Devicemapper 存储驱动需要 Device-mapper-persistent-data 和 Lvm2，具体命令如下：

```
$ sudo yum install -y yum-utils device-mapper-persistent-data  lvm2
```

然后，使用下面的命令安装稳定版仓库（即使安装最新体验版或测试版，也需要安装稳定版仓库）：

```
$ sudo yum-config-manager --add-repo \
  https://download.Docker.com/linux/centos/Docker-ce.repo
```

最后安装最新版本的 Docker CE，命令如下：

```
$ sudo yum install -y Docker-ce
```

这些命令始终安装的是 Docker CE 最新版本。安装完毕后就可以启动 Docker，实质上是启动 Docker Deamon，即 Docker 守护进程、Docker 引擎。启动命令如下：

```
$ sudo systemctl start Docker
```

以上便是 CentOS 从仓库中安装 Docker CE 的全部过程，如果需要升级的话，移除之前的 Docker，再重复上面的过程即可。

10.2.2　在 Windows 10 系统上安装 Docker

在 Windows 10 系统上安装 Docker 一般用于开发，很少用作服务器，因为 Docker 需要 Linux 内核的支持。在 Windows 10 系统上安装 Docker，要在 Windows 上安装一个 Linux 虚拟机，在 Linux 虚拟机里运行 Docker 引擎。Windows 版 Docker 需要 Microsoft Hyper-V 的支持，即 Windows 内置的虚拟机引擎，Docker 在安装的时候会自动开启它并重启计算机。如果没有 Microsoft Hyper-V，请考虑 Docker Toolbox。

在 Windows 10 系统上安装 Docker 时，要求操作系统必须为 Windows 10 64bit 专业版、企业版或教育版。BIOS 要开启虚拟化，一般会自动开启 CPU SLAT 支持。至少 4GB 内存。进入 Docker 网站下载 Docker for Windows Installer.exe。双击 Docker for Windows Installer.exe，然后一直单击"下一步"按钮，安装就完成了。安装完成后，Docker 不会自动运行，需要搜索 Docker 单击运行。

10.3　Docker 命令

10.3.1　关于镜像的命令

镜像是 Docker 的三大组件之一。Docker 运行容器前，需要本地存在对应的镜像，如果本地镜像不存在，Docker 会从镜像仓库下载（默认是 Docker Hub——公共注册服务器中的仓库）。可以使用 docker pull 命令来从仓库获取所需要的镜像。下面的例子将从 Docker Hub 仓库下载一个 Ubuntu 18.04 操作系统的镜像。下载过程中，会输出获取镜像的每一层信息。

```
$ sudo docker pull ubuntu:18.04
Pulling  repository Ubuntu
```

该命令实际上相当于$ sudo docker pull registry.hub.Docker.com/ubuntu:18.04 命令，即从注册服务器 registry.hub.Docker.com 中的 ubuntu 仓库下载标记为 18.04 的镜像。如果官方仓库注册服务器下载较慢，可以从第三方仓库下载，但需要指定完整的仓库注册服务器地址。下载完成后，即可随时使用该镜像。基于该镜像，可用下列命令创建一个容器，并运行 bash 应用：

```
$ sudo dockerrun -t -i ubuntu:18.04     /bin/bash
root@fe7fc4bd8fc9:/#
```

可使用 docker images 命令显示本地已有的镜像：

```
$   sudo docker images
REPOSITORY TAG    IMAGE ID     CREATED          VIRTUAL  SIZE
ubuntu            18.04    ...
```

在列出的信息中，可以看到这些字段信息：镜像的来源仓库（Ubuntu）、镜像的 ID（18.04）、创建时间、镜像大小。其中，镜像的 ID 唯一标识了这个镜像。TAG 信息用来标记来自同一个仓库的不同镜像。例如，Ubuntu 仓库中有多个镜像，通过 TAG 信息可区分发行版本。如果不指定具体的标记，则默认使用 latest 标记信息。接下来，指定使用镜像 ubuntu:14.04 来启动一个容器：

```
$ sudo docker run -t -i ubuntu:14.04 /bin/bash
```

用户可以从 Docker Hub 获取已有镜像进行更新，也可以利用本地文件系统创建一个镜像。

先使用如下命令，通过下载的镜像启动容器：

```
$ sudo docker run -t -i training/leo /bin/bash
root@0b2616b0e5a8:/#
```

请记住容器的 ID，稍后还会用到。使用下列命令在容器中添加 json 和 gem 两个应用：

```
root@0b2616b0e5a8:/# gem install json
```

添加结束后，使用 exit 来退出。此时容器已经被改变了，使用 docker commit 命令来提交更新后的副本。再通过 docker push 命令，把自己创建的镜像上传到仓库中共享。用户需要先在 Docker Hub 上完成注册，才可以推送自己的镜像到仓库中。

```
$ sudo docker push ouruser/leo
The push refers to a repository [ouruser/leo] (len: 1)
Sending image list
Pushing repository ouruser/leo (3 tags)
```

如果要导出镜像到本地文件，可以使用 docker save 命令。

```
$ sudo docker images
REPOSITORY  TAG  IMAGE ID  CREATED  VIRTUAL SIZE
ubuntu 18.04 c4ff7513909d  1 weeks ago  325.4 MB
...
$sudo docker save -o ubuntu_18.04.tar ubuntu:18.04
```

保存过后，可以使用 docker load 命令从导出的本地文件中再导入到本地镜像库，使用如下命令：

```
$ sudo docker load --input ubuntu_18.04.tar
```

或者

```
$ sudo docker load < ubuntu_18.04.tar
```

这将导入镜像及其相关的元数据信息（包括标签等）。如果要移除本地的镜像，可以使用 docker rmi 命令。注意，在删除镜像之前要先用 docker rm 删掉依赖于这个镜像的所有容器。

```
$ sudo docker rmi training/leo
```

10.3.2　关于容器的命令

容器是 Docker 的核心概念之一。容器是独立运行的一个或一组应用及运行环境。与之不同的是，虚拟机可以理解为模拟运行的一整套操作系统（提供了运行环境和其他系统环境）和运行在上面的应用。接下来具体介绍如何来管理一个容器，包括创建、启动和停止等。常规的做法是基于镜像新建一个容器并启动，因为 Docker 的容器实在太轻量级了，很多时候用户都是随时删除和新建容器。启动容器最常用的方法是使用 docker run 命令，通过镜像创建一个容器，例如：

```
# /bin/bash 表示运行容器后要执行的命令
$ docker run -it centos /bin/bash
```

docker run 命令有一些比较常用的参数。比如，容器是一种提供服务的守护进程，那么通常需要开放端口供外部访问：

```
$ docker run -p 80:80 nginx
```

也可以为容器指定一个名称，如：

```
$ docker run -p 80:80 --name webserver nginx
```

另外一种启动容器的方法是使用 docker start 命令重新启动已经停止运行的容器，如：

```
# container_id 表示容器的 id
$ docker start container_id
```

对于正在运行的容器，可以通过 docker restart 命令重新启动，如：

```
# container_id 表示容器的 id
$ docker restart container_id
```

运行容器后，可以通过下面的命令查看本地所有容器：

```
$ docker container ls
```

这条语句可以缩写为：

```
$ docker ps
```

当利用 docker run 命令来创建容器时，Docker 在后台运行的标准操作包括：检查本地是否存在指定的镜像，不存在就从公有仓库下载；利用镜像创建并启动一个容器；分配一个文件系统，并在只读的镜像层外面挂载一层可读写层；从宿主机配置的网桥接口中桥接一个虚拟接口到容器中；从地址池配置一个 IP 地址给容器；执行用户指定的应用程序；执行完毕后，容器被终止。

Docker 容器有三种运行模式。第一种模式是运行完毕后即刻退出。下面语句创建的容器在运行后会退出：

```
$ docker run centos echo "hellowrold"
```

第二种模式是常驻内存，就是守护进程的模式。如果容器中运行一个守护进程，则容器会一直处于运行状态，如：

```
$ docker run -d -p 80:80 nginx
```

第三种模式是交互式运行，这种模式可以在运行容器时，让用户直接与容器交互：

```
$ docker run -it centos /bin/bash
```

删除容器的命令如下：

```
$ docker container rm container_id
```

删除容器的命令缩写如下：

```
$ docker rm container_id
```

也可以批量删除容器，如：

```
$ docker rm $(Docker ps -qa)
```

对于正在运行的容器，也可以通过 docker exec 命令再次进入容器，如：

```
$ docker exec -it f4f184f5ffb9 /bin/bash
```

容器的核心为所执行的应用程序，所需要的资源都是应用程序运行所必需的。除此之外，并没有其他的资源。这种特点使得 Docker 对资源的利用率极高，是货真价实的轻量级虚拟化。

10.4 Docker 实践

Nginx 是一个高性能的 HTTP 和反向代理 Web 服务器，同时也提供了 IMAP、POP3、SMTP 服务。Docker 安装 Nginx 的步骤如下。

（1）查看可用的 Nginx 版本

访问 Docker Hub 的 Nginx 镜像库。可以通过 Sort By 查看其他版本的 Nginx，默认是最新版本 Nnginx:Latest。也可以在下拉列表中选中其他版本。此外，还可以用 docker search nginx 命令来查看可用版本：

```
$ docker search nginx
NAME        DESCRIPTION              STARS    OFFICIAL    AUTOMATED
nginx       Official build of Nginx.                      3260      [OK]
jwilder/nginx-proxyAutomated Nginx reverse proxy for Docker c... 674    [OK]
richarvey/nginx-php-fpm Container running Nginx + PHP-FPM capable ... 207 [OK]
million12/nginx-php Nginx + PHP-FPM 5.5, 5.6, 7.0 (NG), CentOS... 67     [OK]
...
```

（2）获取最新版的 Nginx 镜像

用如下命令获取官方的最新版镜像：

```
$ docker pull nginx:latest
```

（3）查看本地镜像

使用以下命令查看是否已安装了 Nginx 镜像：

```
$ docker images
```

在图 10-2 中可以看到已经安装了最新版本（latest）的 Nginx 镜像。

```
$ docker images
REPOSITORY      TAG          IMAGE ID        CREATED         SIZE
mongo           latest       965553e202a4    10 days ago     363MB
ubuntu          latest       775349758637    10 days ago     64.2MB
nginx           latest       540a289bab6c    2 weeks ago     126MB
mysql           latest       c8ee894bd2bd    3 weeks ago     456MB
redis           latest       de25a81a5a0b    3 weeks ago     98.2MB
centos          centos7      67fa590cfc1c    2 months ago    202MB
```

图10-2　显示已安装Nginx镜像

（4）运行容器

安装完成后，可以使用以下命令来运行 Nginx 容器：

```
$ docker run --name nginx-test -p 8080:80 -d nginx
```

参数说明：

--name nginx-test：容器名称。-p 8080:80：进行端口映射，将本地 8080 端口映射到容器内部的 80 端口。-d nginx：设置容器在后台一直运行。

（5）安装成功

可以通过浏览器直接访问 8080 端口的 Nginx 服务，如图 10-3 所示。

图10-3　Nginx服务页面

10.5　容器编排系统

Docker 本身非常适合用于管理单个容器。随着应用程序的封装和运行开始使用越来越多的容器，容器管理和编排变得越来越困难。用户不得不对容器实施分组，跨容器提供网络、安全监控等服务，容器编排系统应运而生。容器编排系统的三大主流调度框架为 Docker Swarm、Google Kubernetes 和 Apache Mesos。

10.5.1　Docker Swarm 容器编排框架

Swarm 是 Docker 官方的容器编排项目之一，是使用 SwarmKit 构建的 Docker 引擎内置（原生）的集群管理和编排工具。它提供 Docker 容器集群服务，是 Docker 官方对容器云生态进行支持的核心方案。用户可以通过使用 Swarm 将多个 Docker 主机封装为单个大型的虚拟 Docker 主机，快速打造一套容器云平台。在 Docker 1.12.0 之后的版本中，Swarm 已被内嵌入 Docker 引擎，变成了 Docker 的子命令 Docker Swarm。Swarm Mode 具有容错能力的去中心化设计，提供了众多的新特性，内置了 KV 存储、服务发现、负载均衡、路由网络、动态伸缩、滚动更新、安全传输等功能。

运行 Docker 的主机可以主动初始化一个 Swarm 集群或者加入一个已存在的 Swarm 集群，此主机就成为一个 Swarm 集群的节点。节点分为管理（Manager）节点和工作（Worker）节点。

管理节点用于 Swarm 集群的管理，Docker Swarm 命令基本只能在管理节点执行。一个 Swarm 集群可以有多个管理节点，但只有一个管理节点可以成为 Leader，Leader 通过 RAFT 协议实现。工作节点是任务执行节点，管理节点将服务下发至工作节点执行。管理节点默认也作为工作节点。可以通过配置让服务只运行在管理节点。图 10-4 展示了集群中管理节点与工作节点的关系。

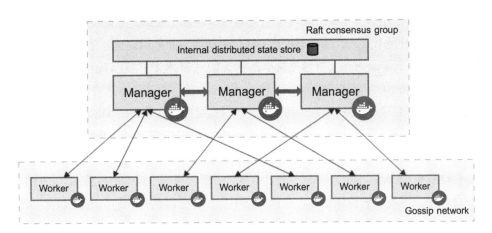

图10-4　管理节点与工作节点的关系

任务就是一个单一的容器，是 Swarm 中最小的调度单位。服务是指一组任务的集合，服务定义了任务的属性。服务有两种模式：Replicated Services，按照一定规则在各个工作节点上运行指定个数的任务；Global Services，每个工作节点上运行一个任务。两种模式通过 Docker Service Create 的--mode 参数指定。

在实际应用过程中，Docker Swarm Mode 作为 Docker 原生容器编排工具，吸收了很多优秀的设计和实现方式，设置与创建非常便捷，只需要安装 Docker Engine 即可用命令行部署服务，无须额外的软件安装配置。

10.5.2　Google Kubernetes 容器编排框架

2015 年 7 月，Kubernetes（缩写为 K8s）1.0 正式发布。2015 年，Google 与 Linux 基金会合作组建 Cloud Native Computing Foundation（CNCF，云原生计算基金会），并将 Kubernetes 作为首个编入 CNCF 基金会管理体系的开源项目，助力容器技术生态的发展进步。2017 年，AWS、Azure、Alibaba Cloud 都相继在其原有容器服务上新增了 Kubernetes 支持，而 Docker 官方宣布同时支持 Swarm 和 Kubernetes 编排系统。Kubernetes 可以提供所需的容器编排和管理功能，以便用户针对这些工作负载轻松完成大规模容器部署。借助于 Kubernetes 的编排功能，用户可以构建出跨多个容器的应用服务，并且可以实现跨集群调度、扩展容器，以及长期持续管理这些容器的健康状况等。在实际使用中，Kubernetes 还需要与网络存储、安全性、监控及其他服务进行整合，以提供全面的容器基础架构。

Kubernetes 的重要特性如下。

- 自动装箱：Kubernetes 建构于容器之上，基于资源依赖及其他约束自动完成容器部署且不影响其可用性，并通过调度机制混合关键型应用和非关键型应用的工作负载于同一节点，以提升资源利用率。

- 自我修复（自愈）：Kubernetes 支持容器故障后自动重启、节点故障后重新调度容器，以及其他可用节点、健康状态检查失败后关闭容器并重新创建等自我修复机制。
- 水平扩展：Kubernetes 支持通过简单命令或 UI 手动水平扩展，以及基于 CPU 等资源负载率的自动水平扩展机制。
- 服务发现和负载均衡：Kubernetes 通过其附加组件之一的 KubeDNS（或 CoreDNS）为系统内置了服务发现功能，它会为每个服务配置 DNS 名称，并允许集群内的客户端直接使用此名称发出访问请求，而服务则通过 Iptab 或者 Ipvs 内建负载均衡机制。
- 自动发布和回滚：Kubernetes 支持"灰度"更新应用程序或其配置信息，它会监控更新过程中应用程序的健康状态，以确保它不会在同一时刻"杀掉"所有实例，而此过程中一旦有故障发生，就会立即自动执行回滚操作。
- 密钥和配置管理：Kubernetes ConfigMap 实现了配置数据与 Docker 镜像解耦需要时仅对配置做出变更而无须重新构建 Docker 镜像，这为应用开发部署带来了很大的灵活性。
- 存储编排：Kubernetes 支持 Pod 对象按需自动挂载不同类型的存储系统，包括节点本地存储、公有云服务商的云存储、网络存储系统。
- 批量处理执行：除了服务型应用，Kubernetes 还支持批处理作业及 CI（持续集成），如果需要，一样可以实现容器故障后恢复。

Kubernetes 的核心技术概念和 API 对象如图 10-5 所示。

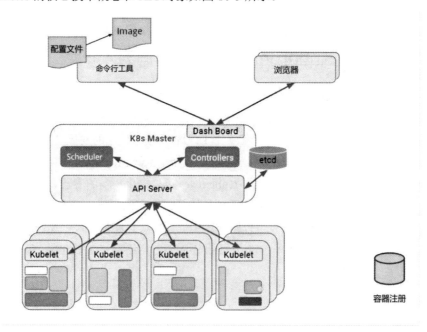

图10-5　Kubernetes的核心技术概念和API对象

Kubernetes 的重要设计理念之一是所有的操作都是声明式的而不是命令式的。声明式操作在分布式系统中的好处是稳定，不怕丢操作或多次运行。

API 对象是 Kubernetes 集群中的管理操作单元。Kubernetes 集群系统每支持一项新功能、引入一项新技术，一定会新引入对应的 API 对象，用于支持对该功能的管理操作。例如，副本集 Replica Set 对应的 API 对象是 RS。每个 API 对象都有三大类属性：元数据（Metadata）、规范（Spec）和状态（Status）。元数据是用来标识 API 对象的，每个对象都至少有三个元数据：Namespace、Name 和 Uid。

Kubelet 是在每个节点上运行的主要"节点代理"。它可以使用以下之一向 Apiserver 注册：主机名（Hostname）、覆盖主机名的参数、某云驱动的特定逻辑。

Kubelet 是基于 PodSpec 来工作的。每个 PodSpec 是一个描述 Pod 的 YAML 或 JSON 对象。Kubelet 接收通过各种机制（主要是 Apiserver）提供的一组 PodSpec，并确保这些 PodSpec 中描述的容器处于运行状态且运行状况良好。Kubelet 只管理由 Kubernetes 创建的容器。

除了来自 Apiserver 的 PodSpec，还可以通过以下三种方式将容器清单（Manifest）提供给 Kubelet。

- 文件（File）：利用命令行参数传递路径。Kubelet 周期性地监视此路径下的文件是否有更新。监视周期默认为 20s，且可通过参数进行配置。
- HTTP 端点（HTTP endpoint）：利用命令行参数指定 HTTP 端点。此端点的监视周期默认为 20s，也可以使用参数进行配置。
- HTTP 服务器（HTTP server）：Kubelet 还可以侦听 HTTP 并响应简单的 API（目前没有完整规范）来提交新的清单。

Kubernetes 中最重要也是最基础的的 API 对象是 Pod。Pod 是在 Kubernetes 集群中运行部署应用或服务的最小单元，它是可以支持多容器的。Pod 的设计理念是支持多个容器在一个 Pod 中共享网络地址和文件系统，可以通过进程间通信和文件共享这种简单高效的方式组合完成服务。Pod 对多容器的支持是 Kubernetes 最基础的设计理念。比如，运行一个操作系统发行版的软件仓库，可以专门使用一个 Nginx 容器发布软件，使用另一个容器从源仓库做同步。这两个容器的镜像不太可能是一个团队开发的，但是它们必须协调工作才能提供一个微服务。这种情况下，不同的团队各自开发构建自己的容器镜像，在部署的时候组合成一个微服务对外提供服务。Pod 是 Kubernetes 集群中所有业务类型的基础，可以看作运行在 Kubernetes 集群中的小机器人，不同类型的业务需要不同类型的小机器人去执行。目前，Kubernetes 中的业务主要可以分为长期伺服型（Long-running）、批处理型（batch）、节点后台支撑型（Node-daemon）和有状态应用型（Stateful Application），对应的小机器人控制器分别为 Deployment、Job、DaemonSet 和 PetSet。

- 副本控制器（Replication Controller，RC）
RC 是 Kubernetes 集群中最早的保证 Pod 高可用的 API 对象。通过监控运行中的 Pod 来保证集群中运行指定数目的 Pod 副本。指定的数目可以是多个也可以是 1 个；少于指定数目，RC 就会启动运行新的 Pod 副本；多于指定数目，RC 就会"杀死"多余的 Pod 副本。即使在指定数目为 1 的情况下，RC 也可以发挥它高可用的能力，保证永远有 1 个 Pod 在运行。

- 副本集（Replica Set，RS）

RS 是新一代 RC，提供同样的高可用能力，区别主要在于 RS 后来居上，能支持更多种类的匹配模式。RS 对象一般不单独使用，而是作为 Deployment 的理想状态参数使用。

- 部署（Deployment）

部署表示用户对 Kubernetes 集群的一次更新操作。Deployment 是一个比 RS 应用模式更广的 API 对象，可以是创建一个新的服务、更新一个新的服务，也可以是滚动升级一个服务。滚动升级一个服务，实际是创建一个新的 RS，然后逐渐将新 RS 中的副本数增加到理想状态，将旧 RS 中的副本数减小到 0 的复合操作；这样一个复合操作用一个 RS 是不太好描述的，所以用一个更通用的 Deployment 来描述。按照 Kubernetes 的发展方向，未来对所有长期伺服型的业务的管理都会通过 Deployment 来进行。

- 服务（Service）

RC、RS 和 Deployment 只是保证了支撑服务的微服务 Pod 的数量，但是没有解决如何访问这些服务的问题。一个 Pod 只是一个运行服务的实例，随时可能在一个节点上停止，在另一个节点上以一个新的 IP 启动一个新的 Pod，因此不能以确定的 IP 和端口号提供服务。要稳定地提供服务，需要服务发现和负载均衡能力。服务发现完成的工作，是针对客户端访问的服务找到对应的后端服务实例。在 Kubernetes 集群中，客户端需要访问的服务就是 Service 对象。每个 Service 会对应一个集群内部有效的虚拟 IP，集群内部通过虚拟 IP 访问一个服务。在 Kubernetes 集群中微服务的负载均衡是由 Kube-proxy 实现的。

- 任务（Job）

Job 是 Kubernetes 用来控制批处理型任务的 API 对象。

- 后台支撑服务集（DaemonSet）

后台支撑服务集的核心关注点在 Kubernetes 集群中的节点（物理机或虚拟机）上，要保证每个节点上都有一个此类 Pod 运行。典型的后台支撑服务包括存储、日志和监控等在每个节点上支持 Kubernetes 集群运行的服务。

- 有状态服务集（PetSet）

RC 和 RS 主要是控制无状态服务的，其所控制的 Pod 的名字是随机设置的，一个 Pod 出故障了就被丢弃掉，在另一个地方重启一个新的 Pod，名字变了、名字和启动在哪儿都不重要，重要的只是 Pod 总数；而 PetSet 是用来控制有状态服务的，其中的每个 Pod 的名字都是事先确定的，不能更改。PetSet 中的每个 Pod 挂载自己独立的存储，如果一个 Pod 出现故障，从其他节点启动一个同样名字的 Pod，要挂上原来 Pod 的存储继续以它的状态提供服务。适合于 PetSet 的业务包括数据库服务 MySQL 和 PostgreSQL，集群化管理服务 Zookeeper、etcd 等有状态服务。

- 集群联邦（Federation）

在云计算环境中，服务的作用范围从近到远一般可以有：同主机（Host）、跨主机同可用区（Available Zone）、跨可用区同地域（Region）、跨地域同服务商（Service Provider）、跨云平台。Kubernetes 的设计定位是单一集群在同一个地域内，因为同一个地域的网络性能才能满足 Kubernetes 的调度和计算存储连接要求。而 Federation 就是为提供跨地域跨服务商 Kubernetes 集群服务而设计的。

- 存储卷（Volume）

Kubernetes 集群中的存储卷跟 Docker 的存储卷有些类似，只不过 Docker 的存储卷作用范围为一个容器，而 Kubernetes 的存储卷的生命周期和作用范围是一个 Pod。每个 Pod 中声明的存储卷由 Pod 中的所有容器共享。Kubernetes 支持非常多的存储卷类型，特别是支持多种公有云平台存储，包括 AWS、Google 和 Azure 云；支持多种分布式存储，包括 GlusterFS 和 Ceph；也支持较容易使用的主机本地目录 hostPath 和 NFS。

- 节点（Node）

Kubernetes 集群中的计算能力由节点提供，节点最初称为服务节点 Minion。Kubernetes 集群中的节点等同于 Mesos 集群中的 Slave 节点，是所有 Pod 运行所在的工作主机，可以是物理机，也可以是虚拟机。不论是物理机还是虚拟机，工作主机的统一特征是上面要运行 Kubelet 管理节点上运行的容器。

- 密钥（Secret）

Secret 是用来保存和传递密码、密钥、认证凭证这些敏感信息的对象。使用 Secret 的好处是可以避免把敏感信息明文写在配置文件里。

- 用户账户（User Account）和服务账户（Service Account）

顾名思义，用户账户为人提供账户标识，而服务账户为计算机进程和 Kubernetes 集群中运行的 Pod 提供账户标识。

- 命名空间（Namespace）

命名空间为 Kubernetes 集群提供虚拟的隔离作用。

- 基于角色的访问控制（Role-Based Access Control，RBAC）

RBAC 主要引入了角色（Role）和角色绑定（Role Binding）的抽象概念。访问策略可以跟某个角色关联，具体的用户再跟一个或多个角色相关联。

Kubernetes 系统最核心的两个设计理念是容错性和易扩展性。容错性是保证 Kubernetes 系统稳定性和安全性的基础，易扩展性是保证 Kubernetes 对变更友好、可以快速迭代增加新功能的基础。

10.5.3　Apache Mesos 容器编排框架

Mesos 是集群管理器，于 2009 年由加利福尼亚大学发起，已经在很多企业的生产环境上使用过了，包括 Twitter 和 Airbnb。2013 年 7 月，Mesos 成为 Apache 的最高级项目之一。Mesos 通过在多种不同框架之间共享可用资源来提高资源使用率。Mesos 可以看作是数据中心的内核，提供所有节点资源的统一视图，并且可以无缝地访问多节点资源，这种做法给开发人员和运维人员都带来了巨大的好处，它将不同的框架整合到统一的基础框架上，不仅能够节约基础架构的花费，而且给运维团队带来了便利，也帮助开发人员简化了基础架构的接口。

通过为数据中心提供一个操作系统内核，Mesos 可以让开发人员将分布式集群当成一台高性能计算机那样来开发程序，并且无须考虑底层硬件设施相关的细节和资源获取方法。最小化接口使 Mesos 可以使不同框架之间的资源共享更为高效，将任务的真正调度和执行交给框架来负责，因此框架可以用多种方式来实现自己的调度和容错机制。Mesos 的核心和框架可以独立并行发展。

在 Mesos 中，Master 负责在 Slave 资源和框架之间进行调度。由 ZooKeeper 使用分布式一致性算法选举产生一名活动的 Master，Master 本身不会用来做任何重负载计算，除了负责任务和框架之间的通信，它只需 Slave 的资源以资源 Offer 的形式提供给框架，并且根据已接受的 Offer 在 Slave 上启动任务。资源 Offer 是由节点上可用资源组成的向量，代表每个 Slave 所提供给框架的资源。

在 Mesos 中，Slave 是 Mesos 集群里真正工作的节点，它们管理单个节点上的资源，比如 CPU、内存、端口等，同时执行框架递交的任务。Slave 遵守资源政策来适应业务优先级，此外还对运行的任务进行适当的隔离。Slave 的资源可以通过 Slave 属性来进行描述。Slave 属性表示了每个 Slave 的特殊信息，Mesos 并不理解这些属性，由各个框架对这些属性信息进行解析和利用。

运行在 Mesos 之上的分布式应用称为框架。框架由框架调度器和执行器组成。调度器负责协调任务的执行，执行器提供任务执行控制的功能，一个执行器中可运行一个或多个任务。

10.6　本章小结

云原生包括云原生架构、云原生的 12 要素、微服务、服务网格、云原生安全等内容。它不仅包括原则、方法论，还涉及具体的操作工具。使用基于云原生的技术和管理方法，业务可以更好地在云中诞生或者迁移到云平台，以享受云计算高效、持续的服务功能，并且可以将现有成熟的安全能力（如隔离、访问控制、入侵检测、应用安全等）应用到云原生环境中，构建安全的云原生系统。

本章主要介绍了云原生的基本概念、基本原理，详细介绍了微服务框架、微服务划分及架构等的具体应用场景和使用方法，并给出了基于 Spring Boot、Spring Cloud、Nacos 的云原生实践案例。

10.7 习题

（1）什么是 Linux 容器？目前主流的容器技术有哪些？

（2）什么是 Docker？

（3）Docker 与 KVM 虚拟化技术的区别是什么？

（4）Namespace 在 Docker 中起什么作用？

（5）Cgroup 在 Docker 中起什么作用？

（6）Docker Swarm 是什么？

（7）Kubernetes 主要有哪些必备组件？

（8）利用 Docker 安装 CentOS 操作系统。基本步骤如下，请写出对应的操作或命令。

　　1）查看可用的 CentOS 版本。

　　2）下载指定版本的 CentOS 镜像，这里以安装指定版本为例（CentOS 7）。

　　3）查看本地镜像使用命令来查看是否已安装了 CentOS 7。

　　4）运行容器，通过 exec 命令进入 CentOS 容器。